普通高等教育"十三五"规划教材

机械控制工程基础
（第2版）

Fundamentals of Mechanical Control Engineering
(2nd Edition)

金 鑫　张之敬 ◎ 主编

北京理工大学出版社
BEIJING INSTITUTE OF TECHNOLOGY PRESS

内 容 简 介

本教材是针对机械工程有关专业本科生编写的,内容包括控制工程基础的基本概念、控制系统的数学描述、控制系统的时域及 s 域分析方法、控制系统的频率域分析方法、控制系统的校正、基于 MATLAB 的控制系统仿真与性能分析、离散控制系统初步等。每章末附有习题,附录中给出了部分习题的参考答案。

本书可作为机械工程及其自动化(机械设计制造及其自动化)、机械电子工程、工业工程等专业的本科生、大专生的控制工程基础的教材,也可以作为相关专业的教师和工程技术人员的参考书。

版权专有　侵权必究

图书在版编目(CIP)数据

机械控制工程基础/金鑫,张之敬主编.—2 版.—北京:北京理工大学出版社,2018.4(2022.8重印)

ISBN 978-7-5682-5509-7

Ⅰ.①机… Ⅱ.①金… ②张… Ⅲ.①机械工程-控制系统-高等学校-教材 Ⅳ.①TH-39

中国版本图书馆 CIP 数据核字(2018)第 073924 号

出版发行 / 北京理工大学出版社有限责任公司

社　　址 / 北京市海淀区中关村南大街 5 号

邮　　编 / 100081

电　　话 / (010)68914775(总编室)

　　　　　(010)82562903(教材售后服务热线)

　　　　　(010)68944723(其他图书服务热线)

网　　址 / http://www.bitpress.com.cn

经　　销 / 全国各地新华书店

印　　刷 / 北京九州迅驰传媒文化有限公司

开　　本 / 787 毫米×1092 毫米　1/16

印　　张 / 14.5　　　　　　　　　　　　　　　　责任编辑 / 张慧峰

字　　数 / 330 千字　　　　　　　　　　　　　　文案编辑 / 张慧峰

版　　次 / 2018 年 4 月第 2 版　2022 年 8 月第 3 次印刷　责任校对 / 周瑞红

定　　价 / 42.00 元　　　　　　　　　　　　　　责任印制 / 王美丽

图书出现印装质量问题,请拨打售后服务热线,本社负责调换

前言

本教材是针对机械工程有关专业本科生编写的。本书共分 7 章：第 1 章为绪论；第 2 章为控制系统的数学描述；第 3 章为控制系统的时域及 s 域分析方法；第 4 章为控制系统的频率域分析方法；第 5 章为控制系统的校正；第 6 章为基于 MATLAB 的控制系统仿真与性能分析；第 7 章为离散系统初步。全书计划授课学时数 40~60 学时，可作为机械工程及其自动化、机械电子工程等专业以及其他非控制类专业的专业基础课，"控制工程基础"及相关课程的教材。

本教材的主要特点是：在内容上紧紧围绕经典控制理论的基本概念和方法展开，突出机电控制系统的实例；在讲述方法上，从简单的实例入手引出控制理论的一般概念，力求做到深入浅出，循序渐进，突出重点，便于学生理解。为了方便学生自学，本教材每章末附有习题，附录部分给出了各章习题的部分参考答案。

本教材是对张之敬主编的《机械控制工程基础》（2011 年出版）的修订版，第 1 章至第 5 章由金鑫、张之敬进行了校订和勘误，本次修订增加了第 6 章和第 7 章。其中，第 6 章由金鑫编写，第 7 章由史玲玲编写。

由于编者水平有限，本版教材难免会有不妥和错误之处，恳切希望使用本教材的老师和同学以及其他读者不吝指正。

编 者

目 录
CONTENTS

第1章 绪论 ·· 001
1.1 自动控制的基本概念 ·· 002
　　1.1.1 反馈与控制 ·· 002
　　1.1.2 自动控制系统的组成 ·· 006
　　1.1.3 自动控制系统的分类 ·· 007
1.2 自动控制系统实例 ·· 008
　　1.2.1 恒值控制系统 ·· 008
　　1.2.2 随动系统 ··· 010
1.3 自动控制系统的典型输入信号及性能要求 ······························ 011
　　1.3.1 典型输入信号 ·· 011
　　1.3.2 自动控制系统的性能要求 ······································ 012
习题 ·· 014

第2章 控制系统的数学描述 ·· 016
2.1 控制系统的时间域描述——微分方程 ···································· 016
　　2.1.1 建立微分方程的一般步骤 ······································ 016
　　2.1.2 用拉氏变换法求解线性常微分方程的方法简介 ············ 019
　　2.1.3 微分方程解的物理意义 ··· 020
　　2.1.4 非线性系统的（小偏差）线性化 ····························· 020
2.2 控制系统的 s 域描述之一——传递函数 ································· 021
　　2.2.1 传递函数的定义 ··· 021
　　2.2.2 传递函数的性质 ··· 022
　　2.2.3 典型环节的传递函数 ·· 022
2.3 控制系统的 s 域描述之二——框图（结构图） ························ 025
　　2.3.1 框图基本要素和组成 ·· 026
　　2.3.2 控制系统框图的画法 ·· 026

2.3.3 框图的等效变换 ··· 028
2.4 反馈控制系统传递函数的一般表达式 ··· 031
2.4.1 闭环控制系统框图的一般表达式 ··· 031
2.4.2 闭环传递函数的一般表达式 ·· 032
2.4.3 开环传递函数 ·· 032
习题 ··· 033

第3章 控制系统的时间域及 s 域分析方法 ··· 039

3.1 稳定的基本概念 ·· 039
3.1.1 稳定性的定义 ·· 039
3.1.2 线性控制系统稳定的充分和必要条件 ··· 040
3.2 系统稳定性判定方法——劳斯（Routh）判据 ···································· 041
3.2.1 系统稳定的必要条件 ·· 041
3.2.2 劳斯判据 ·· 042
3.2.3 利用劳斯判据确定使系统稳定的参数 ··· 043
3.3 过渡过程有关的基本概念 ··· 044
3.3.1 时间响应 ·· 044
3.3.2 过渡过程 ·· 044
3.3.3 评价过渡过程性能的指标 ··· 045
3.4 一阶系统的过渡过程分析 ··· 045
3.4.1 一阶系统的数学模型 ·· 045
3.4.2 一阶系统的单位阶跃响应 ··· 045
3.4.3 一阶系统的单位斜坡响应 ··· 046
3.5 二阶系统的过渡过程分析 ··· 047
3.5.1 二阶系统的数学模型 ·· 047
3.5.2 二阶系统的单位阶跃响应 ··· 047
3.5.3 欠阻（$0<\xi<1$）二阶系统的过渡过程性能指标分析 ···················· 050
3.6 高阶系统分析简介 ··· 054
3.6.1 高阶系统数学模型 ·· 054
3.6.2 主导极点和偶极子 ·· 054
3.7 系统对任意输入信号的时间响应 ··· 055
3.7.1 线性控制系统的单位脉冲响应函数 ··· 055
3.7.2 系统对任意输入信号的响应 ·· 056
3.8 控制系统误差分析的基本概念 ··· 057
3.8.1 误差函数与稳态误差 ·· 057
3.8.2 误差与偏差 ·· 057
3.8.3 误差传递函数 ··· 058
3.9 稳态误差求法 ·· 059

3.9.1 稳态误差的一般解法 ·· 059
3.9.2 几种典型输入信号作用下的稳态误差 e_{ss} 的求解方法 ·············· 060
3.9.3 用误差系数法求稳态误差 ·· 062
习题 ··· 064

第4章 控制系统的频率域分析方法 ······································· 068
4.1 频率特性的基本概念及表示方法 ································· 068
4.1.1 频率特性的定义 ·· 068
4.1.2 频率特性的解析表示方法 ······································ 069
4.1.3 频率特性的图形表示方法 ······································ 070
4.2 典型环节的频率特性 ·· 072
4.2.1 比例环节 ·· 072
4.2.2 积分环节 ·· 072
4.2.3 微分环节 ·· 073
4.2.4 惯性环节 ·· 074
4.2.5 一阶微分环节 ·· 076
4.2.6 振荡环节 ·· 076
4.3 开环频率特性 ··· 079
4.3.1 准确开环幅相频率特性曲线的绘制 ······················ 079
4.3.2 概略幅相曲线的绘制 ·· 080
4.3.3 开环对数坐标图 ·· 082
4.4 最小和非最小相位系统 ·· 084
4.4.1 最小相位传递函数 ··· 084
4.4.2 对数幅频特性和对数相频特性的关系 ···················· 085
4.5 奈奎斯特稳定判据 ·· 086
4.5.1 幅角原理 ·· 086
4.5.2 奈奎斯特稳定判据 ··· 089
4.5.3 系统开环传递函数含有积分环节时奈氏判据的应用 ······ 091
4.6 系统的相对稳定性 ·· 094
4.6.1 相对稳定性的概念 ··· 094
4.6.2 系统的稳定裕量 ·· 094
4.7 系统动态性能与频域指标及参数的关系 ····················· 097
4.7.1 超调量 σ_p 与相位稳定裕量 γ_c 间的关系 ·························· 097
4.7.2 调整时间 t_s 与幅值穿越频率 ω_c 的关系 ························· 098
4.7.3 闭环频率特性参数 (M_p, ω_p, ω_b) 与过渡过程指标 (σ_p, t_r, t_s) 的关系 ··· 098
4.8 利用频率特性求正弦信号作用下的稳态误差 ··············· 101
习题 ··· 101

第5章 控制系统的校正 ... 106

5.1 校正的基本概念与校正装置 ... 106
5.1.1 校正的基本概念 ... 106
5.1.2 校正装置 ... 107

5.2 串联校正 ... 115
5.2.1 比例（P）串联校正 ... 115
5.2.2 比例微分（PD）校正（相位超前校正） ... 117
5.2.3 相位滞后校正 ... 120
5.2.4 串联滞后-超前校正 ... 124
5.2.5 串联带阻滤波器校正 ... 129

5.3 反馈校正 ... 131
5.3.1 反馈校正的一般特性 ... 131
5.3.2 比例反馈包围惯性环节（硬反馈） ... 131
5.3.3 比例微分反馈包围积分环节和惯性环节相串联的元件（软反馈） ... 132
5.3.4 微分反馈包围积分环节和惯性环节相串联的元件（软反馈） ... 132
5.3.5 微分反馈包围振荡环节（软反馈） ... 132
5.3.6 一阶微分和二阶微分反馈包围由积分环节和振荡环节相串联组成的元件（软反馈） ... 133

5.4 PID控制原理及其实例 ... 133
5.4.1 PID控制器原理 ... 133
5.4.2 某精密微小型计算机显微测量仪的PID控制 ... 134

习题 ... 139

第6章 基于MATLAB的控制系统仿真与性能分析 ... 144

6.1 MATLAB简介 ... 144
6.1.1 MATLAB的起源与发展 ... 144
6.1.2 MATLAB的构成 ... 145
6.1.3 MATLAB的功能 ... 146

6.2 控制系统数学模型的MATLAB实现 ... 147
6.2.1 解微分方程 ... 147
6.2.2 传递函数的描述 ... 149

6.3 借助MATLAB的时间响应分析 ... 149
6.4 借助MATLAB的频率响应分析 ... 152
6.5 基于MATLAB的系统稳定性分析 ... 154
6.6 基于Simulink的系统模型建立与系统仿真 ... 159

习题 ... 162

第7章 离散控制系统初步 ... 164

7.1 概述 ... 164

		7.1.1 离散信号	164
		7.1.2 A/D 转换与 D/A 转换	165
		7.1.3 零阶保持器	166
	7.2	离散系统的传递函数	167
		7.2.1 差分方程	167
		7.2.2 脉冲传递函数的定义	168
		7.2.3 脉冲传递函数的求法	169
		7.2.4 开环系统和闭环系统的脉冲传递函数	170
	7.3	离散系统的稳定性分析	173
		7.3.1 离散系统稳定的充分必要条件	173
		7.3.2 离散系统稳定性判定方法	174
	7.4	离散系统的校正	176
		7.4.1 模拟化设计方法	176
		7.4.2 最少拍系统的设计与校正	177
	习题		179

附录 1 拉普拉斯变换 ································ 181

附录 2 Z 变换 ································ 194

附录 3 习题参考答案 ································ 200

参考文献 ································ 222

第1章
绪　　论

自动控制，大家并不陌生，它与人们的生活息息相关，所谓自动控制就是在无人直接参与的情况下，利用某种装置或以某种方式，使被控对象准确按照某种特定的规律自动运行或变化的过程。例如，空调的制冷制热，飞行驾驶系统代替飞行员操作飞机；数控机床根据控制器发出的指令和位置检测信号，能够准确地控制机床工作台的位移轨迹，达到自动加工工件的目的；工业机器人能够根据视觉、力觉、声觉传感器对环境的探测，通过控制器确定行动路径；化工生产中反应塔的温度和压力能够自动维持恒定；飞行器根据陀螺检测出的偏移量实时修正飞行方向等，都是自动控制理论和技术应用的结果。从1784年瓦特（James Watt）发明蒸汽机离心调速器以来，自动控制理论和技术与近代工业革命和技术的发展密切相关。19世纪，大型蒸汽机作为动力用到轮船上，自动控制相应在船速及船舵的控制上得到应用。1930年前后，自动控制进一步应用到化工、冶金等工业部门，所控制的变量一般为生产过程中的温度、压力、流量以及液面高度等。在第二次世界大战期间，自动导引、高射火炮位置控制、雷达天线跟踪以及导弹制导等系统先后出现，表明了自动控制技术到了一个新的水平。1948年，维纳（Norbert Wiener）所著《控制论》的出版标志着经典控制理论的诞生。由于空间技术的发展，要求高精度地处理多变量和非线性控制问题，以及数字计算机的发展成熟，20世纪50年代末60年代初形成了现代控制理论。现代控制理论不仅研究系统的输入输出特性，而且还研究系统的内部特性；所使用的数学工具为矩阵理论等近代数学，所设计的系统对给定指标而言基本上是最优的，且一般用计算机实现控制。从20世纪60年代至今，现代控制理论又有了巨大的发展，并形成了若干分支学科，如线性系统理论、最优控制理论、动态系统辨识、自适应控制、大系统理论等。

经典控制理论和现代控制理论构成了全部的控制理论。控制理论的发展进一步促进了自动控制技术和其他学科的发展。现在，自动控制技术及理论已经普遍应用于机械、冶金、石油、化工、电力、航空、航天、航海、核工业、生物学等各个科学领域，并渗透到社会、经济、管理，甚至政治等社会科学领域，促进了各学科之间的相互渗透。

本教材重点介绍以单输入单输出的线性系统为主要对象的经典控制理论，同时为了学生学习方便增加了"基于MATLAB的控制系统仿真与性能分析""离散系统初步"，使学生能进一步学习数字控制和现代控制理论打下一定基础。

1.1 自动控制的基本概念

1.1.1 反馈与控制

(1) 手动控制与自动控制。

所谓控制,是指对机器或物体的某些量的变化规律进行监视和测量,并将其结果与事先设定的目标值进行比较,然后用某种方式修正其与目标值偏离的差值的过程。如果这种过程中有人的动作参与,具体地说,其监测和修正是由人来完成时,称之为手动控制;如果整个过程由某种装置自动实现,则称之为自动控制。下面举例说明控制的概念。

例 1.1 图 1.1 表示了司机在道路上驾驶汽车时行驶方向的控制过程。

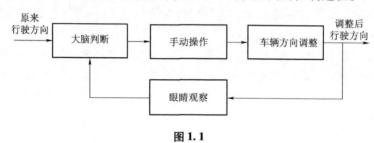

图 1.1

1) 当汽车在道路上行驶时,司机紧握方向盘且注视着车的前方。司机对汽车控制的目标值是使汽车在道路中以某种轨迹行驶,其参照物是路旁的某些物体或道路中的某些标志。

2) 当汽车偏离目标值,即与参照物的距离发生变化时,司机通过眼睛将这种偏差反映给大脑,判断出偏差值的大小。

3) 根据上述判断信息,司机用手调整方向盘,使汽车又处于司机确定的合适的轨道上行驶的状态。

4) 调整后的行驶方向经眼睛观察并将观察结果送给大脑,继续判断所行驶方向。如果行驶方向有偏离,继续上述 2) 和 3) 的动作。

上述例子中,只考虑了汽车驾驶过程中的位置控制,忽略了速度控制。控制过程中,偏差值的测量和调整都是通过人进行的,这种控制就是一种手动控制。

例 1.2 图 1.2 表示了一个水箱液面自动控制的例子。其控制原理如下:

1) 当流出口处阀门 E 关闭、出口流量 Q_2 为零且水箱液面保持在目标值 H 时,浮球处于最高位置,电位器滑动触头位于 B 点,电动机电枢绕组两端输入电压为零,阀门 F 处于关闭状态。

2) 当阀门 E 被打开,流量 $Q_2>0$,则液面下降,电位器滑动触头随着浮球的下降而上移。触头上移至 C 点后,电动机转动,通过齿轮减速装置带动阀门 F 阀芯移动,打开阀门,使流量 $Q_1>0$。

3) 当阀门 E 关闭后,$Q_2=0$,则液面不断上升,上升到目标值 H(给定水位)的高度时,电位器滑动触头移动到 B 点,电动机停转,阀门 F 在恢复力作用下自动关闭(图中没

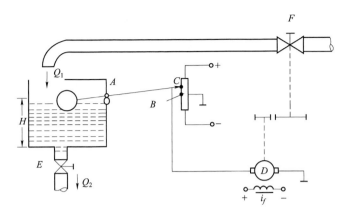

图 1.2

有表示出阀门结构),液面回到了原来的平衡状态。

在上例中,液面高度的检测和偏差值的消除都是控制装置自动进行的。整个过程是一种自动控制过程。

例 1.3 图 1.3 表示了某简易数控铣床工作台控制原理,其控制过程如下:

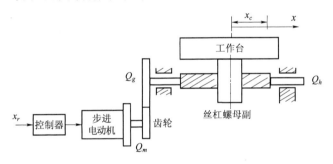

图 1.3

1)根据图纸设定 x 方向加工尺寸 x_r。

2)把此数据输入机床控制器中,在控制器中把工作台总的行程换算成当量脉冲,使总脉冲数 = 总行程/脉冲当量。

3)按计算所得脉冲数(电压信号)输给步进电动机。

4)步进电动机输出转角 Q_m 通过减速齿轮变为转角 Q_g 传给丝杠。

5)丝杠输出相应的转角 $Q_h = Q_g$。运动通过螺母传给工作台,工作台输出直线移动 x_c。

在例 1.3 中,当系统中任意一个环节出现误差时,都会使工作台实际的输出 x_c 与控制目标值 x_r 之间存在有误差 $\Delta x = x_r - x_c$。本系统中,该误差是不能够被自动消除的。

例 1.4 图 1.4 是具有位置检测装置的直流伺服电动机驱动的数控机床工作台运动原理简图。其控制过程如下:

1)指令电位器 W_1 的滑动触点确定给工作台的位置指令,即 W_1 输入指令 x_r,输出电压 u_r。

2)最初给出位置指令 x_r 时,在工作台改变位置之前的瞬间,$x_c = 0$ $u_c = 0$,则电桥输出为偏差电压 $\Delta u = u_r - u_c$。

3）Δu 经放大器放大后，变换为放大器输出电压 u_a。

4）u_a 输入到直流伺服电动机，使其输出转角 θ_m。

5）θ_m 经齿轮减速器传给丝杠，丝杠输出转角 θ_h。

6）丝杠通过螺母将转动变换为工作台的移动，工作台输出直线运动 x_c。

7）由于工作台的移动量为 x_c，则（反馈）电位器 W_2 的滑动触点也移动 x_c，使触点端输出（反馈）电压 u_c。

8）当 $x_c = x_r$ 时，$u_c \to u_r$，$\Delta u \to 0$，工作台停止运动，整个机械系统控制过程完毕；如果 $u_r - u_c > 0$，$\Delta u > 0$，即可知 $x_c < x_r$，工作台继续向前运动；反之，工作台向后运动，直到 $x_c = x_r$，运动停止。

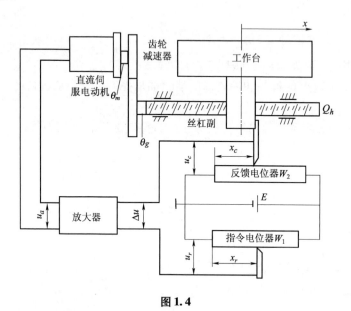

图 1.4

上例中，当系统任一环节出现误差时，都会使 $\Delta x = x_r - x_c \neq 0$，则 $\Delta u = u_r - u_c \neq 0$，工作台会继续向前或向后移动，直至 $\Delta x = x_r - x_c = 0$，控制过程结束。

（2）反馈的概念。

从上面例子可以看出，无论是手动控制还是自动控制，其基本控制过程是类似的。分别根据例 1.1 和例 1.2 画出如图 1.1 和图 1.5 表示的控制过程原理框图。两种控制过程都是以目标值（汽车行驶适当的方向、液面目标高度 H）为基准，经过某种操作或动作（操作方

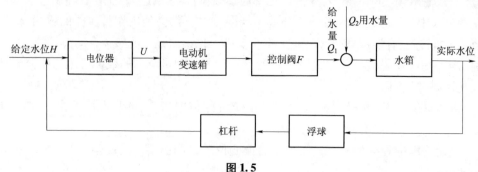

图 1.5

向盘、打开阀门等一系列动作）使控制对象（汽车、水箱）的运动或状态逐步接近目标值。这种实际的运动规律或状态经过某种方式的检测（眼睛、浮球—杠杆—电位器）并与目标值比较后得出偏差值，根据偏差值进行实际操作或调整，使控制对象实际的运动或状态不断接近目标值。

这里，我们把能够完成诸如上述控制过程的系统称之为控制系统。以目标值为基准，对系统施加的作用称为对控制系统的输入量（或输入信号），被控量又可称为控制系统的输出量（或输出信号）。而将对系统输出量进行检测并把结果送回到系统的输入端与系统输入量（或目标值）进行比较的过程称为反馈。与系统输入量进行比较的信号叫反馈量或反馈信号。具有反馈的控制过程叫反馈控制。

反馈是事物之间或事物内部相互作用和信息传递的重要方式。广义地讲，它是事物发展变化过程得以控制的基本条件之一。如例1.1中，如果没有司机通过眼睛观察、大脑判断、调整方向盘等一系列动作形成的反馈过程，汽车就无法在道路上行驶；例1.2中，如果不设置浮球—杠杆—滑变电阻以及回转运动装置，就难以确定什么时候该打开或关闭进水阀门F，液面高度就无法控制。

反馈控制是自动控制系统的基本控制方式，也是自然界中一切生物自身运动控制的基本方式，同时也是人类社会发展的重要规律。本课程中所学的自动控制系统就是建立在反馈控制的基本原理上的，主要研究对象就是反馈控制系统。

（3）开环控制。

在上述例1.1中，反馈过程是由人来完成的。在实际生产或生活中使用的许多机器或装置像汽车一样本身不具有反馈能力，如普通洗衣机的洗涤过程控制，普通机床的主轴转速控制等。在这类系统中，输入量和输出量之间只有顺向作用而无反向联系，这种控制方式称为开环控制。也就是说，机器或装置所组成的控制系统中，如果没有把系统输出量送回到系统输入端并与输入信号进行比较的反馈装置，则这种系统称为开环控制系统。图1.3所表示的简易数控铣床工作台进给系统就是一个开环控制系统的例子。图1.6是该控制系统的原理性框图。

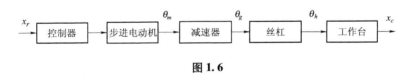

图1.6

在上述系统中，当某个环节产生随机误差时，如步进电动机丢转后，产生$\Delta\theta$的转角误差，则工作台移动距离也产生误差Δx_c。所以在开环控制系统中，当某环节由于元件参数变化或外界扰动而产生偏差并使系统输出量有误差时，无法自动调整输出量、消除误差。但由于开环控制系统具有结构相对简单、工作稳定（见本章1.3节）等优点，在实际生产中被大量采用。

（4）闭环控制。

如前所述，控制系统的输入量与输出量之间不仅有顺向作用，而且有反向作用即反馈作用的控制过程称为反馈控制，其系统称为反馈控制系统。反馈控制又称为闭环控制，其系统称为闭环控制系统。上述图1.4所示具有位置检测装置的直流伺服电动机驱动的数控机床工作台运动控制就是一种闭环控制，该系统就是一种闭环控制系统。图1.7是这种闭环控制系统的原理性框图。

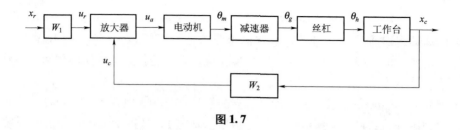

图 1.7

对于闭环控制系统，由于有反馈作用，闭环控制可以修正因元件参数变化以及外界扰动等因素引起系统输出量产生的偏差，其控制精度较高。但需设置反馈装置，结构较开环控制系统复杂，并存在有稳定性问题（见本章 1.3 节）。

1.1.2 自动控制系统的组成

上述例 1.2 和例 1.4 中讲述的闭环控制系统，虽然其用途和内部结构、输入量、输出量等完全不同，但都是按反馈原理构成的自动控制系统。如果把系统中各个环节按其对信号的作用及其功能分类，则可得出组成自动控制系统的基本要素，习惯上又把这些基本要素称为元件。一个自动控制系统主要由如下元件组成：

（1）基准输入元件——把控制目标值转换为可与系统反馈信号相比较的基准输入信号的元件。如例 1.4 中的指令电位器 W_1。

（2）检测元件——对系统输出量进行检测并变换后送回到系统输入端与基准输入信号进行比较的元件。由此产生的反馈信号称为主反馈信号。如果反馈信号是由系统某个中间环节引出来或送回到某个中间环节的输入端，则称这种反馈为局部反馈。严格地讲，只有具有主反馈方式的系统称为闭环控制系统。如例 1.4 中的反馈电位器 W_2 就是检测元件，其产生的反馈信号 u_c 就是主反馈信号。检测元件又称为反馈元件。

（3）比较元件——用以比较基准输入信号和主反馈主号，并产生反映其差值的偏差信号的元件。如例 1.4 中由指令电位器 W_1、反馈电位器 W_2 和电源组成的电桥就是一个比较元件。

（4）放大变换元件——对偏差信号进行放大和变换、输出足够功率和合适形式的物理量给后续的运动部件或装置的元件。如例 1.4 中的放大器。

（5）执行元件——根据放大、变换后的偏差信号，对被控制对象进行控制、使之输出与控制目标值相吻合的物理量的元件。如例 1.4 中的直接伺服电动机、齿轮传动和丝杠螺母机构所组成的部分。

（6）被控对象——指人们要求实现某种确定的运动、生产过程、状态以及特定要求的机器设备即控制系统所要控制的装置、系统或产生过程。如例 1.4 中的工作台。

上述元件（1）~（5）组成控制装置即对被控对象起控制作用、使之实现所要求动作的机械-电子电气系统；由上述控制装置和被控对象组成的系统称为自动控制系统。

上述各元件除比较元件外，都可以用如图 1.5 框图来表示。其中左右两边的有向线，分别表示元件的输入量和输出量。比较元件如图 1.8 所示，其中箭头向着圆圈的有向线表示在比较元件中进行比较的信号，符号表示信号的正负。箭头向外的有向线表示比较元件的输出信号。一个控制系统可以用如图 1.8 所示的框图来表示，其中扰动量表示来自系统之外或系统内部的干扰信号，即系统不需要却又对系统输出量有影响的物理量。前向通路是指系统输入量与输出量之间的顺向传递路径,而反馈通路是指系统输出量经反馈元件变换后成为反馈信号送回到输入端的信号传递路径。

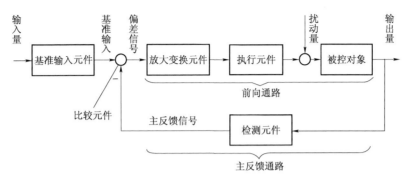

图 1.8

1.1.3 自动控制系统的分类

为了加深了解自动控制的概念和特点,现介绍一下自动控制系统的分类。由于自动控制技术发展很快,应用领域宽广,分类方法很多,这里仅介绍几种常见分类方法。

(1) 按控制目标即理想输出信号的特征分类。

1) 恒值控制系统。如果控制系统的控制目标即理想输出信号是常数,并要求在干扰作用下,其输出量在某一希望值附近做微小变化,则称这类系统为恒值控制系统。如控制房间温度的空调、恒定压力控制的保压系统、液面高度控制系统等都是恒值控制系统。

2) 随动系统(又称伺服系统)。如果系统的输入信号是时间的函数(可以是已知的也可以是未知的),要求系统的输出信号精确地随输入信号变化而实时地作相对应的变化,则这类控制系统称为随动系统。如雷达天线跟踪系统、数控机床工作台的伺服控制等属于这类系统。

3) 过程控制系统。生产过程通常是指把原料放在一定的外界条件下,经过物理或化学变化而制成产品或储能介质的过程。例如化工、石油、造纸中的原料生产;冶炼、发电中的热力过程等。在这些过程中,往往要求自动提供一定的外界条件,例如温度、压力、流量、液位、黏度、浓度等参量在一定的时间内保持恒值或按一定的程序变化。在生产过程的某一个局部系统,可能是一种按设定程序指令变化的恒值控制系统,也可能是一种随动控制系统。

(2) 按输入信号与输出信号关系分类。

1) 线性系统。如果一个系统的输入 $r(t)$ 与输出 $c(t)$ 之间具有如下关系:

① 当输入为 $A \cdot r(t)$ 时,输出为 $A \cdot c(t)$ (均匀性)。

② 当输入为 $\sum_{n-1}^{N} r_n(t)$ 时,输出为 $\sum_{n-1}^{N} c_n(t)$ (叠加性)。

则称该系统为线性系统。线性控制系统的运动方程一般可用常系数或变系数线性微分方程来描述。经典控制理论研究的是线性定常系统,即其运动方程为常系数线性微分方程。

2) 非线性系统。如果输入与输出之间不满足线性系统中阐述的条件,即输入与输出之间呈非线性关系的系统为非线性系统。描述非线性控制系统的运动方程为非线性微分方程。

(3) 按动作信号与时间的关系分类。

1) 连续系统。若系统中各元件的输入量和输出量均为时间的连续函数,则称这类系统为连续系统。

2) 离散系统。在系统中只要有一个环节的信号是脉冲序列或数字编码时,就称这类系统为离散系统。离散系统的运动规律可用差分方程描述。数字计算机控制的系统都可称为离散系统。

3) 概率控制系统。如果作用于系统的信号是不能用时间函数明确表示,而只能用统计特征描述的随机信号,则称这类系统为概率控制系统。

1.2 自动控制系统实例

1.2.1 恒值控制系统

(1) 转速、电流双闭环模拟式直流调速系统。

直流调速系统是用直流伺服电动机作为执行元件、其转速作为被控量的伺服系统。图1.9是一种转速、电流双闭环模拟式直流调速系统原理图。

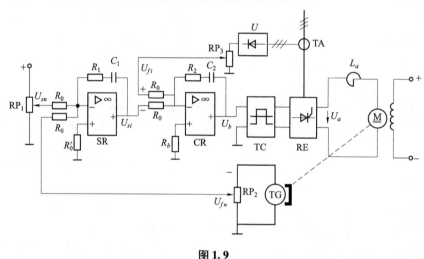

图 1.9

1) 系统组成。该系统有两个反馈通路,其中一个反馈通路是由执行元件即直流电动机 M—永磁式直流测速发电机 TG—电阻 RP_2 组成的主反馈通路,与前向通路形成的回路称为速度环,又称为外环。另外一个反馈回路是由电流互感器 TA、整流电路 U 和电阻 RP_3 组成,由此构成的回路称为电流环,又称为内环。电流环是系统中的局部反馈回路。SR 是由积分运算放大器形成的速度调节器,CR 为电流调节器,TC 为触发电路,RE 为整流电路,TC 与 RE 形成可控整流回路,以调整对直流电动机 M 的输出电压与电流,达到控制输出转速的目的。系统框图如图 1.10 所示。

从图 1.9 和图 1.10 可以看出,电阻 RP_1 是基准输入元件,(又称给定元件),其输出电压 U_{sn} 是系统的基准输入量,与转速的目标值相对应。直流测速发电机 TG—电阻 RP_2 形成

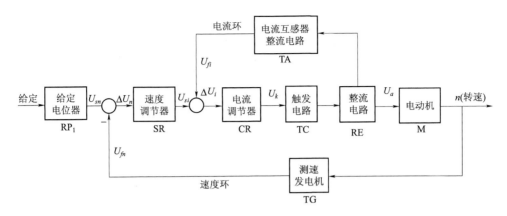

图 1.10

了系统主反馈通路上的检测元件,其输入量为直流电动机 M 的转速 n,输出量是主反馈信号 U_{fn},这里 $U_{fn}=\alpha n$,α 为直流测速发电机转速反馈系数。速度调节器 SR 为比较元件,其输入量是偏差电压 ΔU_n,即 $\Delta U_n = U_{sn} - U_{fn}$,其输出量为 U_{si}。电流调节器 CR、触发电路 TC、整流电路 RE 和局部反馈通路形成了系统的主控回路。其输出电压为 U_a。L_a 为串接在电枢回路中的平波电抗器,起稳定电流的作用。直流电动机 M 在这里既是执行元件又可看做是被控对象(确切地说,其负载是被控对象),其电枢绕组的输入电压即为 U_a(这里忽略了平波电抗器 L_d 上的压降)。在局部反馈回路即电流环中,电流互感器 TA 是电枢电流检测元件,其输出为与电枢电流成比例的电压信号,通过放大、反馈给局部反馈回路中的比较元件 CR,其反馈信号为 U_{fi}。

2) 系统工作原理。

① 电流环工作原理。电流环是由电流调节器 CR、触发电路、整流电路和电流反馈环节组成的闭环,其主要作用是稳定电枢电流。当系统处于稳定状态时,偏差电压 $\Delta U_i = U_{si} - U_{fi} = U_{si} - \beta I_a = 0$($\beta$ 为电流反馈系数,I_a 为电枢电流),所以有 $I_a = U_{si}/\beta$。当电网电压波动或其他原因引起电枢电流 I_a 变化时,如 I_a 上升时,则偏差电压 $\Delta U_i = U_{si} - \beta I_a < 0$,使整流电路输出电压 U_a 下降,继而使 I_a 下降并很快恢复到稳态值。由于电流环电流调整过程很快,一般不影响到转速的变化,电网电压扰动的影响已被消除或基本被消除。

② 速度环工作原理。由系统前向通路和主反馈通路构成的速度环主要作用是保持转速稳定,消除转速误差。当系统平稳运行即输入量和输出量处于稳定状态时,偏差 $\Delta U_n = U_{sn} - U_{fn} = U_{sn} - \alpha n = 0$,即 $n = U_{sn}/\alpha$。当系统由于负载变化等原因引起输出转速 n 产生变动,如 n 减小时(即 $n < U_{sn}/\alpha$),则产生偏差电压 $\Delta U_n = U_{sn} - \alpha n$ 大于零,经速度调节器放大得 U_{si}。由于 U_{si} 增大,使 ΔU_i 增大,随之引起 U_k、U_a 增大,最终使系统输出转速 n 增大,直至恢复到 $n = U_{sn}/\alpha$,调整过程结束。

由于双闭环调速系统具有良好的调节特性,被广泛应用于机床、冶金、轻工等行业中。

(2) 恒温控制系统。

恒温控制是机械制造、生物工程、环境工程中常见的一种温度控制方式。在制造业的热处理过程中,常常需要炉温保持恒值或按某一给定台阶式曲线变化,其恒温保持的准确程度将直接影响工件热处理质量。其工作原理如下。

如图 1.11 所示恒温控制系统中,当炉温 T 由于环境温度变化或增、减工件而产生变化,比如下降时,检测元件热电偶输出端电压减小。反馈电压 U_2 与基准输入电压 U_1 比较后得出的差值 $\Delta U = U_1 - U_2$ 亦相应增大,经电压放大和功率放大后,驱动执行机构直流伺服电动机—减速器带动调压变压器的滑动触头右移,使控制对象加热电阻丝两端电压 U 增大,炉温 T 上升,直到升至给定值,调整过程结束。

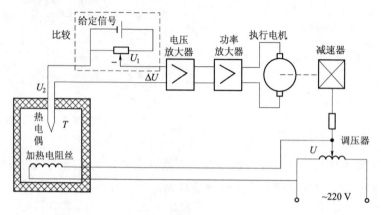

图 1.11

恒温控制系统有高温控制(如工业炉)、低温控制(如制冷系统)和常温控制(如空调系统)等不同的类别,其基本控制过程如图 1.12 所示。

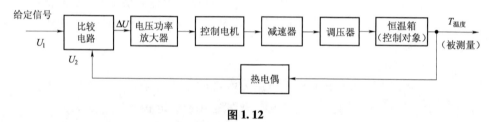

图 1.12

常用温度检测元件根据不同的控制系统有工业炉用热电偶、低温用热电阻和半导体热敏元件等。这些在有关测试课程中讲授,这里不赘述。

1.2.2 随动系统

随动系统的特点是:输入量是随时间 t 变化着的(有时是随机的),输出量能跟随输入量的变化而作相应的变化。如雷达天线跟踪系统、火炮瞄准系统、数控机床进给系统等。下面以图 1.13 所示雷达天线随动系统为例进行说明。

(1) 系统组成。雷达天线位置随动系统要求被控对象雷达天线能跟随手轮的转动而转动。执行元件为永磁式直流伺服电动机 SM,功率放大器为可逆可控调压供电电路。可逆是指供电电路输出电压极性可变以控制电动机的正反转。2 A 为由运算放大器构成的比较、放大元件(比例放大系数为 $-R_1/R_0$)。RP_1 为基准输入元件,将手轮的转动角度 θ_i 转换成基准输入电压信号 U_i。RP_2 为检测元件,将被控对象雷达天线的转角 θ_o 转换为电压信号 $U_{f\theta}$。1 A 为反相器(即比例系数为 $-R_o/R_o = -1$ 的放大器),将电压信号 $U_{f\theta}$ 反相,转换为反馈信号 $-U_{f\theta}$,然后送到电压放大器 2 A 输入端,与基准输入信号 U_i 进行比较,得出偏差电压 $\Delta U = U_i - U_{f\theta}$,经放大变换为输出电压 U_k,再经可逆功率放大器放大变换为直流伺服电动机 SM 电枢绕组输入电

压 U_a，则本系统的执行元件即由直流伺服电机 SM 和减速器构成的传动系统输出转速 n 带动被控对象雷达天线做旋转运动。图 1.14 是雷达天线位置随动系统框图。

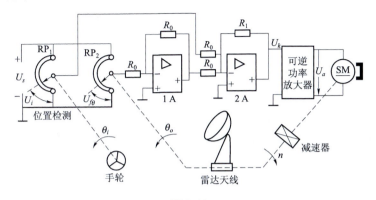

图 1.13

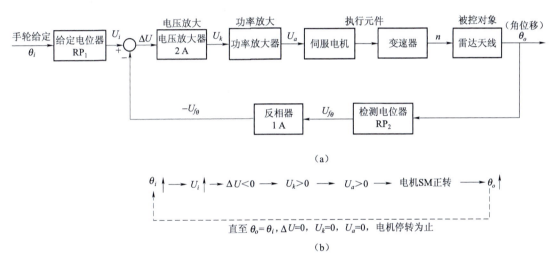

图 1.14

（2）系统工作原理。设初始位置处，雷达不动，即 $U_i = U_{f\theta}$，当手轮逆时针转动时，RP_1 的滑动触头逆时针旋转 θ_i 时，U_i 减小，则偏差电压 $\Delta U = U_i - U_{f\theta}$ 小于零。由于电压放大器 2 A 有反相放大作用，因此其输出 U_k 大于零，则功率放大器输出 U_a 亦大于零，驱动伺服电动机 SM 顺时针旋转，再经减速器反向，带动雷达天线逆时针转动，与天线联动的电阻 RP_2 的滑动触头也逆时针转动，θ_o 减小，随之 $U_{f\theta}$ 减小，直到 $\Delta U = U_i - U_{f\theta} = 0$，$U_k = U_a = 0$，电机停转，调整过程结束。

1.3 自动控制系统的典型输入信号及性能要求

1.3.1 典型输入信号

在应用经典控制理论分析系统时，经常采用几类典型输入信号，其优点是易于实验和计算。常用典型输入信号如下：

1）阶跃信号：

$$f(t)=\begin{cases} 0 & t<0 \\ R & t\geq 0 \end{cases}$$

通常又可以写成

$$f(t)=\begin{cases} 0 & t<0 \\ R\cdot 1(t) & t\geq 0 \end{cases}$$

其中，$1(t)$叫单位阶跃信号，如图 1.15 所示。

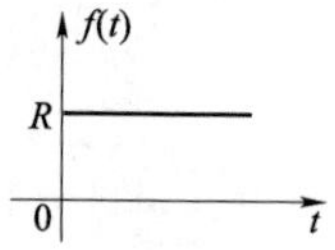

实际中，如电压突然上升，飞机突然受到常值阵风扰动等可以看做是阶跃信号。

图 1.15

2）斜坡信号：

$$f(t)=\begin{cases} 0 & t<0 \\ Rt & t\geq 0 \end{cases}$$

当 $R=1$ 时，叫单位斜坡信号，如图 1.16 所示。
实际中，如自由落体时重物的速度就是斜坡信号。

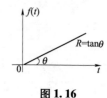

图 1.16

3）脉冲信号：

$$f(t)=\lim_{t_0\to 0}\frac{A}{t_0}[1(t)-1(t-t_0)]$$

当 $A=1$ 时，称此脉冲函数为单位脉冲函数或 δ 函数。其强度即其面积为 A 时，可表示为（如图 1.17）

$$f(t)=A\cdot\delta(t)$$

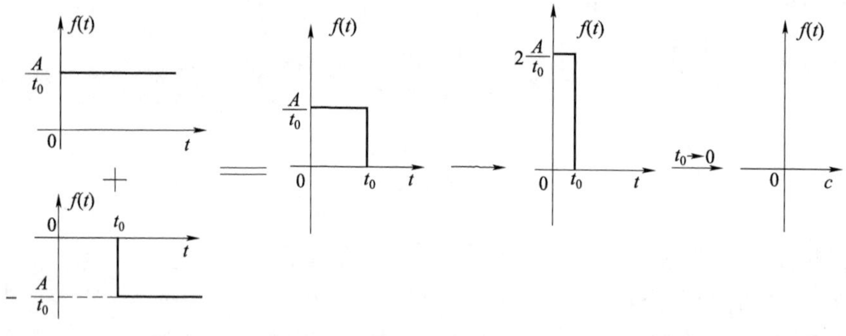

图 1.17

4）正弦函数：

$$f(t)=A\sin(\omega t+\varPhi)$$

正弦函数如图 1.18 所示。

1.3.2 自动控制系统的性能要求

评价一个自动控制系统的优劣，有各种性能指标的要求。对线性定常系统，主要使用三个方面的指标，即稳定性、过渡过程性能和稳态误差

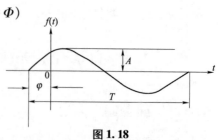

图 1.18

评价自动控制系统的性能。

(1) 稳定性。

稳定性是指闭环控制系统处于稳定工作状态的能力。当一个系统受到突然变化的外作用或扰动作用时，其输出量将或多或少偏离原来的平衡状态。当外作用进入稳定状态或扰动消除后，经过足够的时间，系统输出量能稳定在与外作用相对应的状态上或以足够的精度恢复到扰动作用前的状态，则称系统是稳定的。反之称系统是不稳定的。如图1.19所示，当对闭环控制系统输入一个单位阶跃函数的外作用信号时，如果其输出量呈图1.19（a）所示曲线1或2的状态，则该系统是稳定的；反之，若输出量呈图1.19（b）的曲线1或2或图1.19（c）的状态时，则该系统是不稳定的。不稳定的系统是不能正常工作的。所以，稳定性的分析和研究工作是反馈控制系统分析和设计的首要工作。

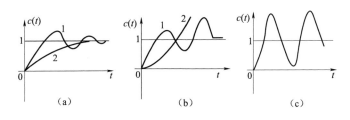

图 1.19

(2) 过渡过程性能。

过渡过程是指当输入信号发生变化时，系统从一个平衡状态以一定的精度到达新的平衡状态的变化过程。过渡过程性能表征了系统对输入信号响应的快速性和平稳性。通常用系统输出量在过渡过程中的变化规律来评价系统的过渡过程性能。图1.20表示了几种闭环控制系统在单位阶跃函数作用下输出量的变化规律。其中系统 I 的输出量很快就到达给定的误差带 $\pm \Delta$ 内，但振荡幅度大，不平稳；系统 II 的输出量无振荡，平稳性好，但快速性差；系统 III 的输出量与 I、II 比较，快速性和平稳性都较好。定量评价系统过渡过程性能的指标将在第3章中讲述。

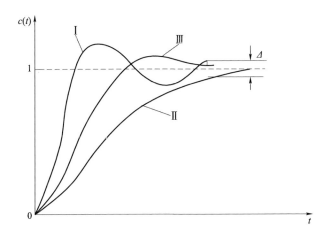

图 1.20

(3) 稳态误差。

稳态误差是指过渡过程结束后，系统在新的平衡状态下，其实际输出量与希望输出量之间的差值。图 1.21 表示了当系统分别在单位阶跃函数和单位斜坡函数作用下，且其希望输出量等于输入量时系统的稳态误差。

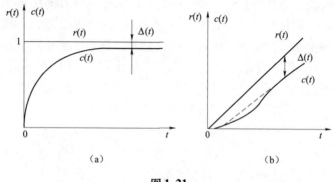

图 1.21

自动控制系统的性能指标表征了系统的运动特性，也是对自动控制系统的基本要求。本课程在经典控制理论部分，将围绕这三项基本要求对系统进行分析，并在分析的基础上介绍系统的校正方法。

习　　题

1-1　试举出几例日常生活中见到的反馈控制系统，并说明其工作原理。

1-2　分别举出一个开环控制和一个闭环控制的家用电器或机电产品的例子，并说明开环控制与闭环控制各自的特点。

1-3　举出一个非线性机电系统的例子，并定量说明其输入量与输出量之间不满足均匀性和叠加性的理由。

1-4　试说明如题图 1.1 所示晶体管稳压电源电路的工作原理，指出输入量、输出量、反馈量和扰动量，并绘出其控制过程的原理框图。

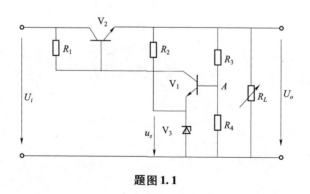

题图 1.1

1-5　题图 1.2 为仓库大门自动控制系统。

(1) 试说明系统工作原理，指出系统的基准输入量、输出量和主反馈量。

(2) 试绘制系统原理框图。

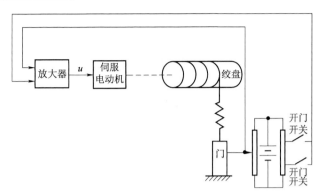

题图 1.2

第 2 章
控制系统的数学描述

为了研究自动控制系统的运动特性,必须建立描述系统运动特性的数学表达式,即建立系统的数学模型。本章的主要内容就是阐述根据自动控制系统的运动状态、条件以及输入输出信号的特性,建立系统的数学模型的方法。

建立系统的数学模型有两种方法。一种方法是分析法,即根据系统和元件所遵循的有关定律来建立,如根据欧姆定律、基尔霍夫定律建立电网络的数学模型;根据牛顿三定律建立机械系统的数学模型;应用流体力学的有关定律建立液压系统的数学模型等。另一种建立数学模型的方法称为实验法,即根据元件与系统对某些典型输入信号的响应或其他实验数据建立数学模型。这种用实验数据建立数学模型的方法也称为系统辨识。当元件和系统比较复杂,其运动特性很难用几个简单数学方程表示时,实验法就显得非常重要了。由于篇幅有限,本教材仅介绍建立数学模型的分析法。

2.1 控制系统的时间域描述——微分方程

所谓时间域(或简称时域)的描述,即以时间为自变量,建立描述系统运动状态以及输入–输出的传递过程,其中只包含输入、输出两个物理量(均为时间的函数)。对控制系统,最常见的数学模型就是微分方程。下面举例说明建立控制系统微分方程的一般步骤。

2.1.1 建立微分方程的一般步骤

例 2.1 图 2.1 为 RLC 无源网络,u_i 为输入电压,u_o 为输出电压,试写出其运动微分方程。

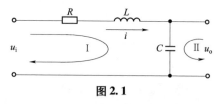

图 2.1

解:根据基尔霍夫定律,对回路 Ⅰ 和回路 Ⅱ 分别列出电压平衡方程,得

$$u_i(t) = Ri(t) + L\frac{di(t)}{dt} + \frac{1}{C}\int i(t)dt \tag{2.1}$$

$$u_o(t) = \frac{1}{C}\int i(t)dt \tag{2.2}$$

由式 (2.2) 可得:

$$i(t) = C\frac{du_o(t)}{dt}, L\frac{di(t)}{dt} = LC\frac{d^2u_o(t)}{dt^2}$$

将上两式和式 (2.2) 代入方程 (2.1),整理得:

$$LC\frac{d^2 u_o(t)}{dt^2} + RC\frac{du_o(t)}{dt} + u_o(t) = u_i(t) \quad (2.3)$$

根据上例，可得出建立控制系统（或元件）微分方程的一般步骤是：

(1) 确定系统的输入量和输出量。

(2) 根据物理、化学或其他定律，列出原始方程式。

(3) 消去原始方程式中的中间变量，最后得到只包含系统输入量和输出量的方程式，即系统的输入输出微分方程式。

例 2.2 图 2.2 是电枢控制式直流伺服电动机原理图。其中激磁绕组电流 i_f 为恒值，输入量为电动机电枢电压 $u_a(t)$，输出量为电动机转动速度 $\omega_m(t)$。试列写出运动微分方程。

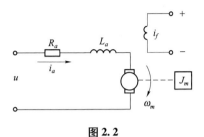

图 2.2

解： 1）当 i_f 一定时，电动机转矩与电枢绕组电流的关系可表示为：

$$M_m = C_m i_a \quad (2.4)$$

其中，C_m 为电动机转矩系数。

2）电枢转动时绕组中会产生反电势 e，e 与电动机转动角速度 $\omega_m(t)$ 之间有：

$$e = C_e \omega_m(t) \quad (2.5)$$

其中，C_e 为电动机的反电势系数。

3）电枢回路电压平衡方程为：

$$R_a i_a + L_a \frac{di_a}{dt} + e = u_a(t) \quad (2.6)$$

其中，L_a 为电枢绕组电感，R_a 为电枢绕组电阻。

4）电动机转子转矩平衡方程为：

$$J_m \frac{d\omega_m(t)}{dt} = M_m - M_e \quad (2.7)$$

其中，$M_m = J_m \frac{d^2 \theta_m(t)}{dt^2}$，$J_m$ 为电动机轴（包括转子及负载）的转动惯量，M_e 为负载转矩。

把式（2.4）代入式（2.7），得

$$i_a = \frac{1}{C_m}\left(J_m \frac{d\omega_m(t)}{dt} + M_e\right) \quad (2.8)$$

把式（2.5）、式（2.8）代入式（2.6），得

$$\frac{J_m L_a}{C_e C_m}\frac{d^2\omega_m(t)}{dt^2} + \frac{J_m R_a}{C_e C_m}\frac{d\omega_m(t)}{dt} + \omega_m(t) = \frac{1}{C_e}u_a(t) - \frac{1}{C_m}\left(L_a \frac{dM_e}{dt} + R_a M_e\right) \quad (2.9)$$

一般电枢电感 L_a 很小，可忽略不计，上式成为：

$$\frac{J_m R_a}{C_e C_m}\frac{d\omega_m(t)}{dt} + \omega_m(t) = \frac{1}{C_e}u_a(t) - \frac{1}{C_m}R_a M_e$$

且当负载转矩 $M_e = 0$ 时，式（2.9）成为：

$$T_m \frac{d\omega_m(t)}{dt} + \omega_m(t) = K_e u_a(t) \quad (2.10)$$

其中 $T_m = \dfrac{J_m R_a}{C_e C_m}$,称为电动机机电时间常数;

$K_e = \dfrac{1}{C_e}$,称为电动机电枢转动角速度对控制电压的放大系数。

例 2.3 如图 2.3 是一个机械传动系统的例子,输入量为作用在输入轴 I 上的转矩 M,输出量为轴 I 的转角 θ_1。试列写出运动微分方程。

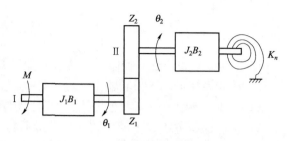

图 2.3

解:1)根据接触点作用力和反作用力相等的原理,齿轮 2 对齿轮 1 的阻力转矩 M_1 与齿轮 1 对齿轮 2 的驱动转矩 M_2 之间存在以下关系:

$$\frac{M_1}{M_2} = \frac{Z_1}{Z_2} = \frac{1}{i} \tag{2.11}$$

其中,i 为 Z_1—Z_2 的传动比。

2)轴 I 与轴 II 转角之间有以下关系:

$$\frac{\theta_1}{\theta_2} = \frac{Z_2}{Z_1} = i \tag{2.12}$$

I、II 轴转矩平衡方程分别为:

$$J_1 \frac{d^2\theta_1}{dt^2} + B_1 \frac{d\theta_1}{dt} + M_2 = M \tag{2.13}$$

$$J_2 \frac{d^2\theta_2}{dt^2} + B_2 \frac{d\theta_2}{dt} + K_n \theta_2 = M_2 \tag{2.14}$$

将式(2.11)、式(2.12)和式(2.14)代入式(2.13),得:

$$\left(J_1 + J_2 \frac{1}{i}\right)\frac{d^2\theta_1}{dt^2} + \left(B_1 + B_2 \frac{1}{i}\right)\frac{d\theta_1}{dt} + \frac{K_n}{i}\theta_1 = M \tag{2.15}$$

或写成

$$J \frac{d^2\theta_1}{dt^2} + B \frac{d\theta_1}{dt} + \frac{K_n}{i}\theta_1 = M \tag{2.16}$$

其中,$J = J_1 + J_2 \dfrac{1}{i}$,$B = B_1 + B_2 \dfrac{1}{i}$,分别为折算到轴 I 上的总等效转动惯量和总等效黏性摩擦系数。

例 2.4 试列出如图 2.4 所示组合机床工艺系统及其简化的力学模型即质量-弹簧系统

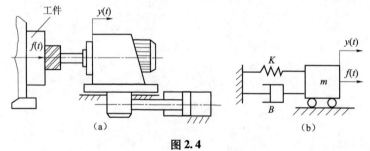

图 2.4

的运动微分方程,其中 m 为运动物体质量,K 为忽略了质量的弹性元件刚度,B 为阻尼力与两端速度差成正比的黏性阻尼器阻尼系数。

解:

$$m\frac{d^2y(t)}{dt^2} + B\frac{dy(t)}{dt} + Ky(t) = f(t) \tag{2.17}$$

比较式(2.3)、式(2.9.1)、式(2.16)与式(2.17),可以知道四个微分方程式是形式完全相同的二阶常系数线性微分方程,即可写成以下通式:

$$A\frac{d^2x}{dt^2} + B\frac{dx}{dt} + Cx = y(t) \tag{2.18}$$

式(2.18)说明,例2.1的电网络系统、例2.2的机电系统与例2.3、例2.4的机械系统可以用同一数学模型来描述,也就可以认为具有相同的动态特性,我们称之为相似系统。利用这一概念,我们可以用电系统来模拟机械系统,也可用机械系统模拟电系统,也可以用数值仿真技术来研究实际系统。所以应用控制理论来研究系统时,可以撇开其具体的物理属性,进行具有普遍意义的分析研究。这也是我们学习这门课程和分析系统时的主要方法。

2.1.2 用拉氏变换法求解线性常微分方程的方法简介

在高等数学中,我们学过求解线性常微分方程的一般方法。这里介绍一下用拉氏变换法求解常微分方程的一般方法,以加深我们对本课程中的一般概念的理解。

例 2.5 已知某系统的运动微分方程为:

$$\frac{d^2c(t)}{dt^2} + 3\frac{dc(t)}{dt} + 2c(t) = 5r(t) \tag{2.19}$$

试求系统在输入信号 $r(t) = 1(t)$,且初始条件为 $c(0_-) = -1$,$\dot{c}(0_-) = 4$ 时的时域解。

解: 对式(2.19)两端取拉式变换,得:

$$s^2C(s) - sc(0_-) - \dot{c}(0_-) + 3sC(s) - 3c(0_-) + 2C(s) = \frac{5}{s}$$

整理得:

$$C(s) = \frac{5}{s^2+3s+2}\frac{1}{s} + \frac{sc(0_-) + \dot{c}(0_-) + 3c(0_-)}{s^2+3s+2} \tag{2.20}$$

代入初始条件得:$C(s) = \frac{5}{s^2+3s+2}\frac{1}{s} + \frac{-s+1}{s^2+3s+2}$

将上式展开成部分分式,得:$C(s) = \frac{c_1}{s} + \frac{c_2}{s+1} + \frac{c_3}{s+2} + \frac{c_4}{s+1} + \frac{c_5}{s+2}$

根据逆变换方法:

$$c_1 = \lim_{s \to 0} \frac{5}{s(s+1)(s+2)} = \frac{5}{2}$$

$$c_2 = \lim_{s \to -1} (s+1) \frac{5}{s(s+1)(s+2)} = -5$$

$$c_3 = \lim_{s \to -2} (s+2) \frac{5}{s(s+1)(s+2)} = \frac{5}{2}$$

$$c_4 = \lim_{s \to -1} (s+1) \frac{-s+1}{(s+1)(s+2)} = 2$$

$$c_5 = \lim_{s \to -2}(s+2)\frac{-s+1}{(s+1)(s+2)} = -3$$

$$C(s) = \frac{5}{2}\frac{1}{s} + \frac{5}{s+1} + \frac{5}{2}\frac{1}{s+2} + \frac{2}{s+1} - \frac{3}{s+2} \tag{2.21}$$

对上式进行反变换，得：

$$c(t) = \frac{5}{2}1(t) - 5e^{-t} + \frac{5}{2}e^{-2t} + 2e^{-t} - 3e^{-2t} \tag{2.22}$$

即：

$$c(t) = \frac{5}{2}1(t) - 3e^{-t} - \frac{1}{2}e^{-2t} \tag{2.23}$$

2.1.3 微分方程解的物理意义

（1）零状态响应：式（2.22）右边前三项与初始条件无关，可看成是在零初始条件下，输入信号引起的输出，称为零状态响应，用 $c_{zs}(t)$ 表示。

（2）零输入响应：式（2.22）右边第四、五项与输入信号无关，可看成是零输入信号条件下，由初始条件引起的输出，称为零输入响应，用 $c_{zi}(t)$ 表示。

系统的输出等于零状态响应和零输入响应的叠加，即

$$c(t) = c_{zs}(t) + c_{zi}(t) \tag{2.24}$$

（3）暂态分量：在式（2.22）中，右边后四项即零状态响应的后两项与零输入响应的两项，变化规律及大小取决于系统的结构参数，是齐次方程的通解。其值随着时间增大而逐渐衰减，当 $t \to \infty$ 时，接近于零，所以叫解的暂态分量，用 $c_{ts}(t)$ 表示。

（4）稳态分量：上式右边第一项表示在输入信号作用下，系统达到稳定状态以后的变化规律，这一项即是非齐次方程的特解，用 $c_{ss}(t)$ 表示。在控制理论中称为稳态分量。

系统的输出的一般形式可表示成稳态分量和暂态分量的和，即

$$c(t) = c_{ss}(t) + c_{ts}(t) \tag{2.25}$$

2.1.4 非线性系统的（小偏差）线性化

经典自动控制理论是建立在线性定常系统基础上的，但在实际系统中，理想的线性系统是不存在的。也就是说构成系统的元件或多或少都具有一定的非线性特性。比如在机械系统中的接触面的摩擦特性，其摩擦力并不与速度成比例。又如在控制装置中，放大器也很难达到100%的线性特性。对于这类问题的解决，工程上一般采用如下两种方法：

（1）如果非线性因素造成的系统非线性很小，则可忽略不计。

（2）在系统的工作点附近用泰勒级数展开的方法进行线性化。如图2.5，设控制系统通常工作在点 x_0 附近（一般系统都有一个稳态工作点），当系统在工作中受到扰动，工作点变动时，自动控制系统会自动进行调节，力图消除这种偏差。对于稳态系统这种偏差一般很小。这时，我们在工作点 x_0 附近把非线性函数 $y = f(x)$ 展开成泰勒级数，即

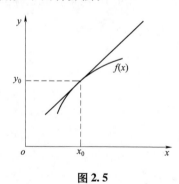

图2.5

$$y = y_0 + y'\big|_{x=x_0}(x-x_0) + y''\big|_{x=x_0}(x-x_0)^2/2! + \Lambda \quad (2.26)$$

由于 $x-x_0$ 很小，忽略上式中的二阶以上高次项，得：

$$y - y_0 = y'\big|_{x=x_0}(x-x_0) \quad (2.27)$$

或

$$\Delta y = \frac{\mathrm{d}y}{\mathrm{d}x}\bigg|_{x=x_0} \Delta x \quad (2.28)$$

式（2.28）即表示了"小偏差"的线性运动状态。如果将 (x_0, y_0) 作为参考坐标原点，成为：

$$\begin{cases} y = y'\big|_{x=0} x \\ y(0)\big|_{x=0} = 0 \end{cases} \quad (2.29)$$

2.2 控制系统的 s 域描述之一——传递函数

2.2.1 传递函数的定义

线性定常系统微分方程的一般形式为：

$$\begin{aligned} &a_n \frac{\mathrm{d}^n c(t)}{\mathrm{d}t^n} + a_{n-1} \frac{\mathrm{d}^{n-1} c(t)}{\mathrm{d}t^{n-1}} + \cdots + a_1 \frac{\mathrm{d}c(t)}{\mathrm{d}t} + a_0 c(t) = \\ &b_m \frac{\mathrm{d}^m r(t)}{\mathrm{d}t^m} + b_{m-1} \frac{\mathrm{d}^{m-1} r(t)}{\mathrm{d}t^{m-1}} + \cdots + b_1 \frac{\mathrm{d}r(t)}{\mathrm{d}t} + b_0 r(t) \end{aligned} \quad (2.30)$$

其中，$r(t)$ 为系统输入量，$c(t)$ 为系统输出量。令初始条件为零，即：

$$\frac{\mathrm{d}^{n-1}c(t)}{\mathrm{d}t^{n-1}} = \frac{\mathrm{d}^{n-2}c(t)}{\mathrm{d}t^{n-2}} = \cdots = \frac{\mathrm{d}c(t)}{\mathrm{d}t} = \frac{\mathrm{d}^{m-1}r(t)}{\mathrm{d}t^{m-1}} = \frac{\mathrm{d}^{m-2}r(t)}{\mathrm{d}t^{m-2}} = \cdots = \frac{\mathrm{d}r(t)}{\mathrm{d}t} = 0$$

对上述微分方程两端进行拉氏变换，得：

$$(a_n s^n + a_{n-1} s^{n-1} + \cdots + a_1 s + a_0) C(s) = (b_m s^m + b_{m-1} s^{m-1} + \cdots + b_1 s + b_0) R(s) \quad (2.31)$$

写成为输出量拉氏变换与输入量拉氏变换之比即得到系统传递函数的一般形式：

$$G(s) = \frac{C(s)}{R(s)} = \frac{b_m s^m + b_{m-1} s^{m-1} + \cdots + b_1 s + b_0}{a_n s^n + a_{n-1} s^{n-1} + \cdots + a_1 s + a_0}$$

线性定常系统传递函数定义：在零初始条件下，系统输出量拉氏变换与输入量拉氏变换之比。

例 2.6 试推导如图 2.4 所示质量-弹簧系统的传递函数。

解：系统运动微分方程为：

$$m \frac{\mathrm{d}^2 y(t)}{\mathrm{d}t^2} + B \frac{\mathrm{d}y(t)}{\mathrm{d}t} + K y(t) = f(t) \quad (2.32)$$

设初始条件为 0，取拉氏变换，得：

$$ms^2 Y(s) + Bs Y(s) + K Y(s) = F(s)$$

则系统传递函数为：

$$G(s) = \frac{Y(s)}{F(s)} = \frac{1}{ms^2 + Bs + K} \quad (2.33)$$

令

$$\omega_n = \sqrt{\frac{K}{m}}, \xi = \frac{B}{2\sqrt{Km}}$$

其中，ω_n 称为无阻尼自由振荡频率，ξ 称为阻尼比。这样，式（2.33）可表示为如下形式：

$$G(s) = \frac{1}{K} \cdot \frac{\omega_n^2}{s^2 + 2\xi\omega_n s + \omega_n^2}$$

当不考虑表达式右边的比例常数时，表达式

$$G(s) = \frac{\omega_n^2}{s^2 + 2\xi\omega_n s + \omega_n^2} \tag{2.34}$$

被称为二阶系统标准表达式，或称系统为典型二阶系统。

2.2.2 传递函数的性质

（1）由拉氏变换的定义可以知道，$s = \sigma + j\omega$ 是一个复变量，所以传递函数是复变量 s 的函数，一般是有理真分式即 $m \leq n$；分母中的最高次数等于输出量导数的最高阶数，如果最高次数为 n，称系统为 n 阶系统。

（2）传递函数只取决于系统的结构与参数，与输入量和输出量大小无关，这一点可以从其定义得知。

（3）分子多项式等于零的根称为传递函数的零点；分母多项式等于零的根称为传递函数的极点。将传递函数的零、极点表示在复平面（s 平面）上，称为传递函数的零极点分布图。

如：$G(s) = \dfrac{s+1}{(s+2)(s^2+2s+2)}$

传递函数的零极点分布图如图 2.6 所示：

从零极点图 2.6 可以看出系统的性能（第 3 章和第 4 章中将要详细讨论）。

（4）传递函数的拉普拉斯反变换是控制系统的脉冲响应。所谓脉冲响应是指在对系统输入单位脉冲函数 $g(t)$ 时的输出，一般用 $g(t)$ 表示。

证明：设系统传递函数为 $G(s)$，又因 $L[\delta(t)] = R(s) = 1$
根据定义可得系统传递函数为

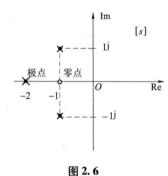

图 2.6

$$G(s) = \frac{L[g(t)]}{L[\delta(t)]} = L[g(t)]$$

2.2.3 典型环节的传递函数

控制系统是由各种元部件相互连接组成的，这些元部件可以是机械的、电子的、液压的、光学的或其他类型的。为了得到整个系统的数学模型，建立整体的传递函数，必须首先了解各种元件的特性及数学模型，建立一些常用的典型元件的传递函数。在控制系统数学模型的描述中，我们把典型元件的数学模型叫做典型环节，常见的典型环节及其传递函数有以下几种。

(1) 比例环节（图 2.7）：
$$G(s) = K \quad (2.35)$$
$$G(s) = \frac{L[\omega_c(t)]}{L[\omega_r(t)]} = \frac{\Omega_c(s)}{\Omega_r(s)} = \frac{1}{i} = K$$

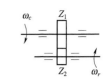

图 2.7

(2) 积分环节：
$$G(s) = \frac{K}{s} \quad (2.36)$$

例 2.7 求如图 2.8 所示活塞的传递函数。

解：当活塞面积为 A 时，活塞位移 $y(t)$ 与流量 $q(t)$ 之间的关系为：
$$y(t) = \frac{1}{A}\int_0^t q(t)\,dt$$

另初始条件为零时，两端进行拉氏变换，得
$$Y(s) = \frac{1}{A} \cdot \frac{1}{s} Q(s)$$

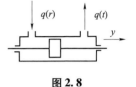

图 2.8

所以，传递函数为
$$G(s) = \frac{Y(s)}{Q(s)} = \frac{1}{A} \cdot \frac{1}{s} = \frac{K}{s}$$

(3) 微分环节：
$$G(s) = Ks \quad (2.37)$$

例 2.8 如图 2.9 所示永磁直流测速机，其中 $\theta_i(t)$ 为输入转角；$u_o(t)$ 为输出电压，求传递函数。

解：已知 $u_o(t) = k\dfrac{d\theta_i(t)}{dt}$

进行拉氏变换后得 $U_o(s) = ks\Theta_i(s)$

则 $G(s) = \dfrac{U_o(s)}{\Theta_i(s)} = ks$

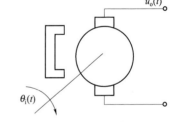

图 2.9

(4) 惯性环节：
$$G(s) = \frac{1}{Ts+1} \quad (T \text{ 为时间常数}) \quad (2.38)$$

例 2.9 如图 2.10 所示 RC 无源滤波电路，$u_i(t)$ 为输入电压，$u_o(t)$ 为输出电压，R 为电阻，C 为电容，求传递函数。

解：已知
$$\begin{cases} u_i(t) = i(t)R + \dfrac{1}{C}\int i(t)\,dt \\ u_o(t) = \dfrac{1}{C}\int i(t)\,dt \end{cases}$$

拉氏变换后得

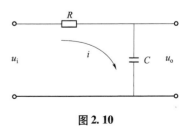

图 2.10

$$\begin{cases} U_i(s) = I(s)R + \dfrac{1}{Cs}I(s) \\ U_o(s) = \dfrac{1}{Cs}I(s) \end{cases}$$

消去 $I(s)$，得 $\qquad U_i(s) = (RCs + 1)U_o(s)$

则 $\qquad G(s) = \dfrac{U_o(s)}{U_i(s)} = \dfrac{1}{Ts + 1}$（其中 $T = RC$）

(5) 振荡环节：

$$G(s) = \dfrac{\omega_n^2}{s^2 + 2\xi\omega_n s + \omega_n^2} \tag{2.39}$$

例 2.10 如图 2.11 所示 RCL 无源网络，$u_i(t)$ 为输入电压，$u_o(t)$ 为输出电压，R 为电阻，C 为电容，求传递函数。

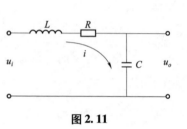

图 2.11

解：已知
$$\begin{cases} u_i(t) = L\dfrac{\mathrm{d}i(t)}{\mathrm{d}t} + \dfrac{1}{C}\int i(t)\mathrm{d}t + i(t)R \\ u_o(t) = \dfrac{1}{C}\int i(t)\mathrm{d}t \end{cases}$$

进行拉氏变换后得

$$\begin{cases} U_i(s) = LsI(s) + \dfrac{1}{Cs}I(s) + RI(s) \\ U_o(s) = \dfrac{1}{Cs}I(s) \end{cases}$$

消去 $I(s)$，得 $\qquad U_i(s) = (LCs^2 + RCs + 1)U_o(s)$

则传递函数为 $\qquad G(s) = \dfrac{U_o(s)}{U_i(s)} = \dfrac{1}{LCs^2 + RCs + 1}$

令 $\qquad \omega_n = \sqrt{1/LC},\ \xi = \dfrac{R}{2\sqrt{L/C}}$

得 $\qquad G(s) = \dfrac{\omega_n^2}{s^2 + 2\xi\omega_n s + \omega_n^2}$

式中，ω_n 为无阻尼自由振荡频率；ξ 为阻尼比，在振荡环节中，$0 \leqslant \xi < 1$。

*复阻抗法求传递函数

在复阻抗概念中，R 的复阻抗仍是 R，电容 C 的复阻抗是 $1/Cs$，电感 L 的复阻抗是 Ls。复阻抗的串联、并联的运算规则同纯电阻电路相同，然后通过列出零初始条件下的系统运动的复变量方程，消去中间变量，得出输出与输入之比即系统传递函数。

例 2.11 用复阻抗法求图 2.12 所示 RC 无源滤波电路传递函数。

解：图 2.12 所示 RC 无源滤波电路可用复阻抗表示。

其中，I 为流经回路的复电流（因在求无源网络传递函数时，通常假定输出阻抗无穷大，所以流经两回路的复电流相等），则

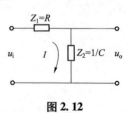

图 2.12

$$G(s)=\frac{U_o(s)}{U_i(s)}=\frac{Z_2 I}{(Z_1+Z_2)I}=\frac{\frac{1}{Cs}}{R+\frac{1}{Cs}}=\frac{1}{RCs+1} \tag{2.40}$$

可以看出，结果与例2.9完全相同，但求解过程变得简单了。

（6）一阶微分环节：

$$G(s)=K(Ts+1) \tag{2.41}$$

例2.12 求如图2.13所示无源网络传递函数。

解：设A点电位为u_a，则

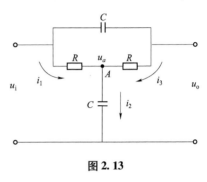

图2.13

$$\begin{cases} i_1=\dfrac{u_i-u_a}{R} \\ i_2=Csu_a \\ i_3=\dfrac{u_o-u_a}{R} \\ i_2=i_1+i_3 \\ i_3=Cs(u_i-u_o) \end{cases}$$

化简上述方程组，得

$$\frac{U_o(s)}{U_i(s)}=\frac{R^2C^2s^2+2RCs+1}{R^2C^2s^2+3RCs+1}$$

课堂练习：如图2.14，求$\dfrac{U_o(s)}{U_i(s)}$。

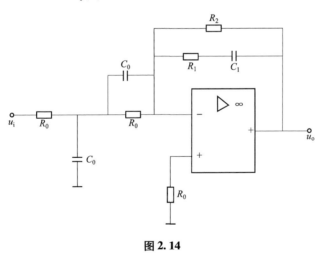

图2.14

2.3 控制系统的s域描述之二——框图（结构图）

框图（block diagram）又称结构图，它是控制系统s域的图形描述，也是传递函数的一种图形表示方法。它可以形象地描述控制系统各单元和各作用量之间的相互关系，具有简明直观、运算方便的特点，所以在自动控制系统分析中得到了广泛应用。

2.3.1 框图基本要素和组成

图 2.15 表示常用框图的一种形式。

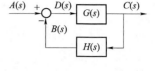

图 2.15

(1) $A(s)$ 叫信号线,箭头表示信号传递方向。

(2) $G(s)$ 表示传递函数,即 $C(s)=G(s)D(s)$。

(3) 叫加减点,表示信号的相加或相减,即 $D(s)=A(s)\pm B(s)$。通常只标"-"号,若无标号时,默认为"+"。有时"○"也画作"⊗"。

(4) 叫引出点,表示同一信号向不同方向传递,在同一点引出的信号数值与性质完全相同,即:$C_1(s)=C_2(s)=C_3(s)$。

2.3.2 控制系统框图的画法

下面通过例题说明控制系统框图的画法。

例 2.13 试绘制图 2.2 所示电枢控制式直流伺服电动机的框图。

解:(1) 由 2.1 节例 2.2 可知,针对该系统可列出如下四个原始微分方程:

$$R_a i_a + L_a \frac{di_a}{dt} + e = u_a \tag{2.42}$$

$$M_m = C_m i_a \tag{2.43}$$

$$e = C_e \omega_m(t) \tag{2.44}$$

$$J_m \frac{d\omega_m(t)}{dt} = M_m \tag{2.45}$$

(2) 分别对各微分方程两端进行拉氏变换:

$$(L_a s + R_a)I_a(s) + E(s) = U_a(s)$$

即

$$(L_a s + R_a)I_a(s) = U_a(s) - E(s) \tag{2.46}$$

$$M_m(s) = C_m I_a(s) \tag{2.47}$$

$$E(s) = C_e \Omega_m(s) \tag{2.48}$$

$$J_m s \Omega(s) = M_m(s) \tag{2.49}$$

(3) 根据拉氏变换式中变量之间的传递关系,依次画出局部框图:

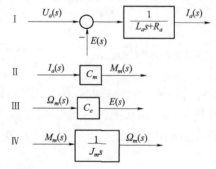

（4）根据各变量之间的联系次序，画出整体框图（图 2.16）：

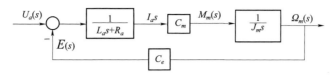

图 2.16

例 2.14 试绘制图 2.17 所示无源网络的结构图。

解：（1）用复阻抗表示各元件的运动方程：

由回路①，可得 $U_i(s) = R_1 I_1(s) + U_o(s)$

由回路②，可得 $\dfrac{1}{C_1 s} I_2(s) = R_1 I_1(s)$

由节点 A，可得 $I(s) = I_1(s) + I_2(s)$

由回路③，可得 $U_o(s) = R_2 I(s) + \dfrac{1}{C_2 s} I(s)$

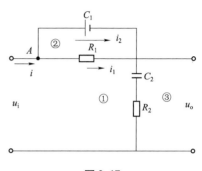

图 2.17

（2）根据上面四个方程可分别得出如下四个局部框图。

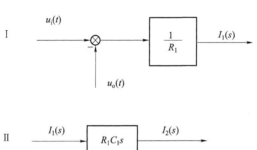

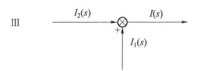

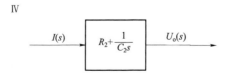

（3）根据各变量之间的联系次序（图 2.18），画出整体框图。

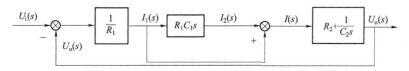

图 2.18

2.3.3 框图的等效变换

有时，系统直接求得的结构图比较烦琐，不便于分析系统特性，所以需要对框图进行简化，以便于求解系统传递函数。下面就三种最基本的连接形式即串联、并联和反馈连接的等效变换法则进行说明。

（1）串联框图（图 2.19）的等效变换。

图 2.19

证明：$G_1(s) = \dfrac{B(s)}{A(s)}, G_2(s) = \dfrac{C(s)}{B(s)}, \dfrac{C(s)}{A(s)} = \dfrac{B(s)G_2(s)}{B(s)/G_1(s)} = G_1(s)G_2(s)$

结论：串联方框的传递函数等效于各方框传递函数之积。

（2）并联框图（图 2.20）的等效变换。

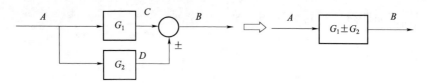

图 2.20

证明：

因为：$C(s) = G_1(s)A(s), D(s) = G_2(s)A(s), B(s) = C(s) \pm D(s)$

所以：$G(s) = \dfrac{B(s)}{A(s)} = G_1(s) \pm G_2(s)$

结论：并联方框的传递函数等效于各方框传递函数之和。

（3）反馈连接框图（图 2.21）的等效变换。

图 2.21

证明：

因为 $C(s) = A(s) \pm D(s), B(s) = G_1(s)C(s), D(s) = G_2(s)B(s)$

所以 $B(s) = \dfrac{G_1(s)}{1 \mp G_1(s)G_2(s)} A(s) \qquad G(s) = \dfrac{G_1(s)}{1 \mp G_1(s)G_2(s)}$

结论：反馈连接的框图的等效传递函数等于前向通路传递函数除以 1 与前向通路传递函数和反馈通路传递函数乘积之差（或和）。

对同一系统框图，可以有不同的等效变换方法。但是，等效变换必须遵循的基本规则是：变换前后的输出量不变。

表2.1 表示了引出点和比较点移动方法。

表2.1

移动方法	原框图	等效框图
引出点前移	![原框图]	![等效框图]
引出点后移	![原框图]	![等效框图]
比较点前移	![原框图]	![等效框图]
比较点后移	![原框图]	![等效框图]

（4）通过框图等效变换求系统的传递函数。

例 2.15 求如图 2.22 所示系统传递函数 $C(s)/R(s)$。

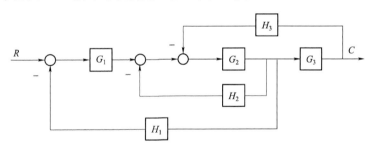

图 2.22

解：下面用两种框图等效变换方法求解。

方法 1。

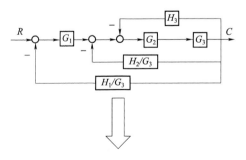

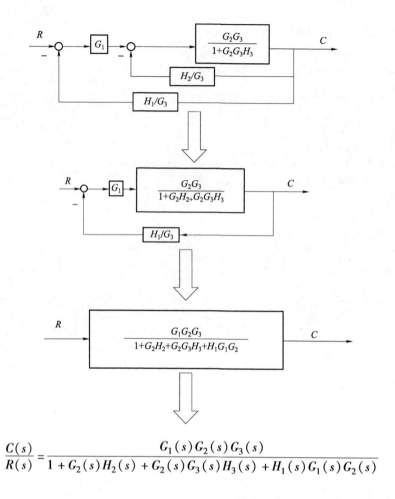

$$\frac{C(s)}{R(s)} = \frac{G_1(s)G_2(s)G_3(s)}{1 + G_2(s)H_2(s) + G_2(s)G_3(s)H_3(s) + H_1(s)G_1(s)G_2(s)}$$

方法2。

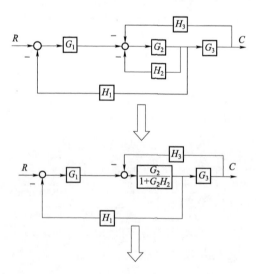

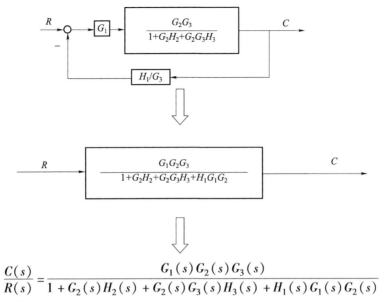

$$\frac{C(s)}{R(s)} = \frac{G_1(s)G_2(s)G_3(s)}{1 + G_2(s)H_2(s) + G_2(s)G_3(s)H_3(s) + H_1(s)G_1(s)G_2(s)}$$

课堂综合练习：

对于图 2.23 所示的系统，分别求出 $\dfrac{C_{o1}(s)}{R_{i1}(s)}$，$\dfrac{C_{o2}(s)}{R_{i2}(s)}$，$\dfrac{C_{o1}(s)}{R_{i2}(s)}$，$\dfrac{C_{o2}(s)}{R_{i1}(s)}$。

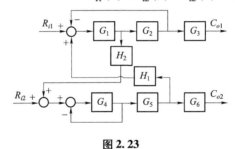

图 2.23

2.4 反馈控制系统传递函数的一般表达式

2.4.1 闭环控制系统框图的一般表达式

在工程上，闭环控制系统通常可以用如图 2.24 所示框图表示。

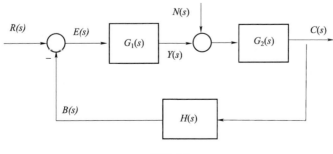

图 2.24

图 2.24 中，$C(s)$ 和 $R(s)$ 分别表示系统的输出量与输入量；$N(s)$ 表示作用在系统前向通路某个环节上的扰动信号；$H(s)$ 表示主反馈通路传递函数；$B(s)$ 表示主反馈信号；$E(s)$ 表示输入量与主反馈信号的差值，定义为偏差信号。

2.4.2 闭环传递函数的一般表达式

（1）系统对输入的闭环传递函数。

当提到闭环传递函数的定义时，应说明系统对什么量作用下的传递函数。系统对输入量作用下的闭环传递函数是在零初始条件下，闭环控制系统输出量（输入量引起的）拉氏变换与输入量拉氏变换之比。系统对输入的闭环传递函数一般用 $\Phi(s)$ 表示。图 2.24 所示系统闭环传递函数为：

$$\Phi(s) = \frac{C(s)}{R(s)} = \frac{G_1(s)G_2(s)}{1+G_1(s)G_2(s)H(s)} \tag{2.50}$$

当 $H(s)=1$ 时，系统称为单位反馈系统，再令

$$G(s) = G_1(s)G_2(s)$$

则系统对输入的传递函数为

$$\Phi(s) = \frac{G(s)}{1+G(s)} \tag{2.51}$$

（2）扰动信号作用下的闭环传递函数。

系统对扰动量作用下的闭环传递函数是在零初始条件下，闭环控制系统输出量（扰动量引起的）拉氏变换与扰动量拉氏变换之比。一般用 $\Phi_N(s)$ 表示。

$$\Phi_N(s) = \frac{C(s)}{N(s)} = \frac{G_2(s)}{1+G_1(s)G_2(s)H(s)}$$

（3）输入信号和扰动同时作用下闭环系统的输出。

由于系统是线性系统，满足叠加性，所以

$$C(s) = \Phi(s)R(s) + \Phi_N(s)N(s)$$
$$= \frac{G_1(s)G_2(s)}{1+G_1(s)G_2(s)H(s)}R(s) + \frac{G_2(s)}{1+G_1(s)G_2(s)H(s)}N(s)$$

2.4.3 开环传递函数

当主反馈断开时，主反馈信号与系统输入信号之间的传递关系定义为闭环控制系统的开环传递函数。在图 2.24 所示的闭环系统中，开环传递函数为 $\frac{B(s)}{R(s)} = G_1(s)G_2(s)H(s)$。引入这个定义的目的是为了通过开环传递函数分析闭环系统特性，因为开环传递函数结构较简单，但又具有对应闭环系统重要的运动特性。需要注意的是，开环传递函数是闭环控制系统中的一个定义，不能理解为开环控制系统的传递函数。

对如式（2.51）所示单位反馈系统来说，系统开环传递函数等于系统前向通路传递函数。例如，式（2.34）所示典型二阶系统，可用图 2.25 的闭环系统表示。

本系统为单位反馈二阶系统，其开环传递函数为

$$G(s) = \frac{\omega_n^2}{s(2\xi\omega_n+s)} \tag{2.52}$$

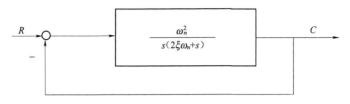

图 2.25

习　题

2-1　在题图 2.1（a）、(b)、(c) 和 (d) 所示各机械系统中，x_i 为输入位移，x_o 为输出位移，B 为黏性摩擦系数，k 为弹簧刚度，m 为质量。试分别求各系统的传递函数 $\dfrac{X_o(s)}{X_i(s)}$。

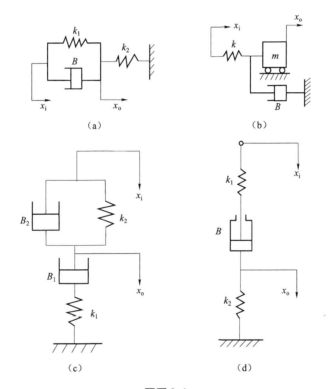

题图 2.1

2-2　试求题图 2.2 所示无源网络的传递函数 $\dfrac{U_o(s)}{U_i(s)}$。

2-3　试求题图 2.3 所示有源网络的传递函数 $\dfrac{U_o(s)}{U_i(s)}$。

2-4　试求题图 2.4 所示机械系统的传递函数。

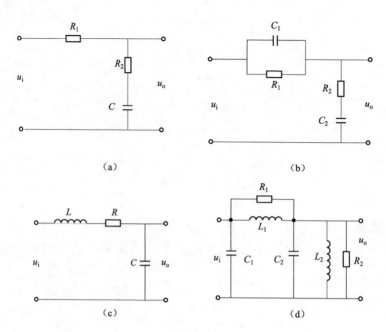

题图 2.2

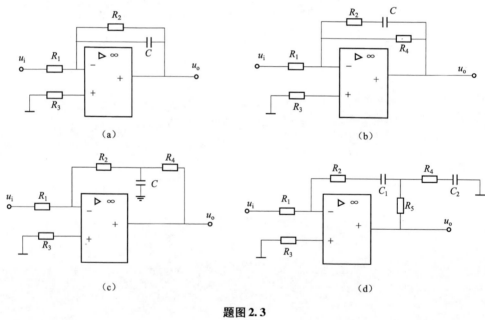

题图 2.3

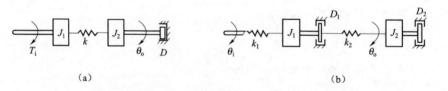

题图 2.4

2-5 证明题图 2.5 中（a）和（b）表示的系统是相似系统（即证明两个系统的传递函数具有相似的形式）。

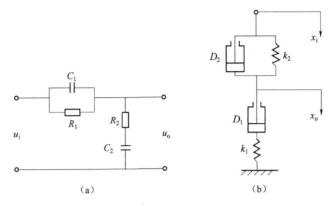

题图 2.5

2-6 对于如题图 2.6 所示的系统，试求 $\dfrac{N_o(s)}{U_i(s)}$ 和 $\dfrac{N_o(s)}{M_c(s)}$，其中 $M_c(s)$ 为负载力矩的象函数，$N_o(s)$ 为转速的象函数。

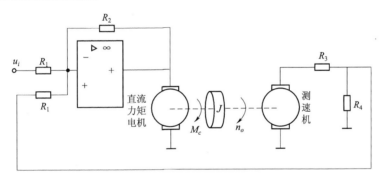

题图 2.6

2-7 画出如题图 2.7 所示系统的框图。

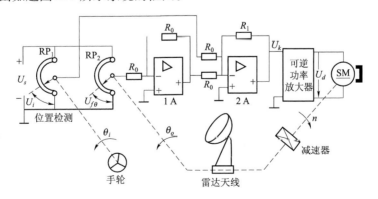

题图 2.7

2-8　画出如题图2.8所示系统的框图（设集成电路中的电压放大和功率放大均为比例环节），并注明调节器的参数。

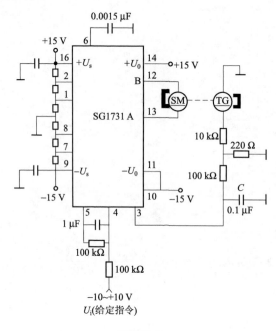

题图2.8

2-9　化简下列方块图（题图2.9），并确定其传递函数$\dfrac{C(s)}{R(s)}$。

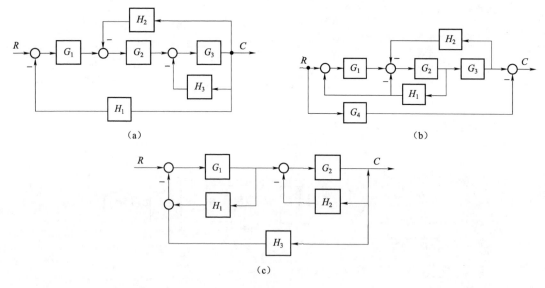

题图2.9

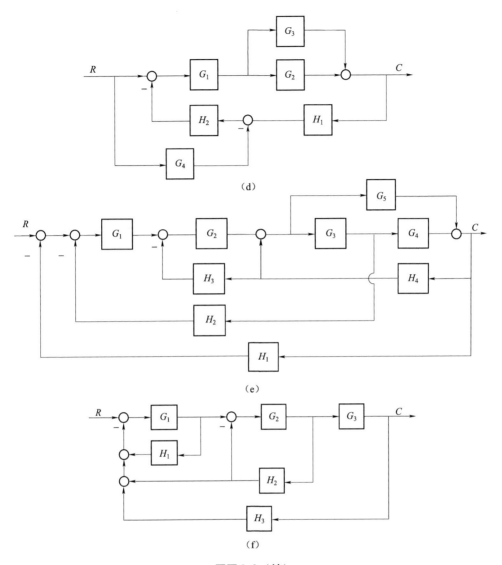

题图 2.9（续）

2-10 某系统在输入 $r(t)=1(t)$ 时的输出为 $c(t)=1+\frac{1}{2}\mathrm{e}^{-5t}-\frac{3}{2}\mathrm{e}^{-t}$。试求系统的传递函数。

2-11 题图 2.10 所示 $f(t)$ 为输入力，系统的扭簧刚度为 k，轴的转动惯量为 J，阻尼系数为 B，系统的输出为轴的转角 $\theta(t)$，轴的半径为 r，求系统的传递函数。

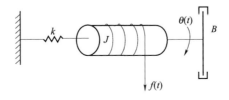

题图 2.10

2-12 题图 2.11 所示水位高度 H，用水量为 Q_2，给水量为 Q_1，求系统框图和传递函数。

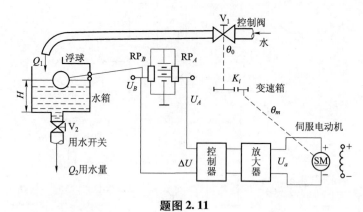

题图 2.11

第 3 章
控制系统的时间域及 s 域分析方法

建立了系统的数学模型之后,就可以进行系统性能的分析。系统分析的任务是,根据所建立的数学模型,应用数学方法,对表征系统性能指标的稳定性、过渡过程和稳态误差进行研究和评价。

在经典控制理论中,有两种系统分析方法,即时间域及 s 域分析法和频域法。时域及 s 域分析法是根据描述系统的微分方程或传递函数,求出系统的输出量随时间的变化规律,或根据数学上的某些定理,确定系统性能指标的数值与特征。这种方法的特点是直观、易于理解。本章将较为详细地介绍在时间域及 s 域分析系统稳定性、过渡过程性能和稳态误差。

3.1 稳定的基本概念

3.1.1 稳定性的定义

首先,通过两个例题引入闭环控制系统稳定性的定义。

例 3.1 如图 3.1 所示质量 – 弹簧系统,当 $f(t)=0$ 时,对质量 m 施加一个初始扰动,即当 $t=0$ 时令质量有一个位移,即 $y(0)=a$,然后突然释放,求系统的运动。

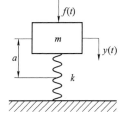

图 3.1

解:系统运动方程为
$$m\ddot{y}(t)+ky(t)=f(t)$$
$$y(0)=a,\dot{y}(0)=0$$

对上式进行拉氏变换,得
$$ms^2Y(s)-msy(0)-m\dot{y}(0)+kY(s)=0$$

$$y(t)=\frac{A}{m}\cdot\frac{1}{\sqrt{\frac{k}{m}-\left(\frac{c}{2m}\right)^2}}\left\{\left(\frac{B}{A}-\frac{c}{2m}\right)^2+\left[\frac{k}{m}-\left(\frac{c}{2m}\right)^2\right]^{\frac{1}{2}}\right\}\cdot e^{-\frac{c}{2m}t}\cdot\sin\left\{\left[\frac{k}{m}-\left(\frac{c}{2m}\right)^2\right]^{\frac{1}{2}}t+\psi\right\}$$

将初始条件代入,得
$$ms^2Y(s)+kY(s)=msa$$
$$Y(s)=\frac{as}{s^2+\frac{k}{m}}$$

拉氏反变换,得
$$y(t)=a\cos\sqrt{\frac{k}{m}}t \tag{3.1}$$

结论：对图 3.1 所示系统，在施加一个初始扰动 $y(0)=a$ 后，系统将永远按振幅为 a，频率为 $\sqrt{\dfrac{k}{m}}$ 的余弦波振动，永远不能恢复到原始静止平衡状态。

例 3.2 求如图 3.2 所示质量–弹簧–阻尼系统在初始扰动作用下的运动状态。

解：图示系统的运动方程为

$$m\ddot{y}(t) + c\dot{y}(t) + ky(t) = f(t) \tag{3.2}$$

$$y(0) = a, \dot{y}(0) = 0$$

设等式右端常数项为 H，则

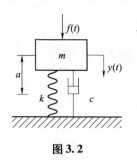

图 3.2

$$y(t) = He^{-\frac{c}{2m}t}\sin(\omega_n t + \psi) \tag{3.3}$$

结论：如图 3.2 所示系统，在施加一初始扰动 a 后，系统的运动随时间增长而衰减，最后可恢复到原始静止状态。

稳定性的定义：当系统受到扰动作用后，将偏离原来的平衡位置，当扰动消除后，如果系统能在一定的时间范围内以足够的准确度恢复到初始平衡状态，则称系统是稳定系统，反之则称系统是不稳定系统。

系统输出的一般表达：

$$c(t) = c_{ts}(t) + c_{ss}(t) \tag{3.4}$$

式中，$c_{ts}(t)$ 为暂态分量，$c_{ss}(t)$ 为稳态分量（见第 2 章）。

稳定的概念亦可理解为：

当输入发生变化时，如果系统的输出经过一段时间后，暂态分量消失，只有稳态分量，则该系统是稳定的。

所以研究系统稳定性实际就是研究系统输出的暂态分量是否满足：

$$\lim_{t \to \infty} c_{ts}(t) = 0 \tag{3.5}$$

由于暂态分量只与系统结构参数有关（如例 3.2），与输入量无关。所以，研究系统稳定性就是研究系统输出的暂态分量与系统结构参量的关系，通过系统结构参数来判定稳定性以及在确定稳定的条件下系统参数的变化范围。

3.1.2 线性控制系统稳定的充分和必要条件

（1）线性常微分方程解的特性。

在数学分析中我们知道，对线性常微分方程

$$a_1 y^{(n)}(t) + a_2 y^{(n-1)}(t) + \cdots + a_i y^{[n-(i-1)]}(t) + \cdots + a_n = b_m f^{(m)}(t) + b_{(m-1)} f^{(m-1)}(t) + \cdots + b_0 f(t) \tag{3.6}$$

的解

$$y(t) = C_1 y_1(t) + C_2 y_2(t) + \cdots + C_n y_n(t) + \overline{Y_2}(t) = \overline{Y_1}(t) + \overline{Y_2}(t) \tag{3.7}$$

分为两部分，即齐次通解

$$\overline{Y_1}(t) = C_1 y_1(t) + C_2 y_2(t) + \cdots + C_n y_n(t) \tag{3.8}$$

和特解 $\overline{Y_2}(t)$。

齐次通解即齐次方程

$$a_1 y^{(n)}(t) + a_2 y^{(n-1)}(t) + \cdots + a_n = 0 \tag{3.9}$$

加上初始条件后，上述齐次方程的解法如下：

1) 写出其特征方程为：

$$a_1 \lambda^n + a_2 \lambda^{n-1} + \cdots + a_{n-1} \lambda + a_n = 0 \tag{3.10}$$

2) 求出对应的特征根：

设有 q 个实根，r 对共轭复根：

$$\sigma_k \pm j\omega_k (k = 1, 2, \cdots, r) \tag{3.11}$$

3) 写出齐次通解的一般形式：

$$\overline{Y_1}(t) = \sum_{i=1}^{q} C_i e^{\lambda_i t} + \sum_{k=1}^{r} e^{\sigma_k t}(A_k \cos \omega_k t + B_k \sin \omega_k t) \tag{3.12}$$

其中，A_k，B_k，C_i 为由初始条件确定的常数，λ_i（$i = 1, 2, 3, \cdots, q$）为实数根。

由上式可以看出，研究暂态分量式是否成立，实际上就是研究齐次方程的通解随时间的变化趋势，也就是分析

$$\lim_{t \to \infty} \overline{Y_1}(t) \to 0 \tag{3.13}$$

是否成立。

（2）趋势分析。

分析式（3.12）中相关参数取值范围与极限式（3.13）的关系，可知：

1) 若任一 $\lambda_i > 0$，则 $\lim\limits_{t \to \infty} \overline{Y_1}(t) \to \infty$，系统发散，不稳定。

2) 若任一 $\sigma_k > 0$，则 $\lim\limits_{t \to \infty} \overline{Y_1}(t) \to \infty$，系统发散，不稳定。

3) 若任一 $\sigma_k = 0$，则

$$\lim_{t \to \infty} \overline{Y_1}(t) \to A_k \cos \omega_k t + B_k \sin \omega_k t \tag{3.14}$$

系统等幅振荡，也不稳定。

4) 只有对所有的 $\lambda_i < 0$，$\sigma_k < 0$ 成立时，$\lim\limits_{t \to \infty} \overline{Y_1}(t) = 0$ 才成立，系统才稳定。

（3）控制系统稳定的充分与必要条件。

由上面分析可以得到控制系统稳定的充分与必要条件是：系统特征方程的所有根具有负实部，或者说，闭环传递函数的极点均位于复平面（S 平面）的左半部（不包括虚轴）。

3.2 系统稳定性判定方法——劳斯（Routh）判据

用特征方程的根直接判定系统的稳定性，须求解特征方程。实际上我们在判定稳定性时，需要知道的只是根的符号。因此，Routh 于 1977 年提出了不需要求特征根而进行稳定性判定的劳斯判据。下面介绍这一方法。

3.2.1 系统稳定的必要条件

若线性系统特征方程为：

$$a_n s^n + a_{n-1} s^{n-1} + \cdots + a_1 s + a_0 = 0$$

如果 s_i（$i = 1, 2, \cdots, n$）为特征方程的根，根据代数理论中根和系数的关系有：

$$\frac{a_{n-1}}{a_n} = -\sum_{i=1}^{n} s_i$$

$$\frac{a_{n-2}}{a_n} = \sum_{\substack{i,j=1 \\ i \neq j}}^{n} s_i s_j$$

$$\frac{a_{n-3}}{a_n} = -\sum_{\substack{i,j,k=1 \\ i \neq j \neq k}}^{n} s_i s_j s_k \cdots \frac{a_0}{a_n} = (-1)^n \prod_{i=1}^{n} s_i$$

由上式可知，当 s_i ($i=1, 2, \cdots, n$) <0，则

$$\frac{a_{n-1}}{a_n} > 0 \quad \frac{a_{n-2}}{a_n} > 0 \quad \frac{a_{n-3}}{a_n} > 0 \quad \frac{a_0}{a_n} > 0$$

也就是说特征方程的各项系数 a_n，a_{n-1}，$\cdots$，a_0 必须同号且不为 0。

由此得出系统稳定的必要条件：如果系统稳定，则系统特征方程的各项系数同号且均不为零。

3.2.2 劳斯判据

应用必要条件只能证明特征方程缺项（系数为 0）或有不同号系数的系统为不稳定系统，而不能对系数全大于 0 的系统进行判别，而劳斯判据可以对这种情况进行判别。

（1）劳斯表。

对于系统特征方程

$$a_n s^n + a_{n-1} s^{n-1} + \cdots + a_1 s + a_0 = 0 \quad (a_n > 0)$$

可列出下表

$$
\begin{array}{c|cccc}
s^n & a_n & a_{n-2} & a_{n-4} & a_{n-6} \\
s^{n-1} & a_{n-1} & a_{n-3} & a_{n-5} & a_{n-7} \\
s^{n-2} & b_1 & b_2 & b_3 & \cdots \\
s^{n-3} & c_1 & c_2 & c_3 & \cdots \\
\vdots & \vdots \\
s^0 & a_0
\end{array}
$$

其中：

$$b_i = \frac{-1}{a_{n-1}} \begin{vmatrix} a_n & a_{n-2i} \\ a_{n-1} & a_{n-(2i+1)} \end{vmatrix}$$

$$c_i = \frac{-1}{b_1} \begin{vmatrix} a_{n-1} & a_{n-(2i+1)} \\ b_1 & b_{i+1} \end{vmatrix}$$

按上面给出的计算方法，一直算到第 n 行（s^1），第 $n+1$ 行是 s^0 行，仅第一列有数即特征方程中系数 a_0。

（2）劳斯判据。

若劳斯表中第一列数均大于零，即：

$$a_n, a_{n-1}, b_1, c_1, \cdots, a_0 > 0$$

则系统稳定；若劳斯表第一列出现小于零的数，则系统不稳定，并且第一列各数符号改变的

次数等于特征方程的正实部根的数目。

例 3.3 已知系统的特征方程为
$$s^5 + 4s^4 + 8s^3 + 9s^2 + 6s + 2 = 0$$
试用劳斯判据判定系统的稳定性。

解：列劳斯表

s^5	1	8	6
s^4	4	9	2
s^3	$\frac{23}{4}$	$\frac{11}{2}$	0
s^2	$\frac{119}{23}$	2	0
s^1	$\frac{390}{119}$	0	
s^0	2		

结论：表中第 1 列数均大于零，故系统稳定。

例 3.4 已知系统特征方程为：
$$s^6 + 6s^5 + 2s^4 + 18s^3 + 5s^2 + 24s + 20 = 0$$
试判定系统的稳定性。

解：列劳斯表

s^6	1 (6)	2 (18)	5 (24)	20
s^5	1	3	4	0
s^4	-1 (4)	1 (24)	20	0
s^3	1	6	0	
s^2	7	20	0	
s^1	22	0	0	
s^0	20			

从劳斯表可以看出（括号中的数字表示同一行数字可约分），系统不稳定，且有两个正实部根。

3.2.3 利用劳斯判据确定使系统稳定的参数

例 3.5 已知一反馈控制系统的开环传递函数为
$$G(s)H(s) = \frac{2K}{s(s^3 + 2s^2 + 5s + K)}$$
试确定使闭环系统稳定的 K 的取值范围。

解：系统闭环传递函数为

$$B(s) = \frac{G(s)}{1+G(s)H(s)}$$

可得特征方程为:

$$1 + G(s)H(s) = 0$$

$$1 + \frac{2K}{s(s^3+2s^2+5s+5+K)} = 0$$

$$s^4 + 2s^3 + 5s^2 + (5+K)s + 2K = 0$$

列劳斯表:

$$
\begin{array}{cccc}
s^4 & 1 & 5 & 2K \\
s^3 & 2 & 5+K & 0 \\
s^2 & \dfrac{5-K}{2} & 2K & \\
s^1 & \dfrac{-K^2-8K+25}{5-K} & & \\
s^0 & 2K & &
\end{array}
$$

若闭环系统稳定，应该有:

$$\begin{cases} \dfrac{5-K}{2} > 0 \\ \dfrac{-K^2-8K+25}{5-K} > 0 \\ 2K > 0 \end{cases}$$

解出上面不等式组，得当 $0 < K < 2.403$ 时，系统稳定；当 $K = 2.403$ 时，称闭环系统为临界稳定，实际上是等幅振荡系统。

3.3 过渡过程有关的基本概念

3.3.1 时间响应

在输入信号作用下，系统输出信号随时间变化的规律，叫该系统对该输入信号的时间响应。

3.3.2 过渡过程

由于任何系统都具有一定的惯性，当输入作用于系统时，系统输出不能立即跟随输入量稳定变化。过渡过程是指系统从刚加入输入信号后，到系统输出量达到稳态值前的响应过程。

过渡过程包括暂态分量和稳态分量。暂态响应也就是系统运动微分方程解的暂态分量，只与系统的结构参数和初始条件有关；而达到稳态值后的响应信号叫稳态响应。当时间趋向无穷大时，希望输出与实际输出不一致时，称系统有稳态误差。所以，控制系统过渡过程的性能又称为动态性能，而达到稳态值后的性能又称为稳态性能。

3.3.3 评价过渡过程性能的指标

工程上常采用初始条件为零时,系统对单位阶跃信号的响应来分析其过渡过程性能。即对系统输入一个阶跃 $1(t)$,对其输出 $h(t)$ 进行分析,设系统单位阶跃响应 $h(t)$ 如图 3.3,即可用下列指标描述系统。

(1) 上升时间 t_r:响应曲线从稳态输出值的 10% 第一次上升到 90%,或从零第一次上升到稳态输出值所需的时间。

(2) 峰值时间 t_p:响应曲线从零上升到第一个峰值所需的时间。

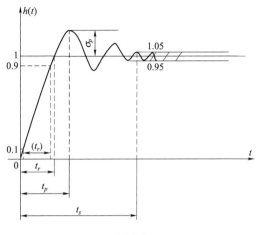

图 3.3

(3) 调节时间 t_s:响应曲线到达并保持在规定的稳定误差范围内所需要的时间,又叫过渡过程时间;所谓误差范围由具体要求而定,一般取稳态值的 5% 或 2%。

(4) 超调量 σ_p:响应曲线的最大峰值与稳态值之差,通常用百分比表示。

$$\sigma_p = \frac{h(t_p) - h(\infty)}{h(\infty)} \times 100\%$$

式中,$h(t_p)$ 为单位阶跃响应的最大峰值;$h(\infty)$ 为单位阶跃响应的稳态值。

上升时间 t_r、调节时间 t_s 可表征系统响应的快速性,超调量 σ_p 则表征系统的相对稳态性(将在第 4 章详细阐述)。

3.4 一阶系统的过渡过程分析

3.4.1 一阶系统的数学模型

如图 2.10 所示 RC 电路和忽略掉电感的电枢控制式直流电动机都是一阶系统,其闭环传递函数通常可以表示为:

$$\Phi(s) = \frac{K_1}{Ts + 1}$$

式中,T 为一阶系统的时间常数。

3.4.2 一阶系统的单位阶跃响应

一阶系统对任意输入信号 $R(s)$ 的响应可写为:

$$C(s) = \frac{K_1}{Ts + 1} \cdot R(s)$$

当输入信号为单位阶跃函数 $1(t)$ 时,因为

$$R(s) = L[1(t)] = \frac{1}{s}$$

所以

$$C(s) = \frac{K_1}{Ts+1} \cdot \frac{1}{s} = C(s) = \frac{K_1}{s} - \frac{K_1 T}{Ts+1} \tag{3.15}$$

将式（3.16）进拉氏变换，即一阶系统的单位阶跃响应为：

$$h(t) = C(t) = K_1 - K_1 e^{\frac{-t}{T}} = K_1(1 - e^{\frac{-t}{T}}) \tag{3.16}$$

其中，K_1 为单位阶跃响应的稳态分量；$K_1 e^{\frac{-t}{T}}$ 为单位阶跃响应的暂态分量。

当 $K_1 = 1$ 时，用式（3.17）可算出 $h(t)$ 和 $K_1 e^{\frac{-t}{T}}$ 随时间 t 的变化值，列于表3.1，并作图3.4。

表 3.1

t	0	T	$2T$	$3T$	$4T$	$5T$	…	∞
$h(t)$	0	0.632	0.865	0.950	0.982	0.993	…	1
$K_1 e^{\frac{-t}{T}}$	1	0.37	0.135	0.05	0.018	0.007		0

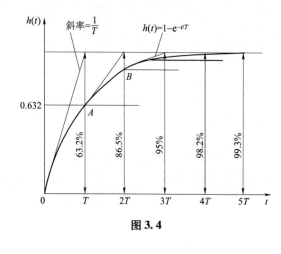

图 3.4

从表 3.1 可以看出，一阶系统的过渡过程有如下特点：

（1）误差与调节时间的关系：当误差取 5% 时，$t_s \approx 3T$；当取 2% 时，$t_s \approx 4T$。

（2）时间常数 T 越小，则调节时间越小。

（3）$h(t)$ 曲线的初始斜率与 T 有关，T 越小则斜率越大，系统响应越快。

（4）一阶系统的单位阶跃响应的导数

$$h'(t) = \frac{K_1}{T} e^{\frac{-t}{T}}$$

是时间的单调减函数，函数没有峰值时间，也没有超调量。

3.4.3 一阶系统的单位斜坡响应

图 2.10 所示 RC 电路的闭环传递函数为

$$\Phi(s) = \frac{K}{s+K} = \frac{1}{Ts+1} \quad \left(T = \frac{1}{K}\right)$$

当输入为单位斜坡函数 $r(t) = t$ 时，则 $R(s) = \frac{1}{s^2}$

系统的单位斜坡响应为

$$C(s) = \Phi(s) \cdot R(s) = \frac{1}{Ts+1} \cdot \frac{1}{s^2}$$

对上式进行拉氏逆变换，得

$$C(t) = t - T + T e^{\frac{-t}{T}} \tag{3.17}$$

从式（3.17）可以看出，系统单位斜坡响应分为两部分：稳态分量（$t-T$）和暂态分量 $Te^{-\frac{t}{T}}$。

从中可知：

（1）输出量与输入量之间的位置差随时间增长而增大，最后趋于常数 T。

（2）稳态分量是一个与输入斜坡函数斜率相同的斜坡函数，但在时间上滞后 T，这说明系统有一个位置误差，这个误差是不可消除的。

如果 $t=T$，$2T$，$3T$，$4T$，则 $C(t)$ 值分别为 $0.368T$，$1.135T$，$2.05T$ 和 $3.018T$。可以看出输出量与输入量之间的位置差随时间增长而增大，最后趋近于常数 T（图 3.5）。

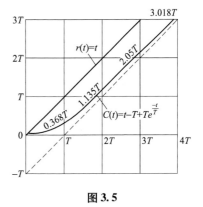

图 3.5

3.5 二阶系统的过渡过程分析

3.5.1 二阶系统的数学模型

第 2 章中所介绍的 RLC 网络和组合机床工艺系统化简的质量 - 阻尼 - 弹簧系统都有如下运动方程：

$$Ay''(t) + By'(t) + Cy(t) = x(t)$$

其闭环传递函数的一般形式为：

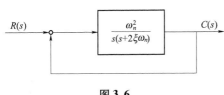

$$\Phi(s) = \frac{\omega_n^2}{s^2 + 2\xi\omega_n s + \omega_n^2} \quad (3.18)$$

式中，ω_n 为二阶系统无阻尼自由振荡频率；ξ 为二阶系统阻尼比。

其框图 3.6 为一般形式。

图 3.6

3.5.2 二阶系统的单位阶跃响应

由二阶系统特征方程：

$$s^2 + 2\xi\omega_n s + \omega_n^2 = 0 \quad (3.19)$$

可以看出，决定方程特性的参数只有 ω_n 和 ξ。其中阻尼比 ξ 对系统特性，特别是过渡过程有很大影响，下面就不同的阻尼分析二阶系统的过渡过程。

（1）过阻尼（$\xi > 1$）。

特征根是：
$$s_{1,2} = -\xi\omega_n \pm \omega_n \sqrt{\xi^2 - 1}$$

闭环传函可写成：

$$\Phi(s) = \frac{\omega_n^2}{(s-s_1)(s-s_2)} \quad (3.20)$$

式中，$s_1 = -\xi\omega_n + \omega_n\sqrt{\xi^2-1}$，$s_2 = -\xi\omega_n - \omega_n\sqrt{\xi^2-1}$。

则单位阶跃响应的象函数为

$$H(s) = \Phi(s) \cdot R(s) = \frac{\omega_n^2}{(s-s_1)(s-s_2)} \cdot \frac{1}{s}$$

对 $H(s)$ 进行拉氏反变换

$$h(t) = \omega_n^2 \left\{ \frac{1}{s_1 \cdot s_2} + \frac{1}{s_1 \cdot s_2(s_2-s_1)} \cdot [-s_2 e^{s_1 t} + s_1 e^{s_2 t}] \right\}$$

将 s_1、s_2 代入上式，整理后得

$$h(t) = 1 + \frac{1}{2(\xi^2 + \xi\sqrt{\xi^2-1}-1)} e^{-(\xi+\sqrt{\xi^2-1})\omega_n t} +$$

$$\frac{1}{2(\xi^2 - \xi\sqrt{\xi^2-1}-1)} e^{-(\xi-\sqrt{\xi^2-1})\omega_n t} \tag{3.21}$$

可以看出：

1) 系统稳定，无振荡，亦无峰值时间和超调量（1阶导数为正，函数 $h(t)$ 单调增）。
2) 响应速度即过渡过程时间取决于 ω_n 和 ξ 的值。

（2）临界阻尼（$\xi = 1$）。

系统闭环传递函数可写成

$$\Phi(s) = \frac{\omega_n^2}{(s+\omega_n)^2} \tag{3.22}$$

特征根为 $s_{1,2} = -\omega_n$

单位阶跃响应的象函数为

$$H(s) = \frac{\omega_n^2}{(s+\omega_n)^2} \cdot \frac{1}{s}$$

对 $H(s)$ 进行拉氏反变换，得

$$h(t) = \frac{\omega_n^2}{\omega_n^2} \cdot \{1 - (1+\omega_n t) e^{-\omega_n t}\}$$

$$= \{1 - (1+\omega_n t) e^{-\omega_n t}\} \qquad t \geq 0 \tag{3.23}$$

式（3.23）表明：在临界阻尼情况下，二阶系统单位阶跃响应的过渡过程无振荡，且响应速度比过阻尼系统快。

（3）欠阻尼（$0 < \xi < 1$）。

系统特征值为 $s_{1,2} = -\xi\omega_n \pm j\omega_n\sqrt{1-\xi^2}$

系统闭环传递函数为

$$\Phi(s) = \frac{\omega_n^2}{(s+\xi\omega_n + j\omega_n\sqrt{1-\xi^2})(s+\xi\omega_n - j\omega_n\sqrt{1-\xi^2})}$$

$$= \frac{\omega_n^2}{(s+\xi\omega_n)^2 + \omega_n^2(1-\xi^2)} \tag{3.24}$$

则其单位阶跃响应的象函数为

$$H(s) = \frac{\omega_n^2}{(s+\xi\omega_n)^2 + \omega_d^2} \cdot \frac{1}{s} \tag{3.25}$$

式中，$\omega_d = \omega_n \cdot \sqrt{1-\xi^2}$，叫做系统的阻尼振荡频率。

进行拉氏反变换，得：

$$h(t) = L^{-1}[H(s)] = \frac{\omega_n^2}{\xi^2\omega_n^2 + \omega_d^2} - \frac{\omega_n^2}{(\xi^2\omega_n^2 + \omega_d^2)^{1/2} \cdot \omega_d} \cdot e^{-\xi\omega_n t}\sin(\omega_d t + \beta)$$

$$= 1 - \frac{1}{\sqrt{1-\xi^2}}e^{-\xi\omega_n t}\sin(\omega_d t + \beta) \tag{3.26}$$

式中，$\beta = \arctan\dfrac{\omega_d}{\xi\omega_n} = \arctan\dfrac{\sqrt{1-\xi^2}}{\xi}$。

上式表明，欠阻尼二阶系统单位阶跃响应的过渡过程是以 $\omega_d = \omega_n \cdot \sqrt{1-\xi^2}$ 为振荡频率的指数衰减振荡过程。当 $t \to \infty$ 时，暂态分量即响应的第二项极限为零。

（4）无阻尼（$\xi = 0$）。

闭环传递函数为：

$$\Phi(s) = \frac{\omega_n^2}{s^2 + \omega_n^2} \tag{3.27}$$

特征方程为： $s^2 + \omega_n^2 = 0$

特征根为： $s_{1,2} = \pm j\omega_n$

单位阶跃响应的象函数

$$H(s) = \frac{\omega_n^2}{(s+\omega_n)^2} \cdot \frac{1}{s}$$

$$= \frac{\omega_n^2}{(s+j\omega_n)(s-j\omega_n)} \cdot \frac{1}{s}$$

进行拉氏反变换，整理得

$$h(t) = 1 - \frac{1}{2}(e^{j\omega_n t} + e^{-j\omega_n t}) = 1 - \cos\omega_n t \quad (t \geq 0) \tag{3.28}$$

式（3.28）说明，在 $\xi = 0$ 的情况下，无阻尼二阶系统单位阶跃响应是以无阻尼自然振荡频率作等幅振荡的。

将上述四种情况表示在表 3.2 和图 3.7 中并进行比较，可以得出如下结论：

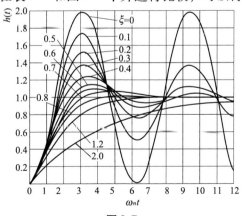

图 3.7

表 3.2

阻尼情况	特征方程的根及在 s 平面的分布	单位阶跃响应曲线
过阻尼 $\xi > 1$	$s_{1,2} = -\xi\omega_n \pm \omega_n\sqrt{\xi^2 - 1}$ 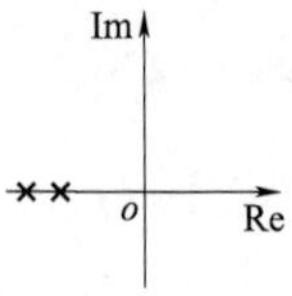	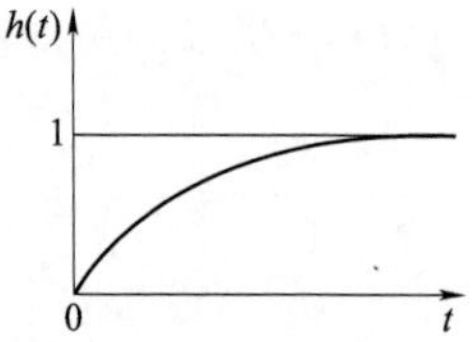
临界阻尼 $\xi = 1$	$s_{1,2} = -\omega_n$ 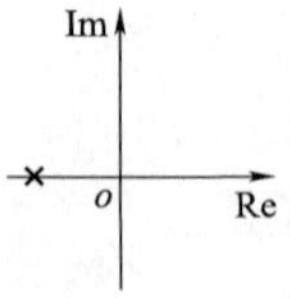	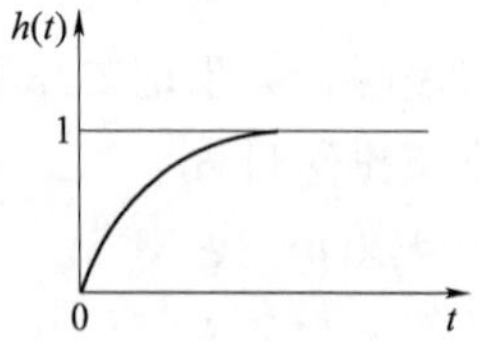
欠阻尼 $0 < \xi < 1$	$s_{1,2} = -\xi\omega_n \pm j\omega_n\sqrt{1 - \xi^2}$ 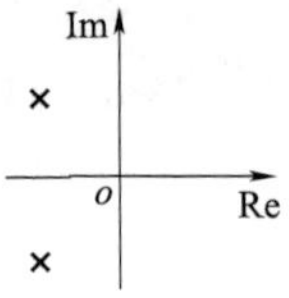	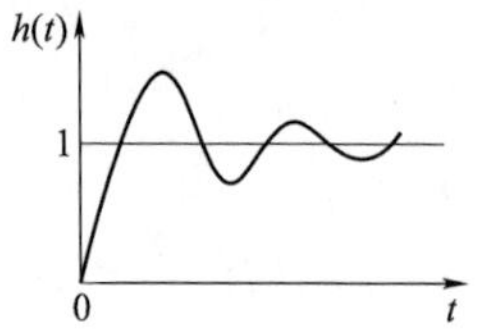
无阻尼 $\xi = 0$	$s_{1,2} = \pm j\omega_n$ 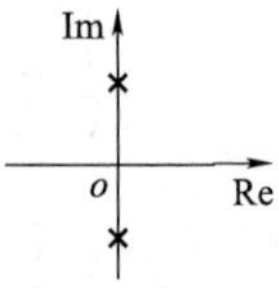	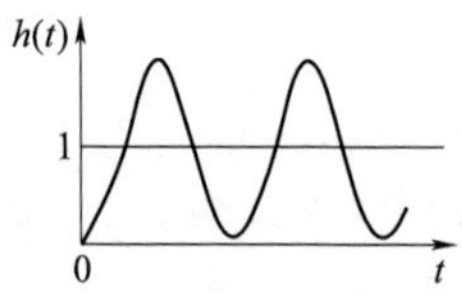

① ξ 越小，超调量越大，上升时间越短。

② 在没有超调量的系统中，临界阻尼（$\xi = 1$）系统具有最短的上升时间，即响应速度最快。

③ 在欠阻尼系统中，当 $0.4 < \xi < 0.8$，调节时间较短，超调量也不大。所以，工程上设计的二阶系统，阻尼比通常在 $0.4 \sim 0.8$ 范围选用。

3.5.3　欠阻（$0 < \xi < 1$）二阶系统的过渡过程性能指标分析

（1）欠阻尼二阶系统特征量之间的关系。

因为，欠阻尼二阶系统特征根可写成

$$s_{1,2} = -\xi\omega_n \pm j\omega_n\sqrt{1 - \xi^2}$$
$$= -\xi\omega_n \pm j\omega_d \tag{3.29}$$

在零、极点图 3.8 上，衰减因子 $\sigma = \xi\omega_n$ 也就是实部，而向量 s_1 在虚轴上的投影为 $\omega_d = \omega_n \cdot \sqrt{1 - \xi^2}$，与实轴的夹角 β 与阻尼比的关系可表示为：

$$\tan \beta = \frac{\sqrt{1-\xi^2}}{\xi} \tag{3.30}$$

$$\sin \beta = \sqrt{1-\xi^2} \tag{3.31}$$

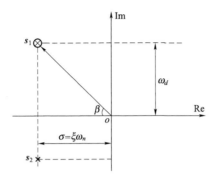

图 3.8

(2) 欠阻尼二阶系统单位阶跃响应的过渡过程性能指标计算。

① 上升时间 t_r。

这里把系统的单位阶跃响应 $h(t)$ 从 0 第一次上升到 1（100%）时的时间作为上升时间 t_r，则

$$h(t) = 1 - \frac{e^{-\xi \omega_n t}}{\sqrt{1-\xi^2}} \sin(\omega_n \sqrt{1-\xi^2} t + \beta) = 1 \tag{3.32}$$

得
$$\sin(\omega_n \sqrt{1-\xi^2} t + \beta) = 0 \tag{3.33}$$

要使式 (3.33) 成立，必须有

$$\omega_n \sqrt{1-\xi^2} t + \beta = k\pi (k = 0, 1, 2, \cdots)$$

因上升时间是响应信号第一次上升到 100% 时的时间，所以，$k = 1$。

得系统上升时间为

$$t_r = \frac{\pi - \beta}{\omega_n \sqrt{1-\xi^2}} \tag{3.34}$$

② 峰值时间 t_p。

因系统响应到达峰值时间时，$h(t)$ 出现极大值，所以对时间 t 求导，得

$$\frac{dh(t)}{dt} = \frac{\xi \omega_n e^{-\xi \omega_n t}}{\sqrt{1-\xi^2}} \sin(\omega_n \sqrt{1-\xi^2} t + \beta) - \frac{\omega_n \sqrt{1-\xi^2} e^{-\xi \omega_n t}}{\sqrt{1-\xi^2}} \cos(\omega_n \sqrt{1-\xi^2} t + \beta) \tag{3.35}$$

令
$$\frac{dh(t)}{dt} = 0$$

则有

$$\frac{\xi \omega_n e^{-\xi \omega_n t}}{\sqrt{1-\xi^2}} \sin(\omega_n \sqrt{1-\xi^2} t + \beta) = \omega_n e^{-\xi \omega_n t} \cos(\omega_n \sqrt{1-\xi^2} t + \beta) \tag{3.36}$$

将式 (3.36) 整理可得

$$\tan(\omega_n \sqrt{1-\xi^2} t + \beta) = \frac{\sqrt{1-\xi^2}}{\xi}$$

根据式（3.30），上式可写为

$$\tan(\omega_n\sqrt{1-\xi^2}t+\beta)=\tan\beta \tag{3.37}$$

考虑到正切函数是周期为 π 的函数，式（3.37）又可写成

$$\tan(\omega_n\sqrt{1-\xi^2}t+\beta)=\tan(\beta+k\pi) \quad (k=0,\pm 1,\pm 2,\cdots)$$

所以有

$$\omega_n\sqrt{1-\xi^2}t=k\pi \quad (k=0,\pm 1,\pm 2,\cdots)$$

当 $k=1$ 时的第一个极值点即系统峰值时间，有

$$t_p=\frac{\pi}{\omega_n\sqrt{1-\xi^2}}=\frac{\pi}{\omega_d} \tag{3.38}$$

③ 超调量 σ_p。

因峰值时间为

$$t_p=\frac{\pi}{\omega_n\sqrt{1-\xi^2}}=\frac{\pi}{\omega_d}$$

所以

$$\omega_d t_p=\pi$$

代入式（3.26），得

$$h(t_p)=1-\frac{1}{\sqrt{1-\xi^2}}\mathrm{e}^{-\pi\xi/\sqrt{1-\xi^2}}\sin(\omega_d t_p+\beta)$$

$$=1-\frac{1}{\sqrt{1-\xi^2}}\mathrm{e}^{-\pi\xi/\sqrt{1-\xi^2}}\sin(\pi+\beta)$$

根据定义，同时考虑到 $\lim_{t\to\infty}h(t)=1$，所以欠阻尼二阶系统超调量为

$$\sigma_p=\frac{h(t_p)-h(\infty)}{h(\infty)}\cdot 100\%=[h(t_p)-1]\times 100\%$$

$$=\mathrm{e}^{-\pi\xi/\sqrt{1-\xi^2}}\times 100\%$$

即

$$\sigma_p=\mathrm{e}^{-\pi\xi/\sqrt{1-\xi^2}}\times 100\% \tag{3.39}$$

④ 调节时间 t_s。

直接根据定义用解析方法求 t_s 非常困难，这里介绍一种近似方法。如图 3.9 所示，我们可以画出两条欠阻尼二阶系统单位阶跃响应曲线的包络曲线。

两条包络线的方程分别为：

$$h_1(t)=1+\frac{\mathrm{e}^{-\xi\omega_n t}}{\sqrt{1-\xi^2}} \tag{3.40}$$

$$h(t_p)=1-\frac{\mathrm{e}^{-\xi\omega_n t}}{\sqrt{1-\xi^2}} \tag{3.41}$$

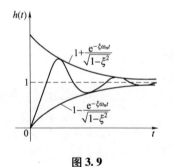

图 3.9

式（3.40）和式（3.41）中第二项就是实际输出与希望值之间的误差，当设允许误差为 $\delta\%$ 时，则有

$$\frac{\mathrm{e}^{-\xi\omega_n t}}{\sqrt{1-\xi^2}}\leqslant\delta\% \tag{3.42}$$

两边取对数，则调节时间应满足如下方程：

$$-\xi\omega_n t_s = \ln\delta - \ln 100 + \ln\sqrt{1-\xi^2}$$

即

$$t_s = \frac{1}{\xi\omega_n}(\ln 100 - \ln\delta - \ln\sqrt{1-\xi^2})$$

欠阻尼时一般 ξ 很小，上式又可近似为

$$t_s = \frac{1}{\xi\omega_n}(\ln 100 - \ln\delta) \tag{3.43}$$

$\delta\% = 2\%$ 时

$$t_s \approx \frac{1}{\xi\omega_n}(\ln 100 - \ln 2) \approx \frac{4}{\xi\omega_n} \tag{3.44}$$

$\delta\% = 5\%$ 时

$$t_s \approx \frac{1}{\xi\omega_n}(\ln 100 - \ln 5) \approx \frac{3}{\xi\omega_n} \tag{3.45}$$

例 3.6 已知单位反馈控制系统的开环传递函数为

$$G(s) = \frac{K}{s(0.1s+1)}$$

试求：

(1) $K=1$ 时闭环系统的阻尼比。

(2) 阻尼比 $\xi=0.5$ 时，K 应该为何值。

(3) 根据（2）中算出的 K 值，求系统的单位阶跃响应和过渡过程指标。

解：(1) 当 $K=1$ 时，系统闭环传递函数为

$$\Phi(s) = \frac{G(s)}{1+G(s)} = \frac{1}{s(0.1s+1)+1} = \frac{10}{s^2+10s+10}$$

对照二阶系统闭环传递函数的一般表达式，即

$$\Phi(s) = \frac{\omega_n^2}{s^2+2\xi\omega_n s + \omega_n^2}$$

因为 $\omega_n^2 = 10$，所以 $\omega_n = \sqrt{10}$。

又因为 $2\xi\omega_n = 10$，所以 $\xi = \frac{10}{2\sqrt{10}} \approx 1.58$。

(2) 当阻尼比 $=0.5$ 时，闭环传递函数为：

$$\Phi(s) = \frac{10K}{s^2+10s+10K}$$

因为 $2\xi\omega_n = 10$，所以 $\omega_n = 10$。又因为 $\omega_n^2 = 10K$，所以 $K=10$。

(3) 当 $K=10$，$\xi=0.5$，$\omega_n=10$ 时，可得系统阶跃响应为：

$$h(t) = 1 - 1.15e^{-5t}\sin(8.66t + 60°)$$

过渡过程性能指标：

$$t_r = \frac{\pi - \beta}{\omega_n\sqrt{1-\xi^2}} = 0.242(s) \qquad t_p = \frac{\pi}{\omega_n\sqrt{1-\xi^2}} = 0.363(s)$$

$$\sigma_p = e^{-\pi\xi/\sqrt{1-\xi^2}} \times 100\% = 16\%$$

$$t_s(\delta=5\%) \approx \frac{3}{\xi\omega_n} = 0.6(s) \qquad t_s(\delta=2\%) \approx \frac{4}{\xi\omega_n} = 0.8(s)$$

3.6 高阶系统分析简介

3.6.1 高阶系统数学模型

高阶系统传递函数的一般形式可表示为

$$\Phi(s) = \frac{b_m s^m + b_{m-1} s^{m-1} + \cdots + b_1 s + b_0}{a_n s^n + a_{n-1} s^{n-1} + \cdots + a_1 s + a_0} \qquad (n > 2)$$

对上式进行因式分解，可得如下形式：

$$\Phi(s) = \frac{K \prod_{i=1}^{m}(s - z_i)}{\prod_{j=1}^{n}(s - s_j)} \tag{3.46}$$

设闭环传递函数的 n 个极点中，有 q 个实数极点，r 对共轭复数极点（$q + 2r = n$），则系统的单位阶跃响应的象函数为：

$$H(s) = \frac{K \prod_{i=1}^{m}(s - z_i)}{s \prod_{j=1}^{q}(s - s_j) \prod_{k=1}^{r}(s^2 + 2\xi_k\omega_k s + \omega_k^2)} \tag{3.47}$$

将式（3.47）写成部分分式形式，并进行拉氏反变换，则高阶系统的单位阶跃响应为：

$$h(t) = 1 + \sum_{i=1}^{q} C_i e^{-s_i t} + \sum_{k=1}^{r} e^{-\xi_k \omega_k t}(A_k \cos \omega_k \sqrt{1-\xi_k^2}\, t + B_k \sin \omega_k \sqrt{1-\xi_k^2}\, t)(t \geqslant 0) \tag{3.48}$$

从式（3.48）可以看出，高阶系统的单位阶跃响应函数是一阶环节和二阶环节的单位阶跃响应的叠加。

3.6.2 主导极点和偶极子

（1）主导极点。

现举例说明主导极点的概念。

设某控制系统闭环传递函数为

$$\Phi(s) = \frac{20}{(s+10)(s^2 + 2s + 2)}$$

则其闭环极点有

$$s_1 = -10, \quad s_{2,3} = -1 \pm 1j$$

系统单位阶跃响应

$$h(t) = L^{-1}[\Phi(s)] = 1 - 0.024 e^{-10t} + 1.55 e^{-t} \cos(t + 129°)$$

从上式可以看出，极点 s_1 所产生的暂态分量的数值比 $s_{2,3}$ 产生的暂态分量小得多，衰减速度快得多，对 $h(t)$ 的影响非常微弱。所以 $h(t)$ 可近似为

$$h(t) = 1.155 e^{-t} \cos(t + 129°)$$

也就是说，$h(t)$ 的暂态分量主要由闭环极点 $s_{2,3}$ 确定。这样，我们把那些对系统响应起主要作用的闭环极点称为主导极点。在研究过渡过程时可以忽略掉非主导极点的影响而降低系统阶数，使分析变得相对简单。

(2) 偶极子。

一对相距很近的闭环极点和闭环零点称为偶极子。容易证明，如果在闭环传递函数中出现一个偶极子，则偶极子对系统过渡过程影响很少，所以，当高阶系统中包含有偶极子时，可以将构成偶极子的环节忽略，使高阶系统得以降阶。

例 3.7 试化简下式所示高阶系统。

$$\Phi(s) = \left(\frac{2a}{a+\delta}\right) \cdot \frac{(s+a+\delta)}{(s+a)(s^2+2s+2)}$$

解：式中 $\delta \to 0$ 时，出现一对偶极子，其极点为 $-a$，零点为 $-(a+\delta)$，另有一对复数极点 $-1 \pm j1$。系统单位阶跃响应如下

$$h(t) = L^{-1}\left[\left(\frac{2a}{a+\delta}\right) \cdot \frac{(s+a+\delta)}{s(s+a)(s+1\pm j1)}\right]$$

$$= L^{-1}\left[\frac{1}{s} + \frac{C_1}{s+a} + \frac{C_2 e^{j\theta}}{s+1-j1} + \frac{C_2 e^{-j\theta}}{s+1+j1}\right]$$

$$C_1 = \lim_{s \to -a}(s+a)\left(\frac{2a}{a+\delta}\right) \cdot \frac{(s+a+\delta)}{s(s+a)(s+1\pm j1)} = \frac{-2\delta}{a(a^2-2a+2)}$$

$$C_2 \approx \frac{\sqrt{a}}{8}$$

当 $\delta \to 0$，$C_1 \to 0$，$C_1 \leq C_2$，因而偶极子的影响忽略不计，系统闭环传递函数可写为：

$$\Phi(s) = \frac{2}{s^2+2s+2}$$

综上所述，考虑到主导极点和偶极子的影响，高阶系统可化简方法如下：

在全部闭环零、极点中选留最接近虚轴而又不十分靠近闭环零点的一个或几个闭环极点为主导极点，略去偶极子和非主导极点（距离虚轴 6 倍，工程上也可是 2~3 倍以上的零极点），这样大多数高阶系统可以简化为一、二或三阶系统，其过渡过程分析便可较简便地进行。

3.7 系统对任意输入信号的时间响应

3.7.1 线性控制系统的单位脉冲响应函数

在第 2 章里我们讲过系统闭环传递函数 $\Phi(s)$ 是系统对单位脉冲 $\delta(t)$ 的时间响应 $h(t)$ 的象函数。即当输入函数 $r(t) = \delta(t)$，因为：

$$R(s) = L[\delta(t)] = 1$$

所以，系统对单位脉冲的时间响应为

$$h(t) = L^{-1}[\Phi(s) \cdot R(s)] = L^{-1}[\Phi(s)] \tag{3.49}$$

3.7.2 系统对任意输入信号的响应

设 $r(t)$ 为任意输入信号（如图 3.10），可以用无穷多个宽度 τ、高度为 $r(\tau)$ 的矩形脉冲来近似表示，则 τ 时刻的脉冲强度为 $r(\tau)\Delta\tau$，系统对 $r(\tau)$ 的响应为 $r(\tau)\Delta\tau h(t-\tau)$。

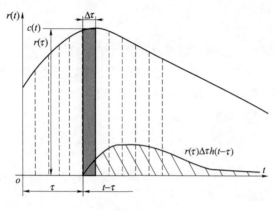

图 3.10

根据线性叠加原理，将 t 时刻以前的所有矩形脉冲响应叠加起来，并令 $\Delta\tau \to 0$，便得到系统对任意输入信号 $r(t)$ 的响应 $c(t)$，即

$$c(t) = \lim_{\Delta\tau \to 0} \sum r(\tau)\Delta\tau h(t-\tau) \tag{3.50}$$

即

$$c(t) = \int_0^t r(\tau) h(t-\tau) d\tau \tag{3.51}$$

以上积分叫卷积。对复杂的任意输入 $r(t)$，求解卷积往往非常困难，所以，常常用数值积分求值，即

$$c(t) \approx \sum_{i=0}^{n-1} r(\tau_i)\Delta\tau_i h(t-\tau_i) \quad \left(\Delta\tau_i = \frac{t}{n}\right) \tag{3.52}$$

例 3.8 如图 3.1 所示质量-弹簧系统，当输入为外力 $f(t)$，输出为质量 m 的位移 $x(t)$，且 $x(0_-) = 0, x'(0_-) = 0$。试求

(1) $f(t) = \delta(t)$ 时，$x(t) = ?$

(2) $f(t)$ 为任意输入函数时，$x(t) = ?$

解：系统运动方程为

$$m\ddot{x}(t) + kx(t) = f(t)$$

传递函数为

$$\Phi(s) = \frac{X(s)}{R(s)} = \frac{1}{ms^2 + k}$$

则系统输出的象函数为

$$X(s) = \frac{1}{ms^2 + k} \cdot F(s) = \frac{\frac{1}{m}}{s^2 + \frac{k}{m}} \cdot F(s) \tag{3.53}$$

(1) 系统的单位脉冲响应

当 $f(t)=\delta(t)$ 时,$F(s)=1$

$$x(t) = L^{-1}[X(s)] = \frac{1}{m} \frac{1}{\sqrt{\frac{k}{m}}} \sin\sqrt{\frac{k}{m}}t = \frac{1}{\sqrt{mk}} \sin\sqrt{\frac{k}{m}}t \tag{3.54}$$

(2) 系统对任意输入的响应

当 $f(t)$ 为任意输入时,根据式(3.52)可得系统对任意输入信号 $f(t)$ 的响应 $x(t)$ 为

$$\begin{aligned}x(t) &= \int_0^t f(\tau)h(t-\tau)\mathrm{d}\tau \\ &= \int_0^t f(\tau) \cdot \frac{1}{\sqrt{mk}} \sin\sqrt{\frac{k}{m}}(t-\tau)\mathrm{d}\tau \\ &= \frac{1}{\sqrt{mk}} \int_0^t f(\tau) \sin\sqrt{\frac{k}{m}}(t-\tau)\mathrm{d}\tau\end{aligned} \tag{3.55}$$

3.8 控制系统误差分析的基本概念

3.8.1 误差函数与稳态误差

(1) 误差函数。

当系统的过渡过程结束后,随着 t 的增大,系统输出量的希望值 $c_0(t)$ 和实际值 $c(t)$ 之间仍有一定的差值:

$$e(t) = c_0(t) - c(t) \tag{3.56}$$

这个差值表示系统误差随时间变化的规律,通常也将其称为系统误差函数(或叫误差信号),简称为误差。

(2) 稳态误差。

对于稳定的系统,与系统输出量一样,系统误差函数 $e(t)$ 也包含暂态分量 $e_{ts}(t)$ 与稳态分量 $e_{ss}(t)$ 两部分,即

$$e(t) = e_{ts}(t) + e_{ss}(t) \tag{3.57}$$

误差的稳态分量 $e_{ss}(t)/2$ 称为系统的稳态误差,它表示过渡过程结束后系统的精度。当 $t\to\infty$ 时 $e_{ss}(t)/2$ 的极限存在,也就是 $e(t)$ 的极限存在时(因为对于稳定的系统,当 $t\to\infty$ 时 $e_{ts}(t)$ 的极限为零),则系统的稳态误差可表示为

$$e_{ss} = \lim_{t\to\infty} e(t) \tag{3.58}$$

3.8.2 误差与偏差

将式(3.56)两端进行拉氏变换,可以得到系统误差的象函数 $E(s)$ 的表达式,即

$$E(s) = C_0(s) - C(s) \tag{3.59}$$

与式(3.59)表示的误差象函数相对应,我们将系统输入量 $R(s)$ 与系统主反馈信号 $H(s)C(s)$(见图3.11)之差定义为系统偏差 $E_1(s)$,即

$$E_1(s) = R(s) - H(s)C(s) \tag{3.60}$$

考虑到上述误差和偏差的定义以及作用于系统的扰动,我们给出闭环控制系统框图的一般形式,如图 3.11。

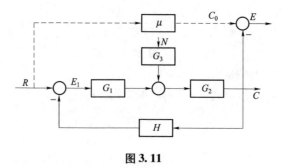

图 3.11

其中:$\mu(s)$ 为假想的理想系统的传递函数即理想变换算子,也就是不产生任何误差的理想系统的传递函数。这样系统理想输出 $C_0(s)$ 可表示为

$$C_0(s) = \mu(s)R(s) \tag{3.61}$$

借助于上述定义和假设,我们可以推导出误差 $E(s)$ 与偏差 $E_1(s)$ 的关系。首先将式(3.60)都除以主反馈通路传递函数 $H(s)$,得

$$\frac{1}{H(s)} \cdot E_1(s) = \frac{1}{H(s)}R(s) - C(s) \tag{3.62}$$

由于闭环控制系统主反馈通路上配置的是高精度的检测装置,精度一般要比系统前向通路高出 1~2 个数量级以上。所以,主反馈通路传递函数 $H(s)$ 可以近似看做等于理想系统传递函数即理想变换算子的倒数 $\mu(s)$,即

$$\mu(s) = \frac{1}{H(s)} \tag{3.63}$$

将式(3.63)代入式(3.61),得

$$C_0(s) = \frac{R(s)}{H(s)}$$

将上式代入式(3.62),得

$$\frac{1}{H(s)} \cdot E_1(s) = C_0(s) - C(s)$$

即

$$E(s) = \frac{1}{H(s)}E_1(s) \tag{3.64}$$

对单位反馈系统,有

$$E(s) = E_1(s) \tag{3.65}$$

有的教材中,将式(3.60)的偏差 $E_1(s)$ 定义为系统误差,从上述分析可以看出,这种定义从本质上说与本教材的定义即式(3.59)的定义是一致的,对于单位反馈系统来说,数值上也完全相等。

3.8.3 误差传递函数

(1)误差传递函数定义。

在零初始条件下,系统误差函数的拉氏变换 $E(s)$(见式(3.59))与引起该误差函数的作用量拉氏变换之比,称为系统对该作用量的误差传递函数。

由图 3.11 可知,系统作用量一般分为两种,即作用在系统输入端的系统输入量(也就是控制量)$R(s)$ 和作用在系统前向通路某一点处的扰动量 $N(s)$。所以,误差传递函数也分为两种,即系统对输入量(控制量)的误差传递函数和对扰动量的误差传递函数。

(2) 系统对输入量(控制量)的误差传递函数。

设系统对输入量 $R(s)$ 的误差传递函数为 $\Phi_e(s)$,根据系统误差函数的定义(式 (3.59))和式 (3.62)、式 (3.64),由输入量引起的系统误差函数为

$$E(s) = C_0(s) - C(s) = \frac{R(s)}{H(s)} - C(s)$$

所以,系统对输入量(控制量)的误差传递函数为

$$\Phi_e(s) = \frac{E(s)}{R(s)} = \frac{1}{H(s)} - \Phi(s) \tag{3.66}$$

对单位反馈系统

$$\Phi_e(s) = 1 - \Phi(s) \tag{3.67}$$

(3) 系统对扰动量的误差传递函数。

设系统对扰动量 $N(s)$ 的传递函数为 $\Phi_N(s)$、扰动量 $N(s)$ 引起的系统实际输出为 $C_N(s)$,则

$$\Phi_N(s) = \frac{C_N(s)}{N(s)} \tag{3.68}$$

设系统对扰动量 $N(s)$ 的误差传递函数为 $\Phi_{eN}(s)$。因为对任何系统都不希望有对扰动的输出,即系统对扰动的理想输出 $C_{0N}(s)$ 为零,所以扰动引起的系统误差函数 $E_N(s)$ 为

$$E_N(s) = C_{0N}(s) - C_N(s) = 0 - C_N(s) = -C_N(s) \tag{3.69}$$

所以系统对扰动量的误差传递函数为

$$\Phi_{eN}(s) = \frac{E_N(s)}{N(s)} = -\frac{C_N(s)}{N(s)} = -\Phi_N(s) \tag{3.70}$$

也就是说,系统对扰动量的误差传递函数等于系统对扰动量的传递函数冠以负号。

(4) 系统在输入和扰动共同作用下的误差函数为:

$$E(s) = \Phi_e(s)R(s) + \Phi_{eN}(s)N(s) = \left[\frac{1}{H(s)} - \Phi(s)\right]R(s) - \Phi_N(s)N(s) \tag{3.71}$$

3.9 稳态误差求法

3.9.1 稳态误差的一般解法

(1) 极限解法。

由式 (3.58) 可知,当系统误差函数 $e(t)$ 的极限存在时,则系统的稳态误差可表示为

$$e_{ss} = \lim_{t \to \infty} e(t)$$

根据拉氏变换的终值定理和式 (3.71),则有

$$\begin{aligned} e_{ss} &= \lim_{t \to \infty} e(t) = \lim_{s \to 0} sE(s) \\ &= \lim_{s \to 0} s\left\{\left[\frac{1}{H(s)} - \Phi(s)\right]R(s) - \Phi_N(s)N(s)\right\} \end{aligned} \tag{3.72}$$

式（3.72）是当系统误差函数 $e(t)$ 的极限存在时，求解系统稳态误差的基本方法。

（2）直接解法。

当系统误差函数 $e(t)$ 的极限不存在时，也就是说系统稳态误差 $e_{ss}(t)$ 是谐波函数时，可直接对式（3.71）两端进行拉氏反变换求解，即

$$e_{ss}(t) = L^{-1}[E(s)]$$
$$= L^{-1}[\Phi_e(s)R(s) + \Phi_{eN}(s)N(s)]$$
$$= L^{-1}\left\{\left[\frac{1}{H(s)} - \Phi(s)\right]R(s) - \Phi_N(s)N(s)\right\} \quad (3.73)$$

系统稳态误差 $e_{ss}(t)$ 是谐波函数时，还有两种解法，即动态误差系数法（本节下面将要讲述）和频率响应法（将在第 4 章讲述）。

3.9.2 几种典型输入信号作用下的稳态误差 e_{ss} 的求解方法

（1）系统型别及输入信号形式与稳态误差的关系。

闭环系统的开环传递函数可写成下面形式：

$$G(s)H(s) = \frac{K\prod_{i=1}^{m}(\tau_i s + 1)}{s^v \prod_{j=1}^{n-v}(T_j s + 1)} \quad (3.74)$$

其中，K 为闭环系统的开环增益；$\tau_i(i=1,2,\cdots,m)$，$T_j(j=1,2,\cdots,n-v)$ 分别为各环节时间常数；v 为开环系统中积分环节的个数。我们把 $v=0$，$v=1$，$v=2$ 等系统分别称为 0 型，Ⅰ 型和 Ⅱ 型系统。当 $v>2$ 时，系统很难稳定，工程中很少用。

为方便起见，设 $H(s) = H_0$（为常数），则系统对输入的误差函数可表示为：

$$E(s) = \left[\frac{1}{H_0} - \frac{G(s)}{1 + H_0 G(s)}\right]R(s) = \frac{1}{H_0[1 + H_0 G(s)]}R(s)$$

即

$$E(s) = \frac{1}{H_0\left[1 + \dfrac{K\prod_{i=1}^{m}(\tau_i s + 1)}{s^v \prod_{j=1}^{n-v}(T_j s + 1)}\right]}R(s)$$

则根据终值定理，稳态误差为

$$e_{ss} = \lim_{s \to 0} s \cdot \frac{1}{H_0\left[1 + \dfrac{K\prod_{i=1}^{m}(\tau_i s + 1)}{s^v \prod_{j=1}^{n-v}(T_j s + 1)}\right]}R(s)$$

当分母不为零时

$$e_{ss} = \frac{\lim_{s \to 0}(s^{v+1} \cdot R(s))}{\lim_{s \to 0}(H_0 s^v + KH_0)} \quad (3.75)$$

（2）各型系统在阶跃、斜坡和加速度信号作用下的稳态误差。

1）当输入阶跃函数时：

$$r(t) = R_0 \cdot 1(t), \quad R(s) = \frac{R_0}{s}$$

$$e_{ss} = \frac{\lim\limits_{s \to 0}\left(s^{v+1} \cdot \dfrac{R_0}{s}\right)}{\lim\limits_{s \to 0}(H_0 s^v + KH_0)} \begin{cases} \dfrac{R_0}{H_0(1+K)} & v = 0 \\ 0 & v = \mathrm{I} \\ 0 & v = \mathrm{II} \\ 0 & v = \mathrm{III} \end{cases}$$

2）当输入斜坡函数时：

$$r(t) = R_1 t, \quad R(s) = \frac{R_1}{s^2}$$

所以

$$e_{ss} = \frac{\lim\limits_{s \to 0}\left(s^{v+1} \cdot \dfrac{R_1}{s^2}\right)}{\lim\limits_{s \to 0}(H_0 s^v + KH_0)} \begin{cases} \infty & v = 0 \\ \dfrac{R_1}{KH_0} & v = \mathrm{I} \\ 0 & v = \mathrm{II} \\ 0 & v = \mathrm{III} \end{cases}$$

3）当输入加速度函数时：

$$r(t) = \frac{1}{2} R_2 t^2, \quad R(s) = \frac{R_2}{s^3}$$

所以

$$e_{ss} = \frac{\lim\limits_{s \to 0}\left(s^{v+1} \cdot \dfrac{R_2}{s^3}\right)}{\lim\limits_{s \to 0}(H_0 s^v + KH_0)} \begin{cases} \infty & v = 0 \\ \infty & v = \mathrm{I} \\ \dfrac{R_2}{KH_0} & v = \mathrm{II} \\ 0 & v = \mathrm{III} \end{cases}$$

上述结果用表3.3表示如下。

表 3.3

v \ $r(t)$	$r(t) = R_0(t)$	$r(t) = R_1 t$	$r(t) = \dfrac{1}{2} R_2 t^2$
0	$\dfrac{R_0}{H_0(1+K)}$	∞	∞
I	0	$\dfrac{R_1}{KH_0}$	∞
II	0	0	$\dfrac{R_2}{KH_0}$
III	0	0	0

例 3.9 如图 3.12 所示闭环控制系统，当 $H_0 = 0.1$，$H_0 = 1$ 时，分别求系统在 $r(t) = 1(t)$ 作用下的系统稳态误差 e_{ss}。

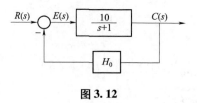

图 3.12

解：

解法 1：系统开环传递函数为：

$$G(s) \cdot H(s) = \frac{10H_0}{s+1}$$

$$v = 0, K = 10H_0, R_0 = 1$$

根据表 3.3

$$e_{ss} = \frac{R_0}{H_0(1+K)} = \frac{1}{H_0(1+10H_0)} = \begin{cases} 5 & (H_0 = 0.1) \\ \dfrac{1}{11} & (H_0 = 1) \end{cases}$$

解法 2：

系统闭环传递函数为：

$$\Phi(s) = \frac{\dfrac{10}{s+1}}{1 + \dfrac{10H_0}{s+1}} = \frac{10}{s+1+10H_0}$$

系统误差传递函数为：

$$\Phi_e(s) = \frac{1}{H_0} - \Phi(s) = \frac{1}{H_0} - \frac{10}{s+1+10H_0}$$

系统稳态误差：

$$e_{ss} = \lim_{s \to 0} sE(s) = \lim_{s \to 0} s\Phi_e(s)R(s)$$

$$= \lim_{s \to 0} \left[\frac{1}{H_0} - \frac{10}{s+1+10H_0}\right] \cdot \frac{R_0}{s} = \begin{cases} 5 & (H_0 = 0.1) \\ \dfrac{1}{11} & (H_0 = 1) \end{cases}$$

3.9.3 用误差系数法求稳态误差

当误差函数 $e(t)$ 是简谐函数时，不能用极限解法求稳态误差 e_{ss}，这时的误差函数亦可称为稳态误差 $e_{ss}(t)$。这里介绍利用误差系数法求系统误差函数 $e(t)$（或稳态误差 $e_{ss}(t)$）的误差系数法。

(1) 动态误差系数和稳态误差 $e_{ss}(t)$。

将误差传递函数在 $s=0$ 处的邻域展开成泰勒级数，并取前 $n+1$ 项，则

$$\Phi_e(s) = \Phi_e(0) + \dot{\Phi}_e(0)s + \frac{1}{2!}\ddot{\Phi}(0)s^2 + \cdots + \frac{1}{n!}\Phi^{(n)}(0)s^n \tag{3.76}$$

由于式（3.76）式的收敛条件是 $s \to 0$，它对应的时域 $t \to \infty$，于是系统对输入 $R(s)$ 的稳态

误差 $E_{ss}(s)$ 可用下式表示，即

$$E_{ss}(s) = \Phi_e(0)R(s) + \Phi_e(0)R(s) + \frac{1}{2!}\ddot{\Phi}_e(0)s^2 R(s) + \cdots + \frac{1}{n!}\Phi^{(n)}(0)s^n R(s) \tag{3.77}$$

对上式进行拉氏反变换，得

$$e_{ss}(t) = \Phi_e(0)r(t) + \Phi_e^{(1)}(0)\dot{r}(t) + \frac{1}{2!}\Phi^{(2)}(0)\ddot{r}(t) + \cdots + \frac{1}{n!}\Phi_e^{(n)}(0)r^{(n)}(t)$$

令

$$C_i = \frac{1}{i!}\Phi_e^{(i)}(0)$$

则

$$e_{ss}(t) = C_0 r(t) + C_1 \dot{r}(t) + C_2 \ddot{r}(t) + \cdots + C_n r^{(n)}(t) \tag{3.78}$$

这里称 C_i 为动态误差系数。

(2) 动态误差系数的计算方法——长除法。

例 3.10 某系统的框图如图 3.13 所示，试求该系统在输入信号 $r(t)=t$ 和扰动 $n(t)=0.1\sin t$ 同时作用下的误差函数。

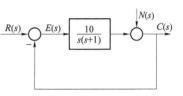

图 3.13

解：

1) 系统为 I 型系统，在 $r(t)=t$ 单独作用下，由表 3.3 可得

$$e_{ssr}(t) = e_{ss} = \frac{R_1}{KH_0} = \frac{1}{10} = 0.1$$

2) 扰动单独作用时系统的误差传递函数为：

$$\Phi_{eN}(s) = \frac{-C(s)}{N(s)} = \frac{-1}{1+\dfrac{10}{s(s+1)}} = \frac{-s-s^2}{10+s+s^2}$$

用长除法求误差系数：

$$\begin{array}{r}
-\dfrac{1}{10}s - \dfrac{9}{100}s^2 + \dfrac{19}{1000}s^3 \\[4pt]
10+s+s^2 \overline{\smash{\big)}\,-s-s^2} \\[4pt]
\underline{-s - \dfrac{1}{10}s^2 - \dfrac{1}{10}s^3} \\[4pt]
-\dfrac{9}{10}s^2 + \dfrac{1}{10}s^3 \\[4pt]
\underline{-\dfrac{9}{10}s^2 - \dfrac{9}{100}s^3 - \dfrac{9}{100}s^4} \\[4pt]
\dfrac{19}{100}s^3 + \dfrac{9}{100}s^4
\end{array}$$

根据长除法所得商值，得

$$\Phi_{eN}(s) = -0.1s - 0.09s^2 + 0.019s^3 + \cdots$$

$$C_0 = \Phi_{eN}(0) = 0, \quad C_1 = \Phi_{eN}(0) = -0.1$$

$$C_2 = \frac{1}{2!}\ddot{\Phi}_{eN}(0) = -0.09, C_3 = \frac{1}{3!}\dddot{\Phi}_{eN}(0) = 0.019\cdots$$

$$e_{ssN} = L^{-1}[\Phi_{eN}(s) \cdot N(s)]$$
$$= -0.1 \times 0.1 \times \cos t + 0.09 \times 0.1 \sin t - 0.019 \times 0.1 \cos t \cdots$$

$$e_{ss}(t) = e_{ssr}(t) + e_{ssN}(t) = 0.1 - 0.1 \times 0.1 \times \cos t + 0.09 \times 0.1 \sin t - 0.019 \times 0.1 \cos t \cdots$$

$$= 0.1 - 0.0119\cos t + 0.009\sin t$$

$$= 0.1 + 0.015\sin(t - 52.9°)$$

习 题

3-1 已知系统的特征方程如下，试用劳斯判据判断系统的稳定性。若系统不稳定，试确定特征方程的根在复平面右半部的数目。

(1) $s^3 + 20s^2 + 9s + 100 = 0$

(2) $s^5 + s^4 + 2s^3 + 2s^2 + 3s + 10 = 0$

(3) $s^7 + s^6 + 5s^5 + 2s^4 + 4s^3 + 16s^2 + 20s + 8 = 0$

3-2 判别题图 3.1 所示系统的稳定性。

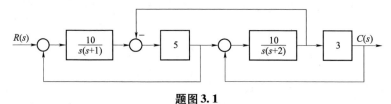

题图 3.1

3-3 判别题图 3.2 所示系统是否稳定，若稳定则指出单位阶跃下输入作用 $e(\infty)$ 值。若不稳定则指出右半 s 平面根的个数。

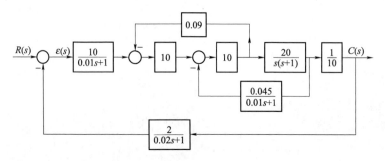

题图 3.2

3-4 设单位反馈控制系统的开环传递函数分别为

(1) $G(s) = \dfrac{K^*(s+1)}{s(s-1)(s+5)}$;

(2) $G(s) = \dfrac{K^*}{s(s-1)(s+5)}$。

试确定使闭环系统稳定的开环增益 K 的数值范围（注意 $K \neq K^*$）。

3-5 题图 3.3 所示系统中，$G_0(s) = \dfrac{K^*}{s(s+3)(s+5)}$，$K^*$ 为常数，试求

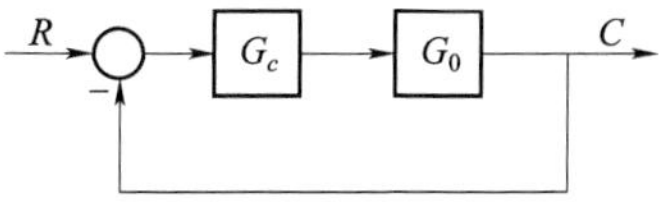

(1) $G_c(s) = 1$ 时，使系统稳定的 K^* 值范围；

(2) 当 $G_c(s) = 1$ 时，K^* 等于何值，系统将产生等幅振荡？振荡角频率等于多少？

题图 3.3

3-6 对于如下特征方程的反馈控制系统，试用代数判据求系统稳定的 K 值范围。

(1) $s^4 + 22s^3 + 10s^2 + 2s + K = 0$

(2) $s^4 + 20Ks^3 + 5s^2 + (10 + K)s + 15 = 0$

(3) $s^3 + (K + 0.5)s^2 + 4Ks + 50 = 0$

(4) $s^4 + Ks^3 + s^2 + s + 1 = 0$

3-7 某系统如题图 3.4 所示，其中图 3.4（a）为模拟电路图，图 3.4（b）为开关 K 打开时的框图，图 3.4（c）为开关 K 接通时的框图，试求：当开关 K 打开时，系统稳定否？当开关闭合时，系统稳定否？如果稳定，当 $u_i(t) = 1(t)$ V，$u_o(t)$ 的稳态输出值是多少？

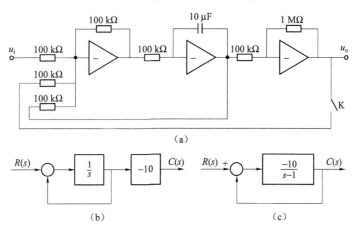

题图 3.4

3-8 如题图 3.5 所示的阻容网络，$u_i(t) = [1(t) - 1(t - 30)]$（V），当 t 为 4 s 时，输出 $u_o(t)$ 值为多少？当 t 为 30 s 时，输出 $u_o(t)$ 又约为多少？

3-9 某系统如题图 3.6 所示，试求其无阻尼自振角频率 ω_n，阻尼比 ζ，超调量 σ_p，峰值时间 t_p，调整时间 t_s（进入 ±5% 的误差带）。

题图 3.5　　　　　题图 3.6

3-10 设单位反馈系统的开环传递函数为 $G(s) = \dfrac{2s+1}{s^2}$,试求该系统单位阶跃响应和单位脉冲响应。

3-11 某网络如题图 3.7 所示,当 $t \leq 0^-$ 时,开关与触点 1 接触,当 $t \geq 0^+$ 时,开关与触点 2 接触,试求输出响应表达式,并画出输出响应曲线。

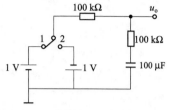

题图 3.7

3-12 设单位反馈系统的开环传递函数为 $G(s) = \dfrac{1}{s(s+1)}$,试求系统的上升时间、峰值时间、超调量和调整时间。当 $G(s) = \dfrac{K}{s(s+1)}$ 时,试分析放大倍数 K 对单位阶跃输入产生的输出动态过程特性的影响。

3-13 设有一系统传递函数为 $\dfrac{X_o(s)}{X_i(s)} = \dfrac{\omega_n^2}{s^2 + 2\xi\omega_n s + \omega_n^2}$,为使系统对阶跃响应有 5% 的超调量和 2 s 的调整时间,试求 ξ 和 ω_n 各为多少?

3-14 题图 3.8 为宇宙飞船姿态控制系统方块图,假设系统中控制器时间常数 T 等于 3 s,力矩与惯量比为 $\dfrac{K}{J} = \dfrac{2}{9}(\text{rad/s}^2)$,试求系统阻尼比。

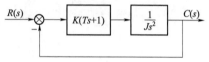

题图 3.8

3-15 在题图 3.9(a)所示机械系统中,若质量 m 上的阶跃输入力为 $r(t) = 10$ N 时,其响应曲线如图 3.9(b)所示。试求系统的质量 m、弹簧刚度 K 及黏性阻尼系数 B。

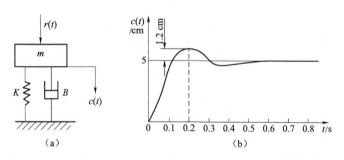

题图 3.9

3-16 已知单位反馈系统的开环传递函数为 $G(s) = \dfrac{10}{s(T_1 s + 1)(T_2 s + 1)}$,输入信号为 $r(t) = A + \omega t, \omega = 0.5$。试求系统的稳态误差。

3-17 在题图 3.3 所示系统中 $G_0(s) = \dfrac{K^*}{s(s+3)(s+5)}$,$K^*$ 为常数,试求:

(1) $G_c(s) = 1$ 时,K^* 在什么范围内取值,可使系统在单位斜坡输入函数作用下的速度误差 $e_{sst} \leq 0.02$。

(2) 为了使 $e_{sst} = 0$,$G_c(s) = l/s$ 和 $G_c(s) = (s+1)/s$ 哪种方案是可行的?响应的 K^* 值范围等于多少?

3-18 已知系统的结构图如题图 3.10 所示,输入 $r(t)$ 为恒值。试求:

(1) 当 $K=40$，扰动 $n(t)=2\times 1(t)$ 时，系统的稳态输出和稳态误差。

(2) 若 $K=20$，其结果如何？试比较说明之。

(3) 在扰动作用点之前的前向通道中引入积分环节 $1/s$，对稳态误差有什么影响？在扰动作用点之后引入积分环节 $1/s$，结果又将如何？

3-19 如题图 3.11 所示控制系统，若扰动信号 $n(t)=1(t)$ 时，要使其在扰动作用下的稳态误差 $e_{ssN}=0.1$，试求 K_1 为多少？

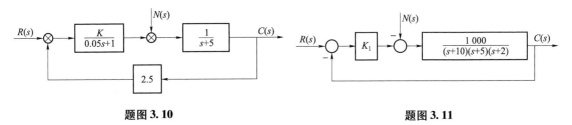

题图 3.10　　　　　　　　　　　题图 3.11

3-20 试证明：当扰动作用点在前向通道时（如题图 3.12（a）所示），加大放大器增益 K 可使扰动影响减小，但当扰动作用点在反馈通道时（如题图 3.12（b）所示），加大 K 并不能使扰动影响减小（条件：①扰动引起的稳态误差不为零；②当 $s\to 0$ 时，系统开环传递函数的极限不为零）。

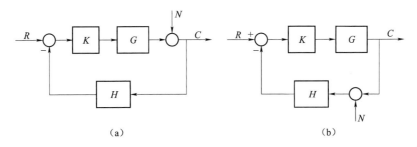

题图 3.12

3-21 试说明题图 3.13 中传递函数为 $1/s$ 的积分器对消除阶跃扰动 $N(s)$ 引起的稳态误差的影响。

3-22 对于如题图 3.14 所示系统，试求 $n(t)=2\cdot 1(t)$ 时系统的稳态误差；当 $r(t)=t\cdot 1(t)$，$n(t)=2\cdot 1(t)$，其稳态误差又是什么？

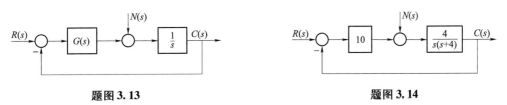

题图 3.13　　　　　　　　　　　题图 3.14

第 4 章
控制系统的频率域分析方法

上一章介绍的时域分析方法比较直观,物理意义容易理解,但控制系统内部结构与其性能的关系表述不直接。另外,高阶系统分析比较烦琐。频率域(简称频域)分析法是根据系统频率特性随频率变化的规律分析闭环控制系统性能的方法。应用频域分析方法,可以较为直观地分析系统典型环节及其参数对系统整体性能的影响,便于系统改进设计。

4.1 频率特性的基本概念及表示方法

4.1.1 频率特性的定义

所谓频率特性是指控制系统对不同频率的谐波信号的响应特性,也就是控制系统在不同频率同一幅值的谐波信号作用下其输出量的幅值和相位随频率变化的规律。

下面举一个例子说明这一概念。

例 4.1 如图 2.10 所示 RC 无源网络,当输入信号 $u_i(t) = A\sin\omega t$ 时,试求系统输出量的稳态分量 $u_o(t)$。

解:根据系统运动微分方程式:

$$u_i(t) = i(t)R + \frac{1}{C}\int i(t)\,\mathrm{d}t \tag{4.1}$$

$$u_o(t) = \frac{1}{C}\int i(t)\,\mathrm{d}t \tag{4.2}$$

由式(4.1)和式(4.2)整理得

$$\frac{\mathrm{d}u_o(t)}{\mathrm{d}t} = \frac{1}{C}i(t), i(t) = C\frac{\mathrm{d}u_o(t)}{\mathrm{d}t} \tag{4.3}$$

将式(4.2)和式(4.3)代入式(4.1)得

$$RC\frac{\mathrm{d}u_o(t)}{\mathrm{d}t} + u_o(t) = u_i(t) \tag{4.4}$$

由式(4.4)可得上述系统传递函数为

$$\Phi(s) = \frac{u_o(s)}{u_i(s)} = \frac{1}{RCs+1} = \frac{1}{Ts+1} \quad (\diamondsuit\ T = RC)$$

在输入端施加一个正弦信号,即令

$$L[u_i(t)] = L[A\sin\omega t] = \frac{A\omega}{s^2 + \omega^2} = U_i(s)$$

则
$$U_o(s) = \frac{1}{Ts+1} \cdot U_i(s) = \frac{1}{Ts+1} \cdot \frac{\omega}{s^2+\omega^2} \cdot A$$

对上式作拉氏反变换，得到输出信号为

$$u_o(t) = \frac{AT\omega}{T^2\omega^2+1} e^{-\frac{t}{T}} + \frac{A}{\sqrt{T^2\omega^2+1}} \cdot \sin(\omega t - \arctan \omega T) \tag{4.5}$$

式（4.5）中第一项为暂态分量，第二项为稳态分量。

当时间 t 趋于无穷大时

$$u_o(t) = \frac{A}{\sqrt{1+T^2\omega^2}} \sin(\omega t - \arctan \omega T) \tag{4.6}$$

$$u_i(t) = A\sin \omega t$$

比较输出信号 $u_o(t)$ 和输入信号 $u_i(t)$，二者幅值之比为

$$\left| \frac{u_o(t)}{u_i(t)} \right| = \frac{A/\sqrt{T^2\omega^2+1}}{A} = \frac{1}{\sqrt{T^2\omega^2+1}} \tag{4.7}$$

二者相位之差是

$$\psi = -\arctan \omega T - 0 = -\arctan \omega T \tag{4.8}$$

式（4.7）和式（4.8）分别是下式所示以频率 ω 为变量的复函数

$$\Phi(j\omega) = \frac{1}{1+j\omega T}$$

的幅值和相位，即系统输出信号可表示为

$$u_o(t) = A \cdot \left| \frac{1}{1+j\omega T} \right| \sin\left(\omega t + \angle \frac{1}{1+j\omega T}\right)$$

分析：系统的稳态输出的幅值是输入信号幅值的 $\left|\frac{1}{1+j\omega T}\right|$ 倍，相角比输入信号超前 $\angle 1/(1+j\omega T)$。

故复函数 $\Phi(j\omega) = \frac{1}{1+j\omega T}$ 完整地描述了系统在正弦输入信号作用下，稳态输出信号的幅值和相角随正弦输入信号频率 ω 变化的规律。

所以，复函数 $\Phi(j\omega) = \frac{1}{1+j\omega T}$ 为 RC 网络的频率特性。其中 $|\Phi(j\omega)| = \left|\frac{1}{1+j\omega T}\right|$ 为 RC 网络的幅频特性，表示系统在谐波信号作用下，输出信号幅值与输入信号幅值之比随频率变化的规律，$\varphi(\omega) = \angle 1/(1+j\omega T)$ 为 RC 网络的相频特性，表示系统在谐波信号作用下，输出信号与输入信号相位差随频率变化的规律。

从上述分析可以看到，RC 网络的频率特性与其传递函数之间有下列关系

$$\frac{1}{1+j\omega T} = \frac{1}{Ts+1}\bigg|_{s=j\omega}$$

即
$$\Phi(j\omega) = \Phi(s)\big|_{s=j\omega} \tag{4.9}$$

4.1.2 频率特性的解析表示方法

式（4.9）所示关系可以推广到任何线性定常控制系统，即将传递函数中自变量 s 换成

jω，就可以得到系统的频率特性，即

$$\Phi(j\omega) = \frac{b_0 s^m + b_1 s^{m-1} + \cdots + b_{m-1} s + b_m}{a_0 s^n + a_1 s^{n-1} + \cdots + a_{n-1} s + a_n}\bigg|_{s=j\omega}$$

$$= \frac{b_0 (j\omega)^m + b_1 (j\omega)^{m-1} + \cdots + b_{m-1} (j\omega) + b_m}{a_0 (j\omega)^n + a_1 (j\omega)^{n-1} + \cdots + a_{n-1} (j\omega) + a_n} \tag{4.10}$$

其中，$|\Phi(j\omega)|$ 称为系统的幅频特性，$\varphi(j\omega) = \angle \Phi(j\omega)$ 称为系统的相频特性，频率特性的实部即 $\text{Re}[\Phi(j\omega)]$ 称为系统的实频特性，虚部即 $\text{Im}[\Phi(j\omega)]$ 称为系统的虚频特性。如果系统开环传递函数为 $G(s)$，令 $s = j\omega$，则可得到系统的开环频率特性 $G(j\omega)$。而由系统闭环传递函数 $\Phi(s)$ 得到的如式（4.10）所示频率特性 $\Phi(j\omega)$ 为系统的闭环频率特性。

从以上分析可以看出，频率特性与传递函数、系统的微分方程、脉冲响应函数都可以表征系统的动态特性，是系统数学模型的一种形式，这是我们利用频率特性研究控制系统性能的理论根据。

4.1.3 频率特性的图形表示方法

工程上用频率特性分析系统时经常要用曲线图形来表示频率特性，并根据这些图形的特性进行系统特性的分析研究。工程上常用频率特性图有幅相频率特性图、对数坐标图、对数幅相图。

（1）幅相频率特性图。

因为频率特性 $G(j\omega)$ 为频率 ω 的复函数，可写成如式（4.11）的表示形式，即：

$$G(j\omega) = |G(j\omega)| e^{j\varphi(\omega)} \tag{4.11}$$

对于给定的 ω，可由式（4.11）计算出 $G(j\omega)$ 的幅值 $|G(j\omega)|$ 和相位角 $\varphi(\omega)$，用这两个数据可以在复平面（G 平面）上画出一个点，当 ω 从零变化到无穷大时，可画出一条以 $|G(j\omega)|$ 为幅值、$\varphi(\omega)$ 为相位角的极坐标图，即以 $\varphi(\omega)$ 为相角的向量 $G(j\omega)$ 矢端极坐标曲线，这条曲线就是幅相频率特性图。

频率特性也可以用下式表示

$$G(j\omega) = \text{Re}[G(j\omega)] + j\text{Im}[G(j\omega)] \tag{4.12}$$

给定一个频率 ω，分别得到一个实部值和一个虚部值，当 ω 从零变化到无穷大时，也可以在复平面上画出一条幅相频率特性曲线。

图 4.1 所示图形是式（4-7）、式（4-8）表示的 RC 网络的幅相频率特性曲线。

幅相频率特性图又称极坐标图或奈奎斯特图。

（2）对数频率特性曲线。

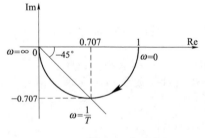

图 4.1

对图 4.2 所示 RC 网络的幅频特性和相频特性曲线以频率 ω 为变量的横坐标变换为以 $\lg\omega$ 为变量的对数坐标，即横坐标按下面方式分度：

当 $\lg\omega = 0$ 时，$\omega = 1$；$\lg\omega = 1$ 时，$\omega = 10$；$\lg\omega = 2$ 时，$\omega = 100$；$\lg\omega = 3$ 时，$\omega = 1\,000$。

这样，图 4.2 中的横坐标轴就变为如图 4.3 所示：

上述坐标轴的特点是 ω 每变化到下一格就成为前一个值的 10 倍，也就是横坐标轴增加一个单位长度时 ω 增加 10 倍。这样的频率关系的坐标轴称为 10 倍频程坐标轴。

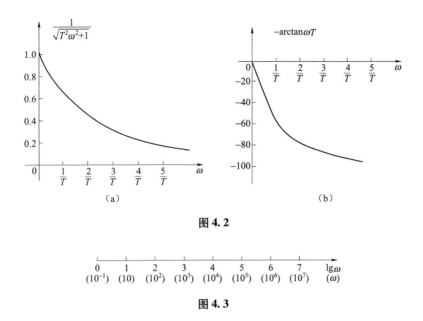

图 4.2

图 4.3

在横坐标轴确定后,再对纵坐标做如下变换:

令 $L(\omega) = 20\lg|G(\mathrm{j}\omega)|$ 为对数幅频特性的纵坐标。

令 $\varphi(\omega) = \arctan[G(\mathrm{j}\omega)] = \angle G(\mathrm{j}\omega)$ 为对数相频特性的纵坐标。这样,图 4.2 所对应的 RC 网络的对数幅频及相频特性曲线如图 4.4、图 4.5 所示。

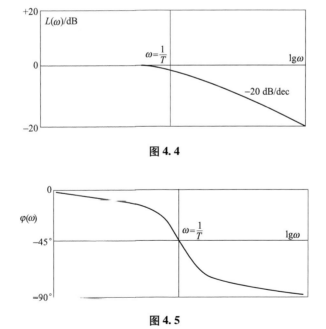

图 4.4

图 4.5

对数幅频及相频特性图又叫伯德图或对数坐标图。应该注意的是:对数幅频特性图的纵坐标是系统幅频特性取了对数以后的值,是量纲为 1 的值,通常用分贝值(dB)表示其大小。而对数相频特性曲线的纵坐标 $\varphi(\omega)$ 不取对数,仍然是角度值。

4.2 典型环节的频率特性

4.2.1 比例环节

比例环节传递函数

$$G(s) = K$$

频率特性

$$G(j\omega) = K \tag{4.13}$$

(1) 幅相频率特性图（如图 4.6）
幅频特性

$$|G(j\omega)| = K$$

相频特性

$$\varphi(\omega) = 0°$$

(2) 对数坐标图（如图 4.7）
对数幅频特性

$$L(\omega) = 20\lg|G(j\omega)| = 20\lg K$$

相频特性

$$\varphi(\omega) = 0°$$

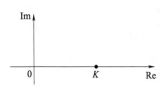

图 4.6

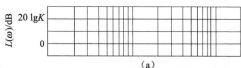
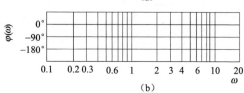

图 4.7

4.2.2 积分环节

传递函数

$$G(s) = \frac{1}{s}$$

频率特性

$$G(j\omega) = \frac{1}{j\omega} \tag{4.14}$$

(1) 幅相频率特性图
幅频特性

$$|G(j\omega)| = \frac{1}{\omega}$$

相频特性
$$\varphi(\omega) = -90°$$

幅相图如图 4.8 所示，幅相特性曲线从 0 逐渐变大时，矢端从虚轴负无穷移至坐标原点。

（2）对数坐标图（如图 4.9）

对数幅频特性 $\quad L(\omega) = 20\lg\dfrac{1}{\omega} = -20\lg\omega$

当 $\omega = 1$ 时，$L(\omega) = 0$。
当 $\omega = 10$ 时，$L(\omega) = -20$。
当 $\omega = 100$ 时，$L(\omega) = -40$。

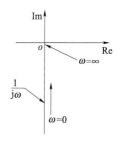

图 4.8

可见频率每增加 10 倍，即每增加一个 10 倍频程，对数幅频特性曲线就下降 20 dB。对数幅频特性曲线是一条通过 $\omega = 1$，斜率为 -20 dB/dec 的直线。也就是说

$$\frac{dL(\omega)}{d\lg\omega} = \frac{d(-20\lg\omega)}{d\lg\omega} = -20 \text{ (dB/dec)}$$

对数相频特性 $\quad\quad\quad \varphi(\omega) = -90°$

即对数相频特性曲线是一条 $\varphi(\omega) = -90°$ 的水平线。

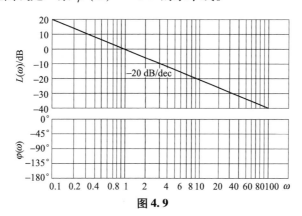

图 4.9

4.2.3 微分环节

传递函数
$$G(s) = s$$

频率特性
$$G(j\omega) = j\omega \quad\quad\quad (4.15)$$

（1）幅相频率特性图

幅频特性
$$|G(j\omega)| = \omega$$

相频特性

$$\varphi(\omega) = 90°$$

从图 4.10 可以看出,当 ω 从 0 变化到 $+\infty$ 时,$G(j\omega)$ 的矢端从原点沿正虚轴一直变化到 $+j\infty$。

(2) 对数坐标图

对数幅频特性
$$L(\omega) = 20\lg\omega$$

对数相频特性
$$\varphi(\omega) = 90°$$

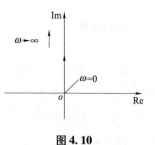

图 4.10

如图 4.11 所示,与积分环节对数幅频特性曲线相似,微分环节对数幅频特性曲线是一条通过 $\omega = 1$、斜率为 20 dB/dec 的直线。也就是说

$$\frac{dL(\omega)}{d\lg\omega} = \frac{d(20\lg\omega)}{d\lg\omega} = 20(dB/dec)$$

而对数相频特性曲线是一条 $\varphi(\omega) = 90°$ 的水平线。

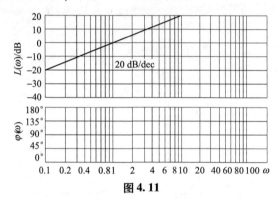

图 4.11

4.2.4 惯性环节

传递函数
$$G(s) = \frac{1}{Ts+1}$$

频率特性
$$G(j\omega) = \frac{1}{Tj\omega+1} \tag{4.16}$$

(1) 幅相频率特性图

因为
$$G(j\omega) = \frac{1}{j\omega T+1} = \frac{1-j\omega T}{\omega^2 T^2+1} = \frac{1}{\omega^2 T^2+1} - j\frac{\omega T}{\omega^2 T^2+1}$$

令
$$x = \frac{1}{(\omega T)^2+1}, \quad y = \frac{\omega T}{(\omega T)^2+1}$$

则
$$x^2 + y^2 = \frac{1+(\omega T)^2}{[(\omega T)^2+1]^2} = \frac{1}{(\omega T)^2+1} = x$$

$$\left[x^2 - 2 \cdot \frac{1}{2} \cdot x + \left(\frac{1}{2}\right)^2\right] + y^2 = \left(\frac{1}{2}\right)^2$$

$$\left(x - \frac{1}{2}\right)^2 + y^2 = \left(\frac{1}{2}\right)^2$$

可见当 ω 从零变化到 ∞ 时，$G(j\omega)$ 的矢端从 $|G(j\omega)| = 1$，$\varphi(\omega) = 0°$ 沿第Ⅳ象限的半圆移动。当 $\omega \rightarrow \infty$ 时，至坐标原点，如图 4.12 所示。

（2）对数坐标图

对数幅频特性为

$$L(\omega) = 20 \lg |G(j\omega)| = 20 \lg \frac{1}{\sqrt{(\omega T)^2 + 1}}$$

$$= -20 \lg \sqrt{(\omega T)^2 + 1}$$

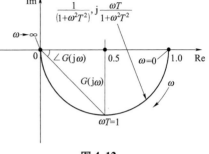

图 4.12

当 ω 从 $0 \rightarrow \infty$ 时，计算出相应的数值，即可画出对数幅频曲线。

工程上常采用更简便的画法：

1) 当 $\omega T \ll 1$，即 $\omega \ll \frac{1}{T}$ 时 $L(\omega) \approx 0$，也就是说，频率很低时，对数幅频曲线可用零分贝线近似表示，零分贝线是对数幅频特性曲线的低频渐近线。

2) 当 $\omega T \gg 1$，即 $\omega \gg \frac{1}{T}$ 时，$L(\omega) \approx -20 \lg \omega T$，也就是说，在高频段，对数幅频曲线近似为一条斜率为 -20 dB/dec，且与横轴交于点 $\omega = \frac{1}{T}$ 的直线。

交点处的频率 $\omega = \frac{1}{T}$ 叫惯性环节的交接频率。

惯性环节的对数坐标图如图 4.13。

用渐近线表示的对数幅频特性曲线与精确曲线比较，其误差如图 4.14，在交接频率处误差最大，即

$$\Delta L(\omega)|_{max} = \Delta L(\omega)|_{\omega = \frac{1}{T}} = 20 \lg \frac{1}{\sqrt{\left(\frac{1}{T} \cdot T\right)^2 + 1}} = -20 \lg \sqrt{2} \approx -3 \text{ (dB)}$$

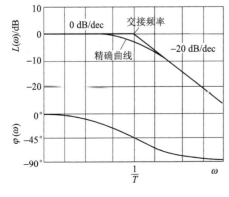

图 4.13

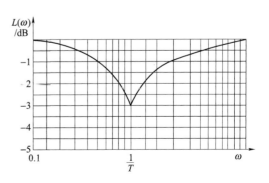

图 4.14

4.2.5 一阶微分环节

传递函数
$$G(s) = Ts + 1$$

频率特性
$$G(j\omega) = Tj\omega + 1 \tag{4.17}$$

（1）幅相频率特性图

幅频特性
$$|G(j\omega)| = |j\omega T + 1| = \sqrt{(\omega T)^2 + 1}$$

相频特性
$$\varphi(\omega) = \arctan \omega T$$

幅相频率曲线见图 4.15 所示。

（2）对数坐标图

对数幅频特性
$$L(\omega) = 20\lg\sqrt{(\omega T)^2 + 1}$$

对数相频特性
$$\varphi(\omega) = \arctan \omega T$$

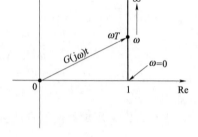

图 4.15

如图 4.16 所示，一阶微分环节的对数幅频特性曲线与惯性环节相类似，即在低频率段可用零分线近似表示，零分贝线是对数幅频特性曲线的低频渐近线。但在高频段，对数幅频曲线近似的为一条斜率为 20 dB/dec 且与横轴交于点 $\omega = \dfrac{1}{T}$ 的直线。

交点处的频率 $\omega = \dfrac{1}{T}$，叫一阶微分环节的交接频率。

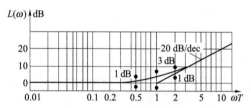

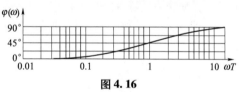

图 4.16

4.2.6 振荡环节

传递函数
$$G(s) = \dfrac{1}{\dfrac{s^2}{\omega_n^2} + 2\xi\dfrac{s}{\omega_n} + 1} \quad (0 \leqslant \xi \leqslant 1)$$

频率特性
$$G(j\omega) = \dfrac{1}{\dfrac{(j\omega)^2}{\omega_n^2} + 2\xi\dfrac{j\omega}{\omega_n} + 1}$$

$$= \frac{1}{(1-\lambda^2) + j2\xi\lambda} \quad (4.18)$$

其中 $\lambda = \omega/\omega_n$。

(1) 幅相频率特性图

幅频特性

$$|G(j\omega)| = \frac{1}{\sqrt{(1-\lambda^2)^2 + (2\xi\lambda)^2}} \quad (4.19)$$

相频特性

$$\varphi(\omega) = -\arctan\frac{2\xi\lambda}{1-\lambda^2} \quad (4.20)$$

根据式 (4.19) 和式 (4.20),当 $\lambda \to 0$ 即 $\omega \to 0$ 时,幅值 $|G(j\omega)| \to 1$、相角 $\varphi(\omega) \to 0$;当 $\lambda \to \infty$ 即 $\omega \to \infty$ 时,幅值 $|G(j\omega)| \to 0$、相角 $\varphi(\omega) \to -180°$;当 $\lambda = 1$ 即 $\omega = \omega_n$ 时,幅值 $|G(j\omega)|_{\omega=\omega_n} = \frac{1}{2\xi}$、相角 $\varphi(\omega) = -90°$,也就是说,此时曲线与负虚轴相交于 $-\frac{1}{2\xi}$ 处,阻尼比 ξ 越小,交点越远离原点。振荡环节幅相频率特性图如图 4.17。

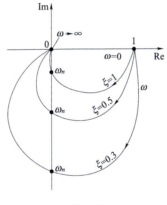

图 4.17

(2) 对数坐标图

对数幅频特性

$$L(\omega) = 20\lg\frac{1}{\sqrt{(1-\lambda^2)^2 + (2\xi\lambda)^2}}$$

$$= -20\lg\sqrt{(1-\lambda^2)^2 + (2\xi\lambda)^2} \quad (4.21)$$

对数相频特性

$$\varphi(\omega) = -\arctan\frac{2\xi\lambda}{1-\lambda^2} \quad (4.22)$$

根据式 (4.21) 和式 (4.22),当 $\lambda \ll 1$,即 $\omega \ll \omega_n$ 时,$L(\omega) \approx -20\lg 1 = 0(\mathrm{dB})$。

1) 当 $\lambda \to 0$,即 $\omega \to 0$ 时,$L(\omega) \to 0(\mathrm{dB})$、$\varphi(\omega) \to 0$;也就是说,频率很低时,对数幅频曲线可用零分贝线近似表示,零分贝线是对数幅频特性曲线的低频渐近线。

2) 当 $\lambda \to \infty$,即 $\omega \to \infty$ 时,$L(\omega) \approx -40\lg\omega T$;也就是说,在高频段,对数幅频曲线近似为一条斜率为 $-40\ \mathrm{dB/dec}$ 且与横轴交于 $\omega = \omega_n$ 点的直线。对数坐标图见图 4.18。

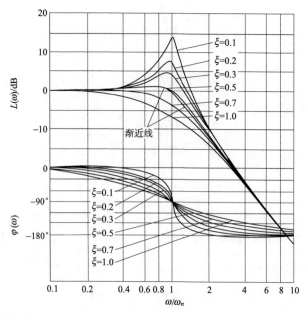

图 4.18

3)两条渐近线交点处的频率 $\omega = \omega_n$ 是振荡环节的交接频率。当 $\omega = \omega_n$ 时,$L(\omega) = -20\lg 2\xi$,当 ξ 很小时,用渐近线代替准确曲线将会产生很大误差,其误差表达式如下

$$\begin{cases} \Delta L(\omega) = -20\lg\sqrt{(1-\lambda^2)^2+(2\xi\lambda)^2}, & \omega < \omega_n \\ \Delta L(\omega) = -20\lg\sqrt{(1-\lambda^2)^2+(2\xi\lambda)^2}+20\lg\lambda^2, & \omega > \omega_n \end{cases}$$

当 $\lambda = 1$ 时,$\Delta L(\omega) = -20\lg 2\xi$。

根据上式可绘制出误差曲线如图 4.19,具体修正数值见表 4.1。

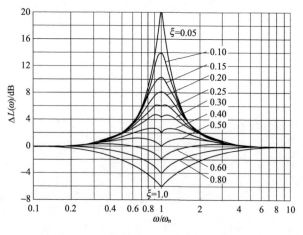

图 4.19

根据式(4.22)交接频率处的相角为 $-90°$,相频曲线在该点有一个拐点。

表 4.1 振荡环节幅频伯德图修正量

ξ \ ωT	0.1	0.2	0.4	0.6	0.8	1	1.25	1.66	2.5	5	10
0.1	0.086	0.348	1.48	3.728	8.094	13.98	8.094	3.728	1.48	0.348	0.086
0.2	0.08	0.325	1.36	3.305	6.345	7.96	6.345	3.305	1.36	0.325	0.08
0.3	0.071	0.292	1.179	2.681	4.439	4.439	4.439	2.681	1.179	0.292	0.071
0.5	0.044	0.17	0.627	1.137	1.137	0.00	1.137	1.137	0.627	0.17	0.044
0.7	0.001	0.00	-0.08	-0.472	-1.41	-2.92	-1.41	-0.472	-0.08	0.00	0.001
1	-0.086	-0.34	-1.29	-2.76	-4.296	-6.20	-4.296	-2.76	-1.29	-0.34	-0.086

工程上，当 $0.4 < \xi < 0.7$，可用渐近线代替实际曲线，否则须使用上述误差曲线修正用渐近线表示的对数幅频曲线。

4.3 开环频率特性

4.3.1 准确开环幅相频率特性曲线的绘制

准确的开环幅相频率特性曲线可根据系统的开环幅频特性和相频特性表达式进行绘制。

例 4.2 已知一系统的开环传递函数为

$$G(s) = \frac{1}{(3s+1)(4s+1)(5s+1)}$$

试绘制其开环幅相频率特性曲线。

解：系统的频率特性为

$$G(j\omega) = \frac{1}{(j3\omega+1)(j4\omega+1)(j5\omega+1)}$$

开环幅频特性和相频特性分别为

$$|G(j\omega)| = \frac{1}{\sqrt{(3\omega)^2+1}\sqrt{(4\omega)^2+1}\sqrt{(5\omega)^2+1}}$$

$$\arg[G(j\omega)] = -\arctan 3\omega - \arctan 4\omega - \arctan 5\omega$$

表 4.2 给出了 $|G(j\omega)|$ 和 $\arg[G(j\omega)]$ 的计算数据。根据表中数据可以绘制出准确的开环幅频特性曲线。

表 4.2 $|G(j\omega)|$ 和 $\arg[G(j\omega)]$ 的计算数据

ω	$|G(j\omega)|$	$\arg[G(j\omega)]$
0	1	0°
0.01	0.998	-6.78°
0.03	0.978	-20.52°
0.05	0.950	-33.88°

续表

ω	$\|G(j\omega)\|$	$\arg\|G(j\omega)\|$
0.075	0.874	-49.94°
0.10	0.795	-65.04°
0.15	0.626	-92.06°
0.20	0.473	-114.62°
0.25	0.353	-133.21°
0.30	0.271	-148.49°
0.40	0.152	-171.62°
0.50	0.092	-187.94°
⋮	⋮	⋮
∞	0	-270°

4.3.2 概略幅相曲线的绘制

在一般情况下，不需要画出准确的幅相频率特性曲线，绘制概略开环幅相曲线即可。但概略曲线应保持准确曲线的重要特性，并且在要研究的点附近有足够的准确性。概略曲线可根据开环幅相曲线的特点绘制，下面首先介绍开环幅相曲线的特点，然后举例说明概略曲线的绘制方法。

设系统开环传递函数一般形式为

$$G(s)H(s) = \frac{K\prod_{i=1}^{m}(\tau_i s + 1)}{s^v \prod_{k=1}^{n-v}(T_k s + 1)}$$

则系统开环频率特性的一般形式为

$$G(j\omega)H(j\omega) = \frac{K\prod_{i=1}^{m}(j\omega\tau_i + 1)}{(j\omega)^v \prod_{k=1}^{n-v}(j\omega T_k + 1)}$$

1) 低频段：当 $\omega \to 0$ 时，有

$$G(j\omega)H(j\omega) \approx \frac{K}{(j\omega)^v}$$

所以 0 型系统的开环幅相曲线的起点由比例环节 K 决定，即起于实轴上的 $(K, j0)$ 点，Ⅰ型系统起始点为 $\omega \to 0$ 时，$\varphi(j0) = -90°$，幅值为 ∞。

Ⅱ型系统始于相角为 $-180°$ 的无穷远处。

2) 高频段：当 $\omega \to \infty$ 时，有

$$G(j\omega)H(j\omega) \approx \frac{K\tau_1 \tau_2 \cdots}{T_1 T_2 \cdots (j\omega)^{(n-m)}}$$

当 $n > m$ 时,有
$$|G(\mathrm{j}\infty)H(\mathrm{j}\infty)| = 0, \quad G(\mathrm{j}\infty)H(\mathrm{j}\infty) = (m-n)90°$$

一般来说,系统分母的阶次大于分子的阶次,故大多数系统的开环幅相曲线终于坐标原点。当 $n = m$ 时,有
$$|G(\mathrm{j}\infty)H(\mathrm{j}\infty)| \approx \frac{K\tau_1\tau_2\cdots}{T_1T_2\cdots}$$

此时,系统开环幅相频率特性曲线终于实轴上的一点。

3) 零点和极点对开环幅相频率特性曲线的影响:若式中 $\tau_i = 0$ ($i = 1, 2, \cdots, m$) 即系统无零点,而只有极点时,开环幅相曲线的相位连续减小,曲线上无凹凸;若系统有零点时,由于零点相位超前,曲线可能出现凹凸。

4) I 型系统的开环幅相曲线在低频段的渐近线是平行于虚轴的直线,其坐标为
$$V_q = \lim_{\omega \to \infty} \mathrm{Re}[G(\mathrm{j}\omega)]$$

5) 开环幅相曲线与负实轴相交处的频率 ω_{y1} 可利用关系式 $\mathrm{Im}[G(\mathrm{j}\omega)] = 0$ 求出。开环幅相曲线与负虚轴交点处的频率 ω_{y2} 可利用关系式 $\mathrm{Re}[G(\mathrm{j}\omega)] = 0$ 求出。

例 4.3 已知单位反馈控制系统的开环传递函数为
$$G(s) = \frac{K}{s(T_1 s + 1)(T_2 s + 1)}$$

试绘制其概略幅相曲线。

解: ① 系统的开环频率特性为
$$G(\mathrm{j}\omega) = \frac{K}{\mathrm{j}\omega(T_1\mathrm{j}\omega + 1)(T_2\mathrm{j}\omega + 1)}$$

开环幅频特性和相频特性分别为
$$|G(\mathrm{j}\omega)| = \frac{K}{\omega\sqrt{(T_1\omega)^2 + 1}\sqrt{(T_2\omega)^2 + 1}}$$
$$\arg[G(\mathrm{j}\omega)] = -90° - \arctan\omega T_1 - \arctan\omega T_2$$

② 该系统为 I 型系统,$\omega \to 0$ 时,开环幅相曲线起点的幅值为 $|G(\mathrm{j}0)| = \infty$,相位为 $\arctan G(\mathrm{j}0) = -90°$。

低频渐近线坐标 V_q 为
$$\begin{aligned}
V_q &= \lim_{\omega \to 0} \mathrm{Re}[G(\mathrm{j}\omega)] \\
&= \lim_{\omega \to 0} \mathrm{Re}\left[\frac{K}{\mathrm{j}\omega(\mathrm{j}\omega T_1 + 1)(\mathrm{j}\omega T_2 + 1)}\right] \\
&= \lim_{\omega \to 0} \mathrm{Re}\left[\frac{-K(T_1 + T_2) - \mathrm{j}\left(\dfrac{K}{\omega}\right)(1 - T_1 T_2 \omega^2)}{1 + (T_1^2 + T_2^2)\omega^2 + T_1^2 T_2^2 \omega^4}\right] \\
&= -K(T_1 + T_2)
\end{aligned}$$

③ $\omega \to \infty$ 时,开环幅相曲线终点的幅值为 $|G(\mathrm{j}\infty)| = 0$,相位为
$$\arg[G(\mathrm{j}\omega)] = (m - n)90° = (0 - 3)90° = -270°$$

开环幅相曲线与正虚轴相切于坐标原点。

④ 令 $\mathrm{Im}[G(\mathrm{j}\omega)] = 0$,可求出开环幅相曲线与负实轴点处的频率为

$$\omega_\lambda = \frac{1}{\sqrt{T_1 T_2}}$$

将上式代入 $\text{Re}[G(j\omega)]$ 可求出开环幅相曲线与负实轴交点的坐标为 $(-|G(j\omega)|, 0)$，其中：

$$|G(j\omega)| = \frac{KT_1 T_2}{T_1 + T_2}$$

由上式可画出系统概略开环幅相曲线，如图 4.20 所示。

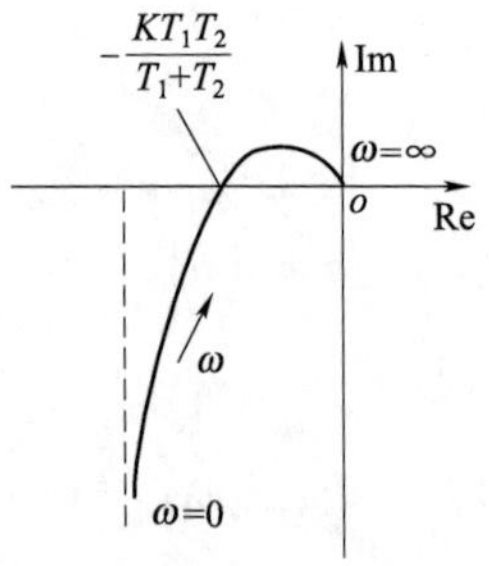

图 4.20

4.3.3 开环对数坐标图

设系统开环传递函数由 n 个典型环节串联而成，即

$$G(s)H(s) = \prod_{i=1}^{n} G_i(s)$$

开环频率特性为

$$G(j\omega)H(j\omega) = \prod_{i=1}^{n} G_i(j\omega)$$

由于每个典型环节可表示为

$$G_i(j\omega) = |G_i(j\omega)| e^{j\angle G_i(j\omega)}$$

则系统开环频率特性可表示为

$$G(j\omega)H(j\omega) = \prod_{i=1}^{n} G_i(j\omega) = \prod_{i=1}^{n} |G_i(j\omega)| \cdot e^{\sum_{i=1}^{n} j\angle G_i(j\omega)}$$

则开环对数幅频特性和相频特性可分别写成以下的公式

$$L(\omega) = 20 \lg |G(j\omega)H(j\omega)| = \sum_{i=1}^{n} 20 \lg |G_i(j\omega)|$$

$$\varphi(\omega) = \sum_{i=1}^{n} G_i(j\omega) = \sum_{i=1}^{n} \varphi_i(\omega)$$

上式表明：若系统开环传递函数由 n 个典型环节串联构成，其对数幅频特性曲线和对数相频特性曲线可由各典型环节特性曲线叠加而得。

例 4.4 已知系统的开环传递函数为：

$$G(s)H(s) = \frac{10}{s(0.1s+1)}$$

试画出对应的对数坐标图。

解：系统由下面三个环节组成：

比例环节：$G_1(s) = 10$

积分环节：$G_2(s) = \dfrac{1}{s}$

惯性环节：$G_3(s) = \dfrac{1}{0.1s+1}$

交接频率：$\omega = \dfrac{1}{T} = 10$

分别作各典型环节对数频率特性曲线，如图 4.21 所示。

图中 L_1、L_2、L_3 分别为比例环节、积分环节和惯性环节的对数幅频特性曲线；φ_1，φ_2，φ_3 分别为比例环节、积分环节和惯性环节的对数相频特性曲线。

将各典型环节对数幅频特性曲线在同一频率下的纵坐标进行代数相加，则可得系统开环对数幅频特性曲线，见图4.21中的 $L(\omega)$。将各典型环节的对数相频特性曲线在同一频率下的纵坐标进行代数相加，得系统开环对数相频特性曲线，见图4.21中的 $\varphi(\omega)$。

绘制系统开环对数幅频特性曲线

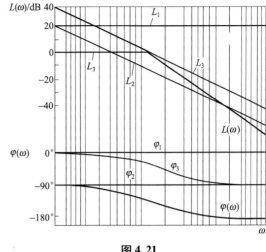

图 4.21

一般不用上述方法，而是根据开环对数幅频特性曲线的特点由开环传递函数直接绘制。下面首先介绍开环对数幅频特性曲线的特点，然后举例说明绘制方法。

由图4.21可以看出，开环对数幅频特性曲线有如下特点：① 对数幅频特性曲线在最低频段的斜率为 $-20 \times v \mathrm{dB/dec}$，其中 v 为积分环节的个数。② 在 $\omega = 1$ 时，对数幅频特性曲线或其最低频段延长线的高度等于 $20 \lg K$；③ 在典型环节的交接频率处，对数幅频特性曲线斜率发生变化。如图4.21中，在惯性环节的交接频率 $\omega = 10$ 处，特性曲线斜率由 $-20 \mathrm{~dB/dec}$ 变为 $-40 \mathrm{~dB/dec}$。

例 4.5 系统的开环传递函数为：

$$G(s)H(s) = \frac{50(s+1)}{s(5s+1)(s^2+s+25)}$$

试绘制其开环对数幅频特性曲线。

解：① 将 $G(s)H(s)$ 变成典型环节串联形式，即：

$$G(s)H(s) = \frac{2(s+1)}{s(5s+1)\left(\dfrac{s^2}{25} + \dfrac{0.2s}{5} + 1\right)}$$

② 定坐标轴比例尺：横轴按最小交接频率 0.2 和最大交接频率 5 选取范围：0.1~100；纵轴取 +20~60 即可。

③ 计算比例环节 K 的对数幅频特性，即：

$$20 \lg K = 20 \lg 2 = 6.02 \mathrm{~dB}$$

④ 在横轴上标出各典型环节的交接频率，即：惯性环节 $\omega_1 = 0.2$，一阶微分环节 $\omega_2 = 1$，振荡环节 $\omega_3 = 5$。

在 $\omega = 1$ 处，找到纵坐标等于 $20 \lg K = 6.02 \mathrm{~dB}$ 的点，过该点作斜率为 $-20 \mathrm{~dB/dec}$ 的直线。

⑤ 在各交接频率处依次改变斜率画出开环对数幅频特性曲线的渐近线。在 $\omega = 0.2$ 处，曲线斜率由 $-20 \mathrm{~dB/dec}$ 变为 $-40 \mathrm{~dB/dec}$，在 $\omega = 1$ 处，曲线斜率由 $-40 \mathrm{~dB/dec}$ 变为 $-20 \mathrm{~dB/dec}$，在 $\omega = 5$ 处曲线斜率由 $-20 \mathrm{~dB/dec}$ 变为 $-60 \mathrm{~dB/dec}$。

⑥ 本例荡环节阻尼比较小，必须对渐近特性曲线进行修正，修正后的对数幅频特性曲线如图4.22中粗实线所示。

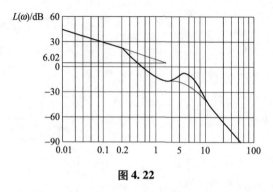

图 4.22

4.4 最小和非最小相位系统

4.4.1 最小相位传递函数

在右半复平面没有零点和极点的传递函数称为最小相位传递函数，对应的系统称为最小相位系统。反之，在右半复平面上有零点或极点的传递函数，称为非最小相位传递函数，对应的系统称为非最小相位系统。

在稳定的系统中，如果幅频特性相同，对于任意给定频率，最小相位系统的相位滞后是最小的。

例 4.6 已知两系统的传递函数分别为：

$$G_1(s) = \frac{T_1 s + 1}{T_2 s + 1}, \quad G_2(s) = \frac{-T_1 s + 1}{T_2 s + 1}$$

式中零点、极点分布图如图4.23所示。试比较两系统的相位滞后情况。

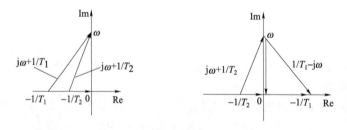

图 4.23

解：由最小相位系统定义知，系统1为最小相位系统，系统2为非最小相位系统。两系统的频率特性分别为：

$$G_1(j\omega) = \frac{j\omega T_1 + 1}{j\omega T_2 + 1}, \quad G_2(j\omega) = \frac{-j\omega T_1 + 1}{j\omega T_2 + 1}$$

显然，两系统的对数幅频特性相同，即：

$$20\lg|G_1(j\omega)| = 20\lg|G_2(j\omega)| = 20\lg\sqrt{\frac{(\omega T_1)^2+1}{(\omega T_2)^2+1}}$$

两系统的对数相频特性分别为：

$$\varphi_1(\omega) = \arctan\omega T_1 - \arctan\omega T_2$$
$$\varphi_2(\omega) = -\arctan\omega T_1 - \arctan\omega T_2$$

对数相频特性曲线如图 4.24 所示。

由图 4.24 可见，最小相位系统 1 的相位滞后在任何频率下，均小于非最小相位系统 2 的相位滞后，即：$\varphi_1(\omega) > \varphi_2(\omega)$。

例 4.7 已知两系统传递函数分别为：

$$G_1(s) = \frac{1}{Ts+1}, G_2(s) = \frac{e^{-s\tau}}{Ts+1}$$

试比较两系统的相位滞后情况。

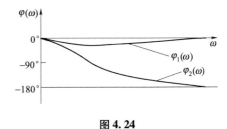

图 4.24

解：系统 1 为最小相位系统。系统 2 是非最小相位系统。两系统的频率特性分别为：

$$G_1(j\omega) = \frac{1}{Tj\omega+1}, \quad G_2(j\omega) = \frac{e^{-j\omega\tau}}{Tj\omega+1}$$

显然，两系统的对数幅频特性相同，即：

$$20\lg|G_1(j\omega)| = 20\lg|G_2(j\omega)| = -20\lg\sqrt{(\omega T)^2+1}$$

因为 $e^{-j\omega\tau}$ 可表示为 $\cos\omega\tau - j\sin\omega\tau$，所以幅值为 1，相角 $-\omega\tau$。

对数相频特性分别为：

$$\varphi_1(\omega) = -\arctan\omega T, \quad \varphi_2(\omega) = -\omega\tau - \arctan\omega T$$

对数频率特性如图 4.25 所示。由图可见，最小相位系统 1 相位滞后小。

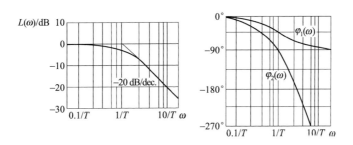

图 4.25

4.4.2 对数幅频特性和对数相频特性的关系

最小相位系数的对数相频特性与对数幅频特性具有一一对应关系，即对于给定的幅频特性只有唯一的相频特性与之对应。而非最小相位系统，对于给定的幅频特性，与之对应的相频特性却不是唯一的。因此，对于最小相位系统，只要知道其对数幅频特性曲线，就要写出其传递函数，而非最小相位系统则必须在对数幅频特性和对数相频特性曲线都已知时，才能写出其传递函数。

例 4.8 最小相位系统的对数幅渐近特性曲线如图 4.26 所示,试确定其传递函数。

解:由图 4.26 可直接写出系统的传递函数为

$$G(s) = \frac{K\left(\dfrac{s}{0.1}+1\right)}{s(s+1)\left(\dfrac{s}{4}+1\right)}$$

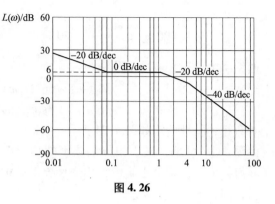

图 4.26

由图查得

$$20\lg\left|\frac{K}{j0.1}\right| = 6, \quad 20\lg\frac{K}{0.1} = 6$$

所以 $K = 0.2$。

于是得系统的传递函数为

$$G(s) = \frac{0.2\left(\dfrac{s}{0.1}+1\right)}{s(s+1)\left(\dfrac{s}{4}+1\right)}$$

对于最小相位系统,其相位为 $-90°(n-m)$,其对数幅频特性曲线的斜率为 $-20(n-m)$ dB/dec,其中 m、n 分别为传递函数分子分母多项式的最高阶次($n > m$),而对于非最小相位系统,相位不等于 $-90°(n-m)$。

4.5 奈魁斯特稳定判据

4.5.1 幅角原理

设闭环系统的开环传递函数可表示为

$$G(s)H(s) = \frac{M_1(s)}{N_1(s)} \cdot \frac{M_2(s)}{N_2(s)} = \frac{M(s)}{N(s)} \tag{4.23}$$

式中 $M_1(s)$——前向通路传递函数分子关于 s 的多项式;
　　　$N_1(s)$——前向通路传递函数分母关于 s 的多项式;
　　　$M_2(s)$——反馈通路传递函数分子关于 s 的多项式;
　　　$N_2(s)$——反馈通路传递函数分母关于 s 的多项式;
　　　$M(s)$——系统开环传递函数分子关于 s 的多项式;
　　　$N(s)$——系统开环传递函数分母关于 s 的多项式。

则系统闭环传递函数可表示为

$$\Phi(s) = \frac{G(s)}{1+G(s)H(s)} = \frac{\dfrac{M_1(s)}{N_1(s)}}{1+\dfrac{M_1(s)}{N_1(s)} \cdot \dfrac{M_2(s)}{N_2(s)}}$$

$$= \frac{M_1(s)N_2(s)}{M_1(s)M_2(s) + N_1(s)N_2(s)} = \frac{M_1(s)N_2(s)}{M(s) + N(s)} \tag{4.24}$$

由式 (4.23)、式 (4.24) 可得闭环传递函数的分母可表示为

$$F(s) = 1 + G(s)H(s) = 1 + \frac{M(s)}{N(s)} = \frac{M(s) + N(s)}{N(s)} \tag{4.25}$$

在实际系统中，开环传递函数分母 $N(s)$ 的阶次 n 大于或等于其分子 $M(s)$ 的阶次 m，因而 $F(s)$ 的分子和分母的阶次均等于 n。这样可以把 $F(s)$ 写成下面因子相乘积的形式

$$F(s) = \frac{K\prod_{i=1}^{m}(s-z_i)}{\prod_{j=1}^{n}(s-p_j)} \tag{4.26}$$

式中 K 为常数。

比较式 (4.23)、式 (4.24) 和式 (4.25) 可以看出，$F(s)$ 的零点 z_i 为闭环传递函数 $\Phi(s)$ 的极点，$F(s)$ 的极点 p_j 为开环传递函数 $G(s)H(s)$ 的极点。由第 3 章时域分析知道，闭环系统稳定的充分必要条件是 $\Phi(s)$ 的全部极点均位于 s 平面的左半部。因此，闭环系统的稳定性仅由 $F(s)$ 的零点 z_i 在 s 平面的位置所决定。所以，只要确定 $F(s)$ 的零点在右半 s 平面的数目就可以判定系统闭环传递函数极点在复平面上的位置，从而可以判定系统是否稳定以及不稳定的原因。下面讲述的复变函数中的幅角原理就可以得出判别闭环系统稳定性的奈氏判据。

把式 (4.26) 两端写成模和幅角的指数形式，即

$$|F(s)| e^{j\arg F(s)} = F(s) = \frac{K\prod_{i=1}^{m}|(s-z_i)| e^{i\arg(s-z_i)}}{\prod_{j=1}^{n}|(s-p_j)| e^{j\arg(s-p_j)}} \tag{4.27}$$

令 $F(s)$ 的幅角为 $\varphi_F(s)$，$(s-z_i)$ 的幅角为 $\varphi_{zi}(s)$，$(s-p_j)$ 的幅角为 $\varphi_{pj}(s)$，则有

$$\varphi_F(s) = \sum_{i=1}^{m}\varphi_{zi}(s) - \sum_{j=1}^{n}\varphi_{pj}(s) \tag{4.28}$$

s 是复变量，$F(s)$ 是复变函数，它们分别可用复平面上的矢量来表示，如图 4.27（a）、(b) 所示。在图 4.27（a）中的复平面用于表示复变量，所以又称为 s 平面。其中，s 表示为矢量 $\overrightarrow{OA}$，$s-z_i$ 和 $s-p_j$ 分别为由 z_i 和 p_j 指向 A 点的矢量 $s-\overrightarrow{z_i}$ 和 $s-\overrightarrow{p_j}$ 表示。图 4.27（b）用于表示相应的复变函数 $F(s)$，又称为 F 面，复变函数 $F(s)$ 可用矢量 $\overrightarrow{OA'}$ 表示。

在 s 平面上过 A 点取某闭合路径 C_s，若在 C_s 上不含有 $F(s)$ 的零点 z_i 和极点 p_j（i、j = 1，2，$\cdots$，n），并对于所有 C_s 上的 s 值，$F(s)$ 为单值有理函数，那么当 s 沿 C_s 顺时针移动一周时，矢量 $s-\overrightarrow{z_i}$ 和 $s-\overrightarrow{p_j}$ 的幅角分别发生变化，用 $\Delta\varphi_{z_i}(s)$ 和 $\Delta\varphi_{p_j}(s)$ 表示其增量，则在图 4.27（b）所示的 F 平面上表示 $F(s)$ 的矢量 $\overrightarrow{OA'}$ 幅角也相应变化，并形成一闭合路径 C_F。矢量 $\overrightarrow{OA'}$ 幅角的增量 $\Delta\varphi_F(s)$ 可表示为

$$\Delta\varphi_F(s) = \sum_{i=1}^{m}\Delta\varphi_{z_i}(s) - \sum_{j=1}^{n}\Delta\varphi_{p_j}(s) \tag{4.29}$$

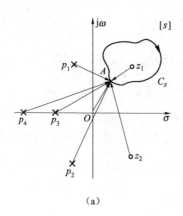
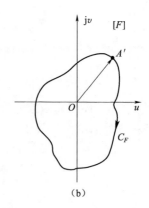

图 4.27

对于图 4.27（a）而言，z_1 在 C_s 之内，而 $F(s)$ 的其余零点和全部极点均在 C_s 之外。若规定矢量逆时针旋转角度为正时，则有

$$\Delta\varphi_{z_i}(s) = -2\pi$$

当 $i \neq 1$ 时，

$$\Delta\varphi_{z_i}(s) = 0$$

对于所有的 j 值，

$$\Delta\varphi_{z_j}(s) = 0$$

把上面结果代入式（4.29），得

$$\Delta\varphi_F(s) = \sum_{i=1}^{m}\Delta\varphi_{z_i}(s) - \sum_{j=1}^{n}\Delta\varphi_{p_j}(s) = -2\pi \qquad (4.30)$$

所以，图 4.27(b) 的 C_F 曲线围绕坐标原点顺时针旋转一周。同理，如图 4.28 所示，若 $F(s)$ 的任一极点或零点在 C_s 之内，而其余极点和全部零点均在 C_s 之外。当 s 沿 C_s 顺时针移动一周时，则式（4.30）均成立。

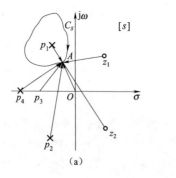
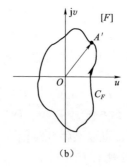

图 4.28

一般情况，若在 C_s 内含有 $F(s)$ 的 Z 个零点和 P 个极点，当 s 沿 C_s 顺时针移动一周时，则有

$$\sum_{i=1}^{m}\Delta\varphi_{z_i} = Z(-2\pi) \qquad (4.31)$$

$$\sum_{j=1}^{n} \Delta\varphi_{p_j} = P(-2\pi) \tag{4.32}$$

把上面结果代入式（4.30），得

$$\Delta\varphi_F(s) = \sum_{i=1}^{m} \Delta\varphi_{z_i}(s) - \sum_{j=1}^{n} \Delta\varphi_{p_j}(s) = (P-Z)2\pi \tag{4.33}$$

式（4.33）给出了一般情况在闭合路径 C_s 内包含函数 $F(s)$ 的零、极点数目和当 s 沿 C_s 路径顺时针移动一周时 $F(s)$ 的幅角增量之间的关系，这个关系式称为幅角原理。

根据幅角原理不难看出，当 s 沿 C_s 路径顺时针移动一周时，如果由 $F(s)$ 在 F 平面上画出的曲线 C_f （如图 4.29（a））的曲线顺时针包围坐标原点 2 周，即 $\Delta\varphi_F(s) = 2(-2\pi)$，则在 s 平面的 C_s 之内应包含 2 个 $F(s)$ 的零点或包含 $F(s)$ 的零点 Z_i 的数目比包含 $F(s)$ 的极点 P_j 的数目多 2；如果 C_f 曲线逆时针包围坐标原点 2 周

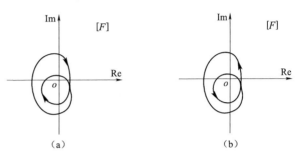

图 4.29

（如图 4.29（b）），即 $\Delta\varphi_F(s) = 2(2\pi)$，则在 s 平面的 C_s 之内应包含 2 个 $F(s)$ 的极点或包含 $F(s)$ 的极点 P_j 的数目比包含 $F(s)$ 的零点 Z_i 的数目多 2；当 C_f 曲线没有包围坐标原点，即当 s 沿 C_s 路径顺时针移动一周时，$\Delta\varphi_F(s) = 0$，则在 s 平面的 C_s 之内没有 $F(s)$ 的零点和极点，或包含 $F(s)$ 的零点 Z_i 和极点 P_j 的数目相等。

4.5.2 奈奎斯特稳定判据

根据闭环系统稳定的充要条件，要判定系统的稳定性就需要确定闭环传递函数的右半 s 平面的极点数，也就是确定函数 $F(s)$ 右半 s 平面中的零点数。

为了应用幅角原理确定右半 s 平面中 $F(s)$ 的零点数，现将曲线 C_s 包围的范围扩大到整个右半 s 平面，即曲线 C_s 为由图 4.30 所示的虚轴和半径 $R \rightarrow \infty$ 的半圆组成。这时所确定的曲线 C_s 称为奈奎斯特路径，简称奈氏路径，而在 F 平面上相应的路径 C_f 称为奈奎斯特曲线，简称奈氏曲线。若在此 C_s 之内有 $F(s)$ 的 Z 个零点和 P 个极点，并且当 s 沿 C_s 顺时针移动一周时，$F(s)$ 沿 C_f 曲线逆时针围绕坐标原点旋转 N 周，即 $\Delta\varphi_F(s) = N \cdot 2\pi$，则由式（4.33）可得

$$N \cdot 2\pi = (P-Z)2\pi$$

所以，有

$$N = P - Z$$

或

$$Z = P - N \tag{4.34}$$

式（4.34）表明，系统闭环传递函数在右半 s 平面的极点数等于系统开环传递函数在右半 s 平面的极点数 P 与奈奎斯特曲线在 $F(s)$ 平面上围绕坐标原点逆时针旋转的圈数 N 之差。

图 4.30 所示的曲线 C_s 可分成两部分：第一部分为虚轴部分，即 $s = j\omega$，ω 由 $-\infty \rightarrow 0 \rightarrow \infty$ 变化；第二部分为取半径 $P \rightarrow \infty$ 的半圆。当 s 沿 C_s 的第一部分变化时，$F(s) = F(j\omega) =$

$1 + G(\mathrm{j}\omega)H(\mathrm{j}\omega)$；当 s 沿 C_s 的第二部分变化时，$|s| \to \infty$。对于 $n > m$ 的情况，当 $|s| \to \infty$ 时，$|G(s)H(s)| \to 0$，$F(s) = 1 + G(s)H(s) = 1$；对于 $n = m$ 的情况，当 $|s| \to \infty$ 时，$G(s)H(s) = b_m/a_n$，$F(s) = 1 + G(s)H(s) = 1 + b_m/a_n$，$a_n$ 和 b_m 分别为 $G(s)H(s)$ 分母和分子 s 最高次方的系数。对于这两种情况，$F(s)$ 均变成 F 平面实轴正半轴上的一个点，$\Delta\varphi_F(s) = 0$，因此式（4.34）中的 N 只考虑 s 沿虚轴变化时的幅角增量，即当 ω 由 $-\infty \to 0 \to +\infty$ 变化时的幅角增量即可。这样，当 s 沿图 4.30 所示的 C_s 路径移动并有幅角变化时，有

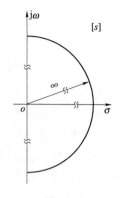

图 4.30

$$F(s) = F(\mathrm{j}\omega) = 1 + G(\mathrm{j}\omega)H(\mathrm{j}\omega)$$
$$F(\mathrm{j}\omega) - 1 = G(\mathrm{j}\omega)H(\mathrm{j}\omega) \qquad (4.35)$$

由式（4.35）可知，$F(\mathrm{j}\omega)$ 和 $G(\mathrm{j}\omega)H(\mathrm{j}\omega)$ 相比较，仅实数部分差 1，故 $F(\mathrm{j}\omega)$ 向左移动"1"个单位便得到 $G(\mathrm{j}\omega)H(\mathrm{j}\omega)$。也就是说 $F(\mathrm{j}\omega)$ 包围坐标原点的圈数等于 $G(\mathrm{j}\omega)H(\mathrm{j}\omega)$ 包围 $(-1, \mathrm{j}0)$ 点的圈数，即可用 $G(\mathrm{j}\omega)H(\mathrm{j}\omega)$ 包围 $(-1, \mathrm{j}0)$ 点的圈数来计算 N。

另外，由于 $G(\mathrm{j}\omega)H(\mathrm{j}\omega)$ 与 $G(-\mathrm{j}\omega)H(-\mathrm{j}\omega)$ 相共轭，即 $G(\mathrm{j}\omega)H(\mathrm{j}\omega)$ 与 $G(-\mathrm{j}\omega)H(-\mathrm{j}\omega)$ 对称于实轴，当 ω 由 $0 \to \infty$ 变化时，$G(\mathrm{j}\omega)H(\mathrm{j}\omega)$ 包围 $(-1, \mathrm{j}0)$ 点的圈数为 ω 由 $-\infty \to 0 \to +\infty$ 变化时 $G(\mathrm{j}\omega)H(\mathrm{j}\omega)$ 包围 $(-1, \mathrm{j}0)$ 点的圈数之半，所以式（4.34）变为

$$Z = P - 2N \qquad (4.36)$$

式中 Z——闭环系统传递函数 $\Phi(s)$ 在右半 s 平面的极点数；

P——系统开环传递函数 $G(s)H(s)$ 在右半 s 平面的极点数；

N——当 ω 由零至无穷大变化时，系统开环频率特性 $G(\mathrm{j}\omega)H(\mathrm{j}\omega)$ 曲线包围 $(-1, \mathrm{j}0)$ 点的圈数，包围方向以逆时针为正。

根据上述分析，可得奈奎斯特稳定性判据（简称奈氏判据）如下：

闭环系统稳定的充要条件：当频率 ω 由 $-\infty$ 至 $+\infty$ 变化时，奈氏曲线逆时针包围 $(-1, \mathrm{j}0)$ 点的圈数 R 等于开环传递函数的右极点数 P。当开环传递函数没有右极点时，闭环系统稳定的充要条件为奈氏曲线不包围 $(-1, \mathrm{j}0)$ 点。如果 R 不等于 P，则闭环系统不稳定，闭环右极点数（即正实部特征根的个数）Z 可由 $Z = P - N$ 求出。

根据式（4.36），使用奈氏判据时，一般只画出频率 ω 从零变化到无穷大时的开环幅相频率特性曲线即可。这时奈氏判据表达式可改写为：$Z = P - 2N$。

例 4.9 已知两单反馈控制系统的开环传递函数分别为：

$$G_1(s) = \frac{K_1}{(T_1 s + 1)(T_2 s + 1)(T_3 s + 1)}$$

$$G_2(s) = \frac{K_2}{(T_1 s + 1)(T_2 s + 1)(T_3 s + 1)} \frac{n!}{r!(n-r)!}$$

其开环幅相频率特性曲线分别如图 4.31（a）、（b）所示，试用奈氏判据分别判断对应的闭环系统的稳定性。

解：① 系统 1：由开环传递函数 $G_1(s)$ 的表达式知，$P = 0$，由图 4.31（a）所示开环幅相频率特性曲线知，曲线没有包围 $(-1, \mathrm{j}0)$ 点，即 $N = 0$。

由奈氏判据，有 $Z = P - 2N = 0$，故闭环系统稳定。

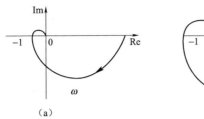
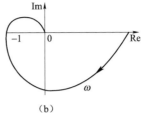

图 4.31

② 系统 2：由开环传递函数表达式知，$P=0$，由图 4.31（b）所示开环幅相频率特性曲线知，曲线顺时针包围 $(-1,j0)$ 点一圈，即 $N=-1$。

由奈氏判据，有 $P-2N=2$，故闭环系统不稳定。

例 4.10 某单位反馈系统的开环传递函数为 $G(s)=\dfrac{K}{s-1}$，开环幅相频率特性曲线如图 4.32 所示，试判断闭环系统的稳定性。

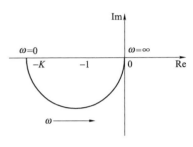

解：由 $G(s)$ 表达式及图知，$P=1$，$N=1/2$。由奈氏判据，有 $P-2N=0$，故闭环系统稳定。

此例说明：系统开环传递函数有不稳定环节时，闭环系统仍有可能是稳定的。

图 4.32

4.5.3 系统开环传递函数含有积分环节时奈氏判据的应用

（1）C_s 选取。

幅角原理的使用条件是在路径 C_s 上无 $F(s)$ 的极点和零点，这就要求在图 4.28 所示的路径 C_s 上无开环传递函数 $G(s)H(s)$ 的极点。但是当开环传递函数中含有积分环节时，这个条件遭到破坏。为了解决这个问题，做如下处理：令 C_s 在坐标原点附近所走的路径取半径为无穷小的半圆，使其绕过坐标原点，而其他地方不变。处理后的路径 C_s 如图 4.33 所示，

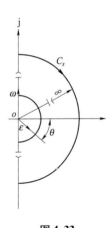

这时的曲线 C_s 可用下面四段描述：

1) 动点 s 沿负虚轴移动时，$s=j\omega$，ω 从 $-\infty \to 0^-$ 变化。

2) 动点 s 沿无穷小半圆移动时，$s=\varepsilon e^{j\theta}$，$\varepsilon \to 0$，$\theta$ 从 $-90^\circ \to 0^\circ \to 90^\circ$ 变化。其中 $\theta=-90^\circ$ 对应 $\omega=0^-$，$\theta=0^\circ$ 对应 $\omega=0$，$\theta=+90^\circ$ 对应 $\omega=0^+$。

图 4.33

3) 动点 s 沿正虚轴移动时，$s=j\omega$，ω 从 $0^+ \to \infty$ 变化。

4) 动点 s 沿无穷大半圆移动时，$s=Re^{j\theta}$，$R\to\infty$，θ 由 $+90^\circ \to 0^\circ \to -90^\circ$ 变化。

如上处理，实质上是将 $G(s)H(s)$ 在坐标原点的极点划到了左半 s 平面，而其他极点保持不变。这时路径 C_s 上不再含有 $G(s)H(s)$ 的极点，因此奈氏判据可重新应用了。但应该指出的是，C_F 曲线和系统开环幅相频率特性的画法也应做相应的改变。

（2）开环系统幅相频率的画法。

当系统开环传递函数含有积分环节时，可表示为

$$G(s)H(s) = \frac{K\prod_{i=1}^{m}(T_i s + 1)}{s^v \sum_{j=1}^{n-v}(T_j s + 1)} \qquad (4.37)$$

1) 当 s 沿图4.33所示曲线 C_s 上除无穷小半圆以外的路径移动时，$G(s)H(s) = G(j\omega)H(j\omega)$ 的曲线形状不变。

2) 当 s 沿图4.33所示曲线 C_s 上无穷小半圆的路径移动时，系统开环传递函数可用下式描述。

$$G(s)H(s) = \lim_{s \to \varepsilon e^{j\theta}} \frac{K\prod_{i=1}^{m}(T_i s + 1)}{s^v \sum_{j=1}^{n-v}(T_j s + 1)} \qquad (4.38)$$

也就是说，当 s 沿图4.33的无穷小半圆移动时，因为 $s \to \varepsilon e^{j\theta}$，$\varepsilon \to 0$，所以所有一阶微分环节与惯性环节幅值接近于1，相角接近于零，而积分环节相角有变化。这样，系统开环传递函数可近似为

$$G(s)H(s) \approx \frac{K}{\varepsilon^v} e^{-jv\theta} \qquad (4.39)$$

由上式可知，当 $s \to \varepsilon e^{j\theta}$ 时，$|G(s)H(s)| \to \infty$；而由图4.33可知，当 ω 从 $0^- \to 0^+$ 变化时，θ 由 $-90° \to 0° \to +90°$ 变化。所以 $G(s)H(s)$ 的相角即 $\varphi_{GH}(s)$ 由 $90° \to 0° \to -90°$ 变化，即 $\Delta \varphi_{GH}(s) = v \cdot (-2\tau)$。即当 s 沿无穷小半圆逆时针移动时，$G(s)H(s)$ 沿无穷大半径的圆弧顺时针移动 $180°$。

3) 若 C_s 取图4.33的上半部，则无穷小半圆只取横轴以上四分之一圆弧。当 s 沿上四分之一无穷小圆弧逆时针移动时，即当 ω 由 $0 \to 0^+$ 变化时，$G(s)H(s)$ 曲线沿无穷大半径圆弧顺时针移动 $90°$。

综上所述，可归纳出含有积分环节的奈氏曲线的画法为：

1) 画出除 $\omega = 0 \to 0^+$ 以外的幅相频率特性，这就是不考虑 s 取无穷小半圆时的情况，其起点对应 $\omega = 0^+$。

2) 从 $G(j0)H(j0)$ 开始，以 $R \to \infty$ 半径顺时针补画 $90°$ 圆弧，此时对应的 ω 由 $0 \to 0^+$ 变化。这两部分衔接起来，则得到含有积分环节时的奈氏曲线。这样，就可以用奈氏判据判定闭环系统的稳定性了。

例4.11 已知系统开环传递函数为：

$$G(s)H(s) = \frac{4.5}{s(2s+1)(s+1)}$$

对应的奈氏曲线如图4.34所示。试用奈氏判据判别其闭环系统的稳定性。

解：因为有一个积分环节，首先应考虑到奈氏曲线需补画半径为无穷大、相角为 $-90°$ 的曲线，如图中虚线 C。

由图4.34可知，奈氏曲线顺时针包围 $(-1, j0)$ 点一圈，

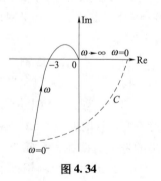

图 4.34

所以 $N=-1$,而由 $G(s)H(s)$ 的表达式知 $P=0$,根据奈氏判据有:
$$Z=P-2N=0-2\times(-1)=2$$
所以,闭环系统不稳定。

例 4.12 若系统开环传递函数为:
$$G(s)H(s)=\frac{K(5s+1)}{s^2(s+1)}$$

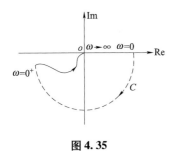

对应的奈氏曲线如图 4.35 所示。试用奈氏判据判别其闭环系统的稳定性。

解:因为有两个积分环节,首先应考虑到奈氏曲线需补画半径为无穷大、相角为 $-180°$ 的曲线,如图 4.35 中虚线 C。

由图 4.34 可知,奈氏曲线没有包围 $(-1,j0)$ 点,即 $N=0$,从 $G(s)H(s)$ 的表达式知 $P=0$,根据奈氏判据有:
$$Z=P-2N=0-0=0$$

图 4.35

所以,闭环系统是稳定的。

练习:已知单位反馈控制系统的开环幅相频率特性曲线如图 4.36 所示。图中 P 为开环右极点数,试用奈奎斯特稳定判据分别判定其稳定性;若系统不稳定,求出其闭环右极点数。

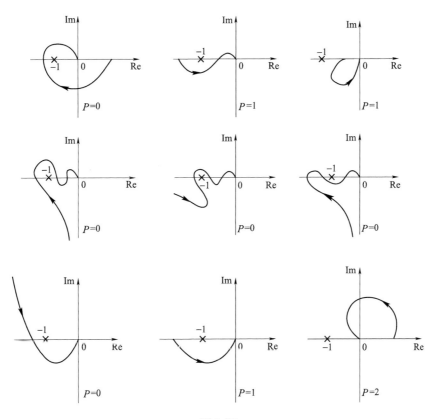

图 4.36

练习：设单位反馈控制系统开环传递函数为：

$$G(s) = \frac{K}{s(s+1)(2s+1)(4s+1)(5s+1)}$$

试用对数频率稳定判据确定闭环系统稳定时，K 的数值范围。

4.6 系统的相对稳定性

4.6.1 相对稳定性的概念

图 4.37 是开环幅相频率特性曲线相对 $(-1, j0)$ 点的位置与对应的系统单位阶跃响应示意图。设图中各系统的开环传递函数在右半 s 平面的极点数 P 皆为零。

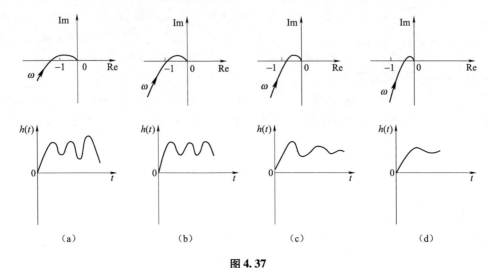

图 4.37

由图 4.37 可见，当开环幅相曲线包围 $(-1, j0)$ 点时，对应的系统单位阶跃响应 $h(t)$ 发散，系统不稳定（见图 4.37(a)）；当开环幅相线通过 $(-1, j0)$ 点时，对应的系统单位阶跃响应 $h(t)$ 呈等幅振荡（见图 4.36(b)）；当开环幅相曲线不包围 $(-1, j0)$ 点时，系统稳定（见图 4.37(c)、(d)）。

但由图 4.37 中 (c)、(d) 可知，开环幅相曲线距 $(-1, j0)$ 点的远近距离不同，系统的动态过程也不同，即超调量与过渡过程时间不同。对图 4.37(c) 来说，如果系统参数因某种原因发生变化或波动，就有可能使开环幅相曲线与负实轴的交点接近甚至位于 $(-1, j0)$ 点左边，闭环系统就变为不稳定系统。所以，我们可以说，开环幅相曲线距 $(-1, j0)$ 点愈远即愈靠近坐标原点，闭环系统稳定的程度愈高，这就是所谓相对稳定性。

4.6.2 系统的稳定裕量

系统的相对稳定性通常以稳定裕量来表示。系统的稳定裕量（也称稳定裕度）包括幅值裕量和相角裕量。

在定义稳定裕量之前，首先对照图 4.38 分析奈氏曲线上影响系统稳定性的几个特殊点。

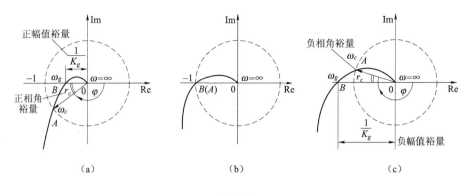

图 4.38

如图 4.38（a）所示，首先以坐标原点为圆心做半径为 1 的圆即单位圆（如图中虚线所示），设开环幅相频率特性曲线与单位圆交点为 A，定义该点处频率 ω_c 为开环幅相频率特性的幅值穿越频率，即穿过幅值为 1 的点的频率。图 4.38（a）中，设开环幅相频率特性曲线与负实轴的交点为 B，定义该点处频率 ω_g 为开环幅相频率特性的相角穿越频率，即幅值穿过相角为 $-180°$ 的点的频率。

通过对图 4.38 的分析可以知道，当系统开环幅相频率特性曲线与负实轴的交点即图 4.38 中的相角穿越频率点 B 距离 $(-1, j0)$ 点愈远（即愈靠近坐标原点），系统的稳定程度愈高。点 B 处，开环幅相频率特性的幅值为：

$$|G(j\omega_g)H(j\omega_g)|$$

该值愈小，系统稳定程度愈高。习惯上，用上式的倒数来衡量系统的稳定程度。具体定义如下。

（1）幅值裕量。开环幅相频率特性曲线与负实轴相交时的幅值的倒数：

$$|G(j\omega_g)H(j\omega_g)|^{-1} \tag{4.40}$$

定义为幅值裕量（或增益裕量），用 K_g 表示，取对数后得：

$$K_g = 20\lg\left|\frac{1}{G(j\omega_g)H(j\omega_g)}\right| \tag{4.41}$$

幅值裕量 K_g 的物理意义是，如果系统的开环增益放大 K_g 倍，则系统处于临界稳定状态。

仅用幅值裕量往往难以完全判定系统的相对稳定性。如图 4.39 所示，相角穿越点 B 距离 $(-1, j0)$ 点较远，即幅值裕量较大，但是幅值穿越频率点 A 却距离 $(-1, j0)$ 点较近（其相角接近 $-180°$），如果系统结构或参数稍有变动，A 点上移引起 B 点左移，系统就有可能不稳定。所以，需引入相角裕量的概念。

（2）相角裕量。开环幅相频率特性曲线上幅值为 1 这一点的相角与 $180°$ 之和定义为相角裕量，用 γ_c 表示，即

$$\gamma_c = 180° + \Phi(\omega_c) \tag{4.42}$$

式中，$\Phi(\omega_c)$ 用负角度计算。

相角裕量的物理意义是，如果 $\Phi(\omega_c)$ 再滞后 γ_c 时，系统处

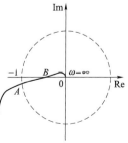

图 4.39

于临界稳定状态。

在对数坐标图中，幅值裕量的分贝值为

$$K_g = 20\lg\left|\frac{1}{G(j\omega_g)H(j\omega_g)}\right| = -L(\omega_g)$$

相角裕量为

$$\gamma_c = 180° + \Phi(\omega_c)$$

幅值穿越频率与相角穿越频率位置与系统稳定性的关系可用图 4.38（b）和（c）说明。图 4.38（b）中，当幅值穿越点 A 与相角穿越点 B 重合时，幅值穿越频率 ω_c 与相角穿越频率 ω_g 相等，开环幅相频率特性曲线穿过（-1，j0）点，系统处于临界稳定状态。而在图 4.38（c）中，幅值穿越点 A 位于相角穿越点 B 上方，幅值穿越频率 ω_c 大于相角穿越频率 ω_g，开环幅相频率特性曲线包围了（-1，j0）点，系统处于不稳定状态。

如果用对数坐标图说明上述几种状态，如图 4.40 所示。具体说明从略，请读者自己分析。

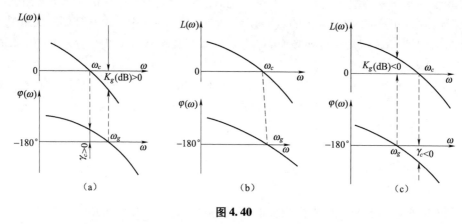

图 4.40

对于最小相位系统，只有当幅值裕量、相角裕量都为正值时，系统才是稳定的。而且当稳定裕量愈大时，系统稳定性愈好，但稳定裕量过大会使系统响应变慢。经验证明，当取

$$K_g = (10 \sim 20)\,\text{dB}$$
$$\gamma_c = 40° \sim 60°$$

时，系统的综合性能较好。

例 4.13 已知系统的开环传递函数为：

$$G(s)H(s) = \frac{K}{s(s+1)(0.2s+1)}$$

试求 $K=2$ 和 $K=20$ 时，系统的幅值裕量和相角裕量。

解：分别绘制 $K=2$ 和 $K=20$ 时的系统对数坐标图，如图 4.41（a）、（b）所示。

由图 4.41 可知：

当 $K=2$ 时，$K_g = 8$ dB，$\gamma_c = 21°$，闭环系统稳定。

当 $K=20$ 时，$K_g = -12$ dB，$\gamma_c = -30°$，闭环系统不稳定。

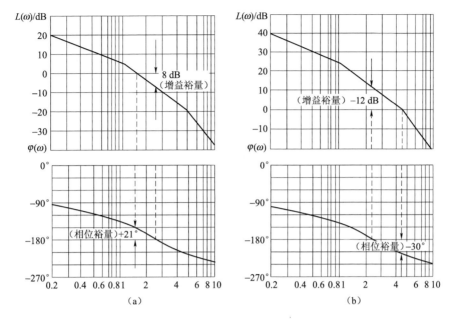

图 4.41

4.7 系统动态性能与频域指标及参数的关系

4.7.1 超调量 σ_p 与相位稳定裕量 γ_c 间的关系

由式（2.34）所示单位反馈二阶系统开环传递函数为

$$G(s) = \frac{\omega_n^2}{s(2\xi\omega_n + s)}$$

则其对应的开环频率特性为

$$G(j\omega) = \frac{\omega_n^2}{j\omega(2\xi\omega_n + j\omega)} = \frac{\omega_n^2}{j2\xi\omega_n\omega - \omega^2}$$

因为，在幅值穿越频率 ω_c 点处有

$$|G(j\omega_c)| = \left|\frac{\omega_c^2}{j2\xi\omega_n\omega_c - \omega_c^2}\right| = 1$$

可求得穿越频率 ω_c 为：

$$\omega_c = \omega_n\sqrt{\sqrt{4\xi^4 + 1} - 2\xi^2} \tag{4.43}$$

以 ω_c 代入相位裕量表达式 $\gamma_c = \pi + \varphi(\omega_c)$，可得

$$\gamma_c = \pi + \varphi(\omega_c) = \arctan\frac{2\xi}{\sqrt{\sqrt{4\xi^4 + 1} - 2\xi^2}} \tag{4.44}$$

由式（4.44）可知，二阶系统的相位裕量 γ_c 仅与 ξ 有关。γ_c 与 ξ 间的关系如图 4.42 所示。由式（4.44）和式（4.45）可组成 γ_c 和 σ_p 关于 ξ 的参数方程，可得 σ_p 与 γ_c 间的关系。σ_p 与 γ_c 间的关系如图 4.43 所示。

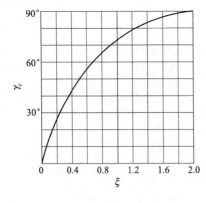

图 4.42　　　　　　　　　　图 4.43

$$\begin{cases} \sigma_p = e^{-\pi \xi / \sqrt{1-\xi^2}} \times 100\% \\ \gamma_c = \pi + \varphi(\omega_c) = \arctan \dfrac{2\xi}{\sqrt{\sqrt{4\xi^4+1}-2\xi^2}} \end{cases} \quad (4.45)$$

由以上分析可见,相位裕量 γ_c 反映了系统的稳定性,而 σ_p 反映了系统的动态特性,二者关系可用下述符号表达

$$\gamma_c \uparrow \to \sigma_p \downarrow \quad (4.46)$$

即系统开环频率特性的相位稳定裕量 γ_c 愈大,则超调量 σ_p 愈小,系统稳定性愈好。

4.7.2　调整时间 t_s 与幅值穿越频率 ω_c 的关系

从式(3.45)和式(3.46)可知

$$t_s \approx \frac{3 \sim 4}{\xi \omega_n}$$

以式(4.43)代入上式。得

$$t_s = \frac{(3 \sim 4)}{\xi \omega_n} = \frac{(3 \sim 4)\sqrt{\sqrt{4\xi^4+1}-2\xi^2}}{\xi \omega_c} \quad (4.47)$$

由以上分析可见,幅值穿越频率 ω_c 反映了系统的快速性。即

$$\omega_c \uparrow \to t_s \downarrow \quad (4.48)$$

也就是说,幅值穿越频率越大,则系统的快速性越好。

综上所述,我们可以知道,γ_c、ω_c 都是系统开环对数频率特性中频段的主要参数,因此系统的开环对数幅频特性 $L(\omega)$ 的中频段,表征着系统的动态性能。这恰与 $L(\omega)$ 的低频段表征着系统的稳态性能是相互映衬的。

4.7.3　闭环频率特性参数 $(M_p, \omega_p, \omega_b)$ 与过渡过程指标 (σ_p, t_r, t_s) 的关系

(1) 二阶系统闭环频率特性参数。

对于如式(2.34)所示二阶系统闭环传递函数为:

$$\Phi(s) = \frac{\omega_n^2}{s^2 + 2\xi\omega_n s + \omega_n^2}$$

则其闭环频率特性为

$$\Phi(j\omega) = \frac{\omega_n^2}{(j\omega)^2 + 2\xi\omega_n j\omega + \omega_n^2} = \frac{1}{\left(1 - \frac{\omega^2}{\omega_n^2}\right) + j2\xi\frac{\omega}{\omega_n}}$$

闭环幅频特性为

$$M(\omega) = |\Phi(j\omega)| = \frac{1}{\sqrt{\left(1 - \frac{\omega^2}{\omega_n^2}\right)^2 + \left(2\xi\frac{\omega}{\omega_n}\right)^2}} \tag{4.49}$$

对于欠阻尼二阶系统，式（4.49）所表示的闭环幅频特性曲线一般具有如图4.44所示的形状。其闭环频率特性参数主要有：

1）闭环频率特性峰值 M_p：

$$M_p \stackrel{\text{def.}}{=} M_{\max}$$

2）闭环频率特性峰值频率 ω_p：

$$M(\omega_p) \stackrel{\text{def.}}{=} M_p$$

3）闭环频率特性带宽频率 ω_b：

当频率 ω 从0开始逐步增大过程中，二阶系统闭环频率特性 $M(\omega)$ 从如图4.44所示 $M(0)$ 开始变化，经峰值 M_p 后逐步下降，当 $M(\omega)$ 下降到 $0.707M(0)$ 时，则该点对应的频率定义为该二阶系统闭环频率特性带宽频率 ω_b，即

$$M(\omega_b) = \frac{\sqrt{2}}{2} M(0) \tag{4.50}$$

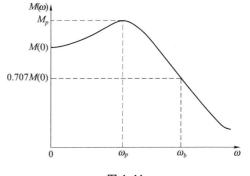

图 4.44

（2）欠租尼二阶系统闭环频率特性参数 $(M_p, \omega_p, \omega_b)$ 与 (ξ, ω_n) 的关系。

由于闭环频率特性峰值 M_p 是闭环幅频特性 $M(\omega)$ 的极大值，所以对式（4.50）求导，即

$$\frac{dM(\omega)}{d\omega} = 0$$

求得闭环峰值频率 ω_p 为

$$\omega_p = \omega_n \sqrt{1 - 2\xi^2} \tag{4.51}$$

闭环频率特性峰值 M_p 为

$$M_p = \frac{1}{2\xi\sqrt{1 - \xi^2}} \tag{4.52}$$

把式（4.50）代入式（4.49），同时考虑 $M(0) = 1$，得

$$\frac{1}{\sqrt{\left[1-\left(\frac{\omega_b}{\omega_n}\right)^2\right]^2+\left(2\xi\frac{\omega_b}{\omega_n}\right)^2}}=\frac{\sqrt{2}}{2} \tag{4.53}$$

所以
$$\left[1-\left(\frac{\omega_b}{\omega_n}\right)^2\right]^2+\left(2\xi\frac{\omega_b}{\omega_n}\right)^2=2$$

把上式展开整理，得以 (ω_b/ω_n) 为未知量的方程

$$\left(\frac{\omega_b}{\omega_n}\right)^4+(4\xi^2-2)\left(\frac{\omega_b}{\omega_n}\right)^2-1=0 \tag{4.54}$$

解方程（4.54）得

$$\left(\frac{\omega_b}{\omega_n}\right)^2_{1,2}=-(2\xi^2-1)\pm\sqrt{(2\xi^2-1)^2+1}$$

由于上式右端第二项大于第一项，只有第二项取正号才符合左端为正的情况，所以

$$\left(\frac{\omega_b}{\omega_n}\right)^2=-(2\xi^2-1)+\sqrt{(2\xi^2-1)^2+1}$$
$$=\sqrt{4\xi^4-4\xi^2+2}-(2\xi^2-1)$$
$$\omega_b=\omega_n(\sqrt{4\xi^4-4\xi^2+2}-(2\xi^2-1))^{1/2} \tag{4.55}$$

（3）欠租尼二阶系统闭环频率特性参数（M_p, ω_p, ω_b）与过渡过程指标（σ_p, t_r, t_s）的关系。

将第3章所求得的欠阻尼二阶系统单位阶跃过渡过程指标（式(4.31)等）

$$\begin{cases} t_r=\dfrac{\pi-\beta}{\omega_n\sqrt{1-\xi^2}} \\ \sigma_p=e^{-\pi\xi/\sqrt{1-\xi^2}}\times 100\% \\ t_p=\dfrac{\pi}{\omega_n\sqrt{1-\xi^2}} \\ t_s\approx\dfrac{3\sim 4}{\xi\omega_n} \end{cases} \tag{4.56}$$

与上述式（4.51）等表达的闭环闭环频率特性参数

$$\begin{cases} \omega_p=\omega_n\sqrt{1-2\xi^2} \\ M_p=\dfrac{1}{2\xi\sqrt{1-\xi^2}} \\ \omega_b=\omega_n(\sqrt{4\xi^4-4\xi^2+2}-(2\xi^2-1))^{1/2} \end{cases} \tag{4.57}$$

相比较，不难看出：对于欠阻尼二阶系统，由于闭环峰值频率 ω_p 与带宽频率 ω_b 与系统无阻尼自由振荡频率 ω_n 成正比关系，而 ω_n 与过渡过程时间各指标成反比，所以有

$$\omega_p、\omega_b\uparrow\to t_r、t_p、t_s\downarrow \tag{4.58}$$

由于闭环峰值 M_p 与阻尼比 ξ 近似为反比关系，超调量 σ_p、调整时间 t_s 亦随阻尼比 ξ 减小而增大，而上升时间 t_r、峰值时间 t_p 随阻尼比 ξ 减小而减小，所以有

$$M_p\uparrow\to\sigma_p、t_s\uparrow,t_r、t_p\downarrow \tag{4.59}$$

定量计算可依据方程组（4.56）和式（4.57）求得。

4.8 利用频率特性求正弦信号作用下的稳态误差

设 $\Phi_e(s)$ 为系统对输入的误差传递函数，则系统对输入的误差频率特性为 $\Phi_e(j\omega)$。当系统的输入信号为 $R(t) = A\sin\omega t$ 时，根据频率特性定义知（见式（4.11）），其误差函数为：

$$e(t) = |\Phi_e(j\omega)|A\sin[\omega t + \angle \Phi_e(j\omega)] \tag{4.60}$$

例 4.14 已知单位反馈系统的开环传递函数为：

$$G(s) = \frac{100}{s+1}$$

试求输入信号为 $r(t) = \sin 2t$ 时系统的误差函数。

解：系统的误差传递函数与频率特性为：

$$\Phi_e(s) = \frac{1}{1+G(s)} = \frac{1}{1+\frac{100}{s+1}} = \frac{s+1}{s+101}$$

$$\Phi_e(j\omega) = \frac{1}{1+G(j\omega)} = \frac{1+j\omega}{j\omega+101}$$

因为输入信号频率为 2，所以

$$|\Phi_e(j\omega)| = \frac{\sqrt{1+\omega^2}}{\sqrt{\omega^2+101^2}}$$

$$|\Phi_e(j2)| = \frac{\sqrt{1+2^2}}{\sqrt{2^2+101^2}} = 0.021$$

$$\angle \Phi_e(j\omega) = \arctan\omega - \arctan\frac{\omega}{101}$$

$$\angle \Phi_e(j2) = 63.435° - 1.134° = 62.3°$$

根据频率特性的定义，可得误差函数为：

$$e_{ss}(t) = 0.0221\sin(2t + 62.3°)$$

式中 0.0221 为误差函数幅值。

习 题

4-1 设单位反馈控制系统的开环传递函数为

$$G(s) = \frac{10}{s+1}$$

试分别求闭环系统在如下输入信号作用时的稳态输出。
(1) $r(t) = \sin(t + 30°)$
(2) $r(t) = 2\cos(2t - 45°)$
(3) $r(t) = \sin(t + 30°) - 2\cos(2t - 45°)$

4-2 已知下列传递函数，试概略地画出其幅相频率特性曲线。

(1) $G(s) = \dfrac{K}{s^2}$

(2) $G(s) = \dfrac{K}{s^3}$

(3) $G(s) = \dfrac{K}{s(Ts+1)}$

(4) $G(s) = \dfrac{K}{(T_1s+1)(T_2s+1)(T_3s+1)}$

(5) $G(s) = \dfrac{K}{(3s+1)(5s+1)}$

(6) $G(s) = \dfrac{K}{s(2s+1)(3s+1)}$

4-3 设系统开环传递函数为：

$$G(s) = \dfrac{K}{s^v} G_0(s)$$

式中，$G_0(s)$ 为 $G(s)$ 中除比例和积分两环节外的部分。试证：

(1) $v=1$ 时，$\omega_1 = K$；

(2) $v=2$ 时，$\omega_1 = \sqrt{K}$。

式中 ω_1 为开环对数幅频特性曲线最左端直线（或其延长线）与零分贝线交点频率，如题图 4.1 所示。

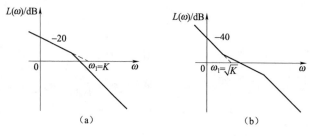

题图 4.1

4-4 设闭环系统特征方程如下，试确定有几个根在右半 s 平面。

(1) $s^4 + 10s^3 + 35s^2 + 50s + 24 = 0$

(2) $s^4 + 2s^3 + 10s^2 + 24s + 80 = 0$

(3) $s^3 - 15s + 126 = 0$

(4) $s^5 + 3s^4 - 3s^3 - 9s^2 - 4s - 12 = 0$

4-5 试画出下列传递函数所对应的对数幅频特性渐近线。

(1) $G(s) = \dfrac{5}{s(0.2s+1)}$

(2) $G(s) = \dfrac{200}{s^2(s+1)(10s+1)}$

(3) $G(s) = \dfrac{2.5(s+10)}{s^2(0.2s+1)}$

(4) $G(s) = \dfrac{40(s+0.5)}{s(s+0.2)(s^2+s+1)}$

(5) $G(s) = \dfrac{100s}{(s+1)(s+10)}$

(6) $G(s) = \dfrac{s(s+0.1)}{s(s^2+s+1)(s^2+4s+25)}$

(7) $G(s) = \dfrac{20(s+5)(s+40)}{s(s+0.1)(s+20)^2}$

4-6 已知各最小相位系统的对数幅频渐近线特性曲线如题图 4.2（a）、（b）、（c）、（d）所示，试分别写出其对应的传递函数。

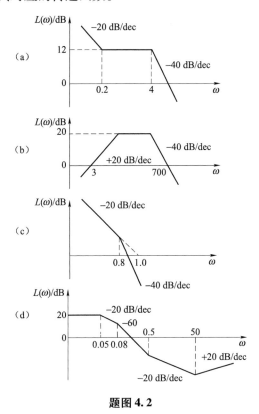

题图 4.2

4-7 设两个系统，其开环传递函数的奈氏图分别示于题图 4.3（a）、（b），试确定系统的稳定性。

4-8 对于如下系统，试画出其伯德图，求相角裕量和增益裕量，并判别其稳定性。

(1) $G(s)H(s) = \dfrac{250}{s(0.03s+1)(0.0047s+1)}$；

(2) $G(s)H(s) = \dfrac{250(0.5s+1)}{s(10s+1)(0.03s+1)(0.0047s+1)}$；

4-9 设一单位反馈系统的开环传递函数为

$$G(s) = \dfrac{K}{s(Ts+1)}$$

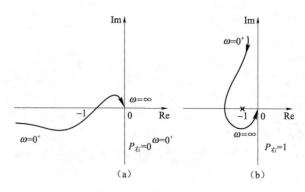

题图 4.3

现希望系统特征方程的所有根都在 $s = -a$ 这条线的左边区域内，试确定所需的 K 值范围。

4-10 一个单位反馈系统的开环传递函数为

$$G(s) = \frac{10K(s+5)(s+10)}{s^3(s+200)(s+1\,000)}$$

讨论当 K 变化时闭环系统的稳定性；试求：闭环系统持续振荡的 K 值等于多少？振荡频率为多少？

4-11 某单位反馈系统的开环传递函数如下，试确定使系统稳定的 K 值的范围。

$$G(s) = \frac{K(Ts+1)}{s(0.01s+1)(s+1)}$$

4-12 试确定题图4.4所示系统的稳定条件。

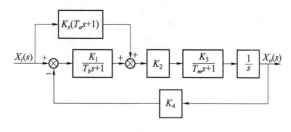

题图 4.4

4-13 试确定题图4.5所示系统的稳定条件。

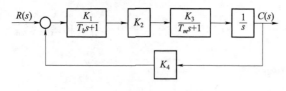

题图 4.5

4-14 试判别题图4.6所示的稳定性。

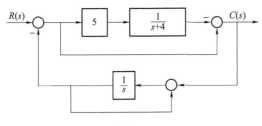

题图 4.6

4-15 随动系统的微分方程如下：
$$T_M T_a \ddot{x}_0(t) + T_M \dot{x}_0(t) + K x_0(t) = K x_i(t)$$

式中　T_M——电动机机电时间常数；

　　　T_a——电动机电磁时间常数；

　　　K——系统开环放大倍数。

试讨论：

（1）T_a，T_M 与 K 之间的关系对系统稳定性的影响；

（2）$T_a = 0.01$，$T_M = 0.1$，$K = 500$ 时是否可以忽略 T_a 的影响？为什么？在什么情况下可以忽略 T_a 的影响？

4-16 已知单位反馈控制系统的开环传递函数为 $G(s) = \dfrac{100}{s(0.1s+1)}$，试求输入信号 $r(t) = \sin 5t$ 时系统的稳态误差。

第 5 章

控制系统的校正

在前面的第 2、3、4 章里,我们主要介绍了自动控制系统性能的分析方法。当系统的稳态性能或动态性能不能满足所要求的性能指标时,首先可以考虑调整系统中可调整的参数(如增益、时间常数、阻尼系数等);若通过调整参数仍无法满足要求时,则可以在原有的系统中,有目的地增添一些装置和元件,人为地改变系统的结构和性能,使之满足所要求的性能指标,我们把这种方法称为对系统进行校正,增添的装置和元件称为校正装置和校正元件。系统校正是系统设计的内容之一。下面将分别讨论各种类型的校正环节对系统性能的影响。本章主要介绍频域校正的基本概念和方法。

5.1 校正的基本概念与校正装置

5.1.1 校正的基本概念

根据校正装置在系统中所处地位的不同,校正一般分为串联校正、反馈校正和顺馈校正。串联校正和反馈校正如图 5.1 所示,其中 $G_c(s)$ 表示串联校正装置的传递函数,$G_c'(s)$ 表示反馈校正装置的传递函数。

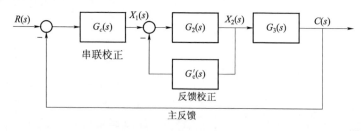

图 5.1

顺馈校正如图 5.2 所示,其中 $G_r(s)$ 表示顺馈校正装置的传递函数。

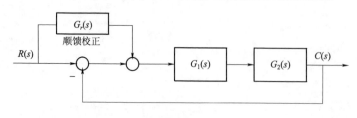

图 5.2

5.1.2 校正装置

根据本身是否另接电源,校正装置可分为无源校正装置和有源校正装置。

(1) 无源校正装置。

其通常是由一些电阻和电容组成的四端无源网络,根据它们对系统频率特性相位的影响,又分为相位滞后校正、相位超前校正和相位滞后 – 超前校正。

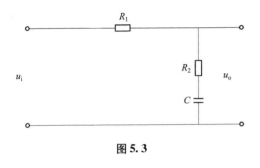

图 5.3

下面介绍几种典型的无源校正装置。

1) 相位滞后校正装置。

电路原理图如图 5.3 所示。

传递函数

$$G(s) = \frac{U_o(s)}{U_i(s)} = \frac{T_1 s + 1}{T_2 s + 1} \quad (5.1)$$

式中

$$T_1 = R_2 C, \quad T_2 = (R_1 + R_2) C$$

令

$$\alpha = \frac{R_2}{R_1 + R_2}$$

则有

$$T_1 = \alpha T_2, \quad T = T_2, \quad G(s) = \frac{\alpha T s + 1}{T s + 1}$$

对数幅频特性

$$L(\omega) = 20 \lg \sqrt{(\omega \alpha T)^2 + 1} - 20 \lg \sqrt{(\omega T)^2 + 1} \quad (5.2)$$

相频特性

$$\varphi(\omega) = \arctan \omega \alpha T - \arctan \omega T \quad (5.3)$$

对数坐标图如图 5.4 所示。

在图 5.4 (b) 中,曲线①是一阶微分环节的对数相频特性曲线;②是惯性环节的对数相频特性曲线;③是无源校正装置相位滞后校正装置的对数相频特性曲线。从图 5.4 (a) 的对数幅频特性曲线可以看出,相位滞后校正装置是一个低通滤波器,从图 5.4 (b) 的对数相频特性曲线可以看出,相位滞后校正装置的相角始终为负,且具有极值点 ω_m。
ω_m 由下式求得

令

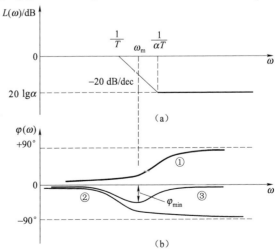

图 5.4

$$\frac{\mathrm{d}\varphi(\omega)}{\mathrm{d}\omega} = \frac{\mathrm{d}}{\mathrm{d}\omega}$$

$$\arctan \omega\alpha T - \arctan \omega T = 0 \tag{5.4}$$

$$\omega_m = \frac{1}{\sqrt{\alpha}T} \tag{5.5}$$

将式 (5.5) 代入式 (5.4)，得

$$\varphi_{\min} = \arcsin \frac{\alpha - 1}{\alpha + 1} \tag{5.6}$$

从图 (5.4) 可知，无源校正装置的对数相频特性曲线在高频段衰减为 $L(\omega) = 20\lg\alpha$，校正作用只是利用这一高频幅值衰减特性完成的（具体见下一节），α 愈小，衰减愈大，工程上一般取 α 为 0.1 左右。

2）相位超前校正装置。

电路原理图如图 5.5 所示。

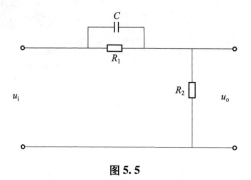

图 5.5

传递函数：

$$G(s) = \frac{U_o(s)}{U_i(s)} = \frac{K(T_1 s + 1)}{T_2 s + 1} \tag{5.7}$$

式中，$K = \dfrac{R_2}{R_1 + R_2}$，$T_2 = \dfrac{R_1 R_2}{R_1 + R_2}$，$T_1 = R_1 C$，$T_1 \geqslant T_2$。

令

$$\beta = \frac{R_1 + R_2}{R_2}$$

则有

$$T_1 = \beta T_2$$

令 $T = T_2$，得

$$G(s) = \frac{K(\beta T s + 1)}{T s + 1}$$

当不考虑系统开环增益时：

$$G(s) = \frac{\beta T s + 1}{T s + 1} \tag{5.8}$$

对数幅频特性

$$L(\omega) = 20\lg\sqrt{(\omega\beta T)^2 + 1} - 20\lg\sqrt{(\omega T)^2 + 1} \tag{5.9}$$

相频特性

$$\varphi(\omega) = \arctan \omega\beta T - \arctan \omega T \tag{5.10}$$

对数坐标图如图 5.6 所示。

在图 5.6（b）中，曲线①是一阶微分环节的对数相频特性曲线；②是惯性环节的对数相频特性曲线；③是无源校正装置相位超前校正装置的对数相频特性曲线。从图 5.6（a）的对数幅频特性曲线可以看出，相位超前校正装置是一个高通滤波器，从图 5.6（b）的对数相频特性曲线可以看出，相位超前校正装置的相角始终为正，且具有极值点 ω_m。ω_m 由下式求得

令

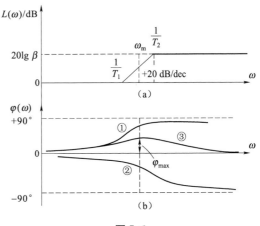

图 5.6

$$\frac{\mathrm{d}\varphi(\omega)}{\mathrm{d}\omega} = \frac{\mathrm{d}}{\mathrm{d}\omega}(\arctan \omega\beta T - \arctan \omega T) = 0 \tag{5.11}$$

$$\omega_m = \frac{1}{\sqrt{\beta}T} \tag{5.12}$$

将式（5.12）代入式（5.10），得

$$\varphi_{\max} = \arcsin \frac{\beta-1}{\beta+1} \tag{5.13}$$

相位超前网络正是利用相位的超前作用改善系统稳定性等特性的（具体方法下一节介绍）。从上式可以看到，β 愈大，超前作用愈明显，工程上一般取 β 为 10 左右。将式（5.11）代入式（5.9），可求出在 $\omega = \omega_m$ 处上述相位超前校正装置对数幅频特性值为

$$L(\omega_m) = 10\lg\beta \tag{5.14}$$

3）相位滞后 - 超前校正装置。

电路原理图如图 5.7 所示。

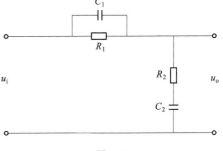

图 5.7

传递函数

$$G(s) = \frac{U_o(s)}{U_i(s)}$$
$$= \frac{(T_1 s+1)(T_2 s+1)}{(T_1 s+1)(T_2 s+1) + R_1 C_2 s} \tag{5.15}$$

式中，$T_1 = R_1 C_1$，$T_2 = R_2 C_2$，$T_2 > T_1$。

将式（5.15）的分母进行因式分解，可得

$$G(s) = \frac{(T_1 s+1)(T_2 s+1)}{\left(\frac{T_1}{\alpha} s+1\right)(\alpha T_2 s+1)} \tag{5.16}$$

其中

$$\alpha = \frac{(R_1C_1 + R_2C_2 + R_1C_2) + \sqrt{(R_1C_1 + R_2C_2 + R_1C_2)^2 - 4R_1R_2C_1C_2}}{2R_2C_2} \quad (5.17)$$

显然，α 大于 1。

对数幅频特性和相频特性如图 5.8 所示。

相位滞后 – 超前校正装置兼有相位滞后和超前校正装置的特性。令 $\omega_1 = 1/T_1$，$\omega_2 = 1/T_2$，如果满足 $\omega_1/\omega_2 > 10$，则

$$\varphi_{\min} \approx -\arcsin\frac{\alpha-1}{\alpha+1}$$

$$\varphi_{\max} \approx \arcsin\frac{\alpha-1}{\alpha+1} \quad (5.18)$$

无源校正装置本身没有增益，只有衰减（对数幅频特性曲线均位于零分贝线以下），且输入阻抗较低，输出阻抗又较高，因此在实际应用时，常常还得增设放大器或隔离放大器。所以，工程上用得较多的是下面将要介绍的有源校正装置。

(2) 有源校正装置。

有源校正装置是由运算放大器、输入电路和反馈电路组成的调节器，不但能实现前面讲述的无源校正装置的校正作用，而且能进行比例、积分和微分的运算。

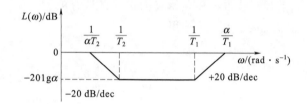

图 5.8

有源校正装置的原理如图 5.9 所示。图中，Z_i 为输入电路阻抗，Z_o 为输出电路阻抗，R_0 为放大器所要求的对称平衡电阻。通常，运算放大器的开环增益非常大，所以近似有如下关系成立

$$i_o \approx -i_i \quad (5.19)$$

即

$$\frac{\dot{U}_i}{Z_i} \approx -\frac{\dot{U}_o}{Z_o} \quad (5.20)$$

所以，图 5.9 所示系统传递函数为

$$\frac{U_o(s)}{U_i(s)} \approx -\frac{Z_o(s)}{Z_i(s)} \quad (5.21)$$

下面介绍几种典型的有源校正装置。

1) 比例积分（PI）调节器。

电路原理图如图 5.10 所示。

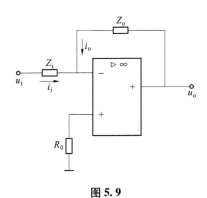

图 5.9

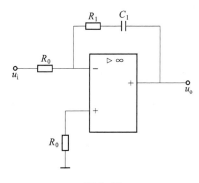

图 5.10

传递函数

$$G(s) = \frac{U_o(s)}{U_i(s)} = -\frac{T_1 s + 1}{T_2 s} = -\frac{K(Ts+1)}{s}$$

其中，$T_1 = R_1 C_1 = T$，$T_2 = R_0 C_1$，$K = \dfrac{1}{R_0 C_1}$。

对数坐标图如图 5.11 所示。

从图 5.11 可以看出，PI 调节器是一种相位滞后校正装置，其对数幅频特性图和相频特性图与图 5.4 相似，不同之处有：

① 有源网络可以用比例环节调节增益，即对数幅频特性曲线的纵坐标高度由 $20\lg K$ 确定，而 K 由系统元件的参数确定，可以通过改变元件的参数调节增益；

② 有源网络低频段的幅值可随着频率 $\omega \to 0$ 而趋向无穷大，相角趋向于 $-90°$ 且无峰值点 $\omega_{\min}$。

2）比例微分（PD）调节器。

电路原理图如图 5.12 所示。

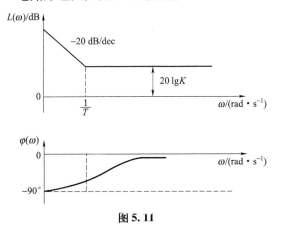

图 5.11

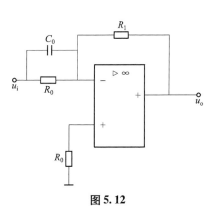

图 5.12

传递函数

$$G(s) = \frac{U_o(s)}{U_i(s)} = -K(Ts+1)$$

其中，$T = R_0 C_0$，$K = \dfrac{R_1}{R_0}$。

对数坐标图如图 5.13 所示。从图 5.13 中可以看出，PD 调节器是一种相位超前校正装置，其对数幅频特性图和相频特性图与图 5.6 相似，不同之处是除了与 PI 调节器一样可以用比例环节调节增益之外，其高频段的幅值可随着频率 $\omega \to 0$ 而趋向无穷大，相角趋向于 $+90°$ 且无峰值点 ω_{max}。

3）比例积分微分（PID）调节器。

电路原理图如图 5.14 所示。

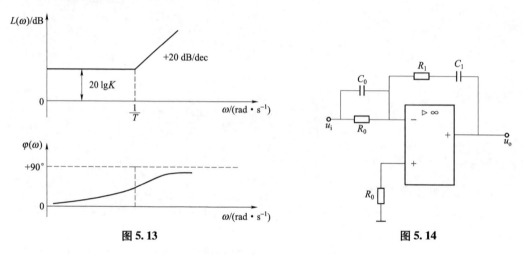

图 5.13　　　　　　　　图 5.14

传递函数

$$G(s) = \frac{U_o(s)}{U_i(s)} = -\frac{K(T_1 s + 1)(T_2 s + 1)}{T_1 s}$$

$$= -\left(K' + \frac{1}{T'_1 s} + T'_2 s\right)$$

$$T_1 = R_1 C_1 \quad T'_1 = R_0 C_1 \quad K = \frac{R_1}{R_0}$$

$$T_2 = R_0 C_0 \quad T'_2 = R_1 C_0 \quad K' = \left(\frac{R_1}{R_0} + \frac{C_0}{C_1}\right)$$

对数坐标图如图 5.15 所示。

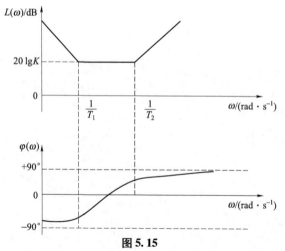

图 5.15

从图 5.15 中可以看出，PID 调节器是一种相位滞后 - 超前校正装置，其对数幅频特性图和相频特性图与图 5.8 相似，不同之处是与 PI 和 PD 调节器一样可以用比例环节调节增益，且兼有 PI 和 PD 调节器的特性，综合性能好，所以在工程中使用非常广泛。

表 5.1 列出了常用有源校正装置电路原理图及其传递函数，供读者参考。

表 5.1　常用有源校正装置电路原理图及其传递函数

序号	类型	原理图	传 递 函 数
1	比例 (P)		$G(s) = -K$ $K = \dfrac{R_2}{R_1}$
2	积分 (I)		$G(s) = \dfrac{-1}{Ts}$ $T = R_1 C$
3	微分 (D)		$G(s) = -\tau s$ $\tau = R_1 C$
4	比例 - 积分 (PI)		$G(s) = \dfrac{\tau s + 1}{Ts}$ $\tau = R_2 C,\ T = R_1 C$
5	比例 - 微分 (PD)		$G(s) = -K(\tau s + 1)$ $K = \dfrac{R_2}{R_1},\ \tau = R_1 C$

续表

序号	类型	原理图	传 递 函 数
6	比例-微分 (PD)		$G(s) = -K(\tau s + 1)$ $K = \dfrac{R_2 + R_3}{R_1}, \ \tau = \dfrac{R_2 R_3}{R_2 + R_3} C$
7	比例- 积分-微分 (PID)		$G(s) = \dfrac{K(\tau_1 s + 1)(\tau_2 s + 1)}{Ts}$ $K = \dfrac{R_2}{R_1}, \ T = \tau_1 = R_2 C_1$ $\tau_2 = R_3 C_2$ (条件:$R_2 \gg R_3, C_2 \gg C_1$)
8	一阶滤波器 (惯性环节)		$G(s) = \dfrac{-K}{Ts+1}$ $K = \dfrac{R_2}{R_1}, \ T = R_2 C$
9	滞后网络		$G(s) = -\dfrac{K(\tau s + 1)}{Ts+1}$ $K = \dfrac{R_3}{R_1}, \ \tau = R_2 C$ $T = (R_2 + R_3) C$
10	滞后网络		$G(s) = -\dfrac{K(\tau s + 1)}{Ts+1}$ $K = \dfrac{R_4}{R_1 + R_2}, \ \tau = R_3 C$ $T = \dfrac{R_1 R_2 + R_2 R_3 + R_3 R_1}{R_1 + R_2}$
11	超前网络		$G(s) = -\dfrac{K(\tau s + 1)}{Ts+1}$ $K = \dfrac{R_3}{R_1},$ $\tau = (R_1 + R_2) C, \ T = R_2 C$

续表

序号	类型	原理图	传递函数
12	超前网络	(电路图)	$G(s) = -\dfrac{K(\tau s+1)}{Ts+1}$ $K = \dfrac{R_2+R_3}{R_1}$ $\tau = \dfrac{R_2R_3+R_3R_4+R_4R_2}{R_2+R_3}C$ $T = R_4C$
13	滞后－超前网络	(电路图)	$G(s) = -\dfrac{K(\tau_1 s+1)(\tau_1 s+1)}{(T_1 s+1)(T_2 s+1)}$ $K = \dfrac{R_3}{R_1}$, $\tau_1 = (R_1+R_2)C_1$, $\tau_2 = R_4C_2$, $T_1 = R_2C_1$ $T_2 = (R_3+R_4)C_2$
14	带阻滤波器	(电路图)	$G(s) = \dfrac{K\left(\dfrac{s^2}{\omega_n^2}+2\xi_z\dfrac{s}{\omega_n}+1\right)}{\dfrac{s^2}{\omega_n^2}+2\xi_p\dfrac{s}{\omega_n}+1}$ $K = \dfrac{R_3}{R_1+R_2}$, $\omega_n = \dfrac{1}{\sqrt{LC}}$ $\xi_z = \dfrac{r}{2\sqrt{\dfrac{L}{C}}}$, $\xi_p = \dfrac{r+\dfrac{R_1R_2}{R_1+R_2}}{2\sqrt{\dfrac{L}{C}}}$

5.2 串联校正

如前所述，串联校正是将校正装置串联在系统的前向通路中，来改变系统结构，以达到改善系统性能的方法。

下面将通过例题来分析几种常用的串联校正方式对系统性能的影响及校正方法。

5.2.1 比例（P）串联校正

例 5.1 图 5.16 为一位置随动系统框图，图中 $G_1(s)$ 为随动系统的固有部分，$G_c(s) = K_c$ 为比例校正装置传递函数，串联在前向通路上。

校正前系统开环传递函数为

$$G_1(s) = \frac{K_1}{s(T_1s+1)(T_2s+1)}, \text{其中} K_1=35, T_1=0.2, T_2=0.01$$

试分析其相对稳定性并用比例串联校正方法将系统相角稳定裕量提高到 $\gamma_c \approx 25°$。

解： 首先由以上参数画出如图 5.17 中曲线 I 所示的对数频率特性曲线。

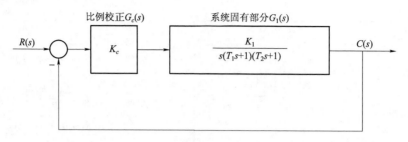

图 5.16

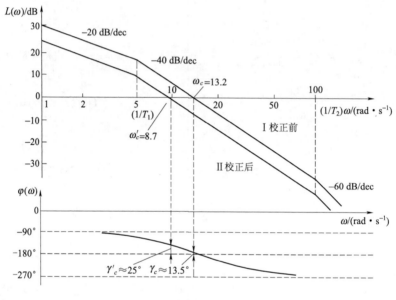

图 5.17

校正前：

$$\omega_1 = 1/T_1 = 1/0.2 = 5 \text{ rad/s}, \omega_2 = 1/T_2 = 1/0.01 = 100 \text{ (rad/s)}$$

$$L(\omega)|_{\omega=1} = 20 \lg K_1 = 20 \lg 35 = 31 \text{ (dB)}$$

由解可得（见第 4 章习题）

$$\omega_c = \sqrt{K\omega_1} = \sqrt{35 \times 5} = 13.2 \text{ (rad/s)} \tag{5.22}$$

由相角公式可求得系统相位裕量

$$\gamma_c = 180° - 90° - \arctan T_1\omega_c - \arctan T_2\omega_c$$
$$= 90° - \arctan(0.2 \times 13.2) - \arctan(0.01 \times 13.2)$$
$$= 13.5°$$

显然系统的相对稳定性是比较差的，这意味着系统的超调量将较大。

现采用比例校正，以适当降低系统的增益。于是可在前向通路中，串联传递函数为 K_c 的比例调节器。

因为要求系统校正后，相角稳定裕量提高到 $\gamma_c \approx 25°$，即

$$\gamma_c = 90° - \arctan(0.2 \times \omega_c') - \arctan(0.01 \times \omega_c') \approx 25° \tag{5.23}$$

其中，ω_c' 为系统校正后的幅值穿越频率。由上式求得（求法由读者自己确定）

$$\omega_c' \approx 8.7 \text{ (rad/s)}$$

根据式（5.22）可以求得

$$K' = \omega_c'^2/\omega_1 = 15.1$$

系统的开环增益

$$K' = K_1 K_c = 35 \times K_c = 15.1$$

所以，满足上述要求的比例调节器传递函数为

$$K_c \approx 0.43$$

校正后的对数幅频特性曲线如图5.17中曲线Ⅱ所示，由于改变增益对 $\varphi(\omega)$ 不产生影响，$\varphi(\omega)$ 仍为原曲线。

比较图中曲线Ⅱ和曲线Ⅰ，不难看出，降低系统增益后：
① 使系统的相对稳定性改善，超调量下降。
② 使穿越频率降低，这意味着调整时间增加，系统快速性变差。
③ 增益降低为原来的1/2，则此随动系统（Ⅰ型系统）的速度稳态误差将增大一倍（为原来的两倍），系统的稳态精度变差。

小结

综上所述，降低增益，将使系统的稳定性改善，但使系统的快速性和稳态精度变差。当然，若增加增益，系统性能变化与上述相反。

调节系统的增益，在系统的相对稳定性、快速性和稳态精度等几个性能之间作某种折中的选择，以满足（或兼顾）实际系统的要求，是最方便的调整方法之一。

降低增益，将使系统的稳定性改善，但使系统的快速性和稳态精度变差。

增加增益，使系统的快速性和稳态精度改善，使系统的相对稳定性变差。

由上例还可以看到，当系统固有部分含有积分环节和（2~3）个时间常数较大的惯性环节时，降低增益虽然可使相位裕量有所增加，但增加的幅度不是很大（此例中，由13.5°增为25°），这种情况通常要采用含有比例微分的校正装置。

5.2.2 比例微分（PD）校正（相位超前校正）

在自动控制系统中，一般都包含有惯性环节和积分环节，它们使信号产生时间上的滞后，使系统的快速性变差，如果参数选择不当也会影响系统的稳定性，甚至造成不稳定。如果只靠调节增益提高系统的稳定性，通常都会带来响应速度变慢、稳态误差增大等副作用；而且有时即使大幅度降低增益也不能使系统稳定（如含有两个积分的系统）。

这时若在系统的前向通路上串联比例微分（PD）校正装置，可使相位超前，以抵消惯性环节和积分环节使相位（亦即时间上）滞后而产生的不良后果。现仍以图5.16所示系统为例来说明PD校正对系统性能的影响及其校正方法。

例5.2 图5.18为在前向通路上串联PD校正装置后的系统框图。系统校正前的固有部分传递函数与图5.16所示系统相同，即

$$G_1(s) = \frac{K_1}{s(T_1 s+1)(T_2 s+1)}, \text{ 其中 } K_1 = 35, T_1 = 0.2, T_2 = 0.01$$

试在保证开环增益 K_1 不变的情况下提高系统相对稳定性。

解：选如图5.12所示PD调节器，系统的固有部分与图5.16所示系统相同，将其校正

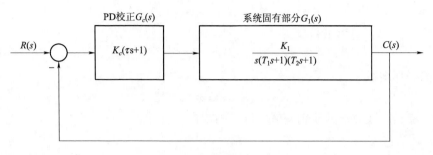

图 5.18

装置变换为 PD 校正装置，即

$$G_c(s) = K_c(\tau s + 1)$$

且令

$$K_c = 1, \quad \tau = T_1 = 0.2s$$

则系统开环传递函数变换为

$$G(s) = G_c(s) \cdot G_1(s) = K_c(\tau s + 1) \frac{K_1}{s(T_1 s + 1)(T_2 s + 1)}$$

$$= \frac{K_1}{s(T_2 s + 1)} = \frac{35}{s(0.01s + 1)}$$

则校正前后系统的伯德图为图 5.19 所示。

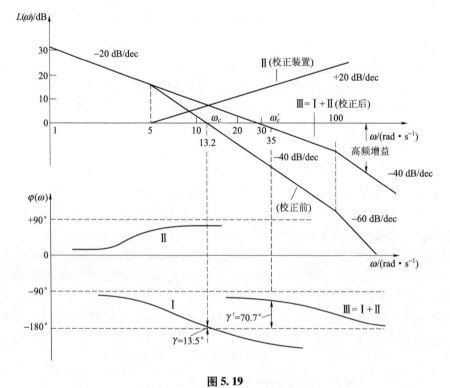

图 5.19

对照曲线Ⅲ和曲线Ⅰ，不难看出，增设 PD 校正具有如下效果：

① 比例微分环节使相位超前的作用，可以抵消惯性环节使相位滞后的不良后果，使系统的稳定性显著改善。系统的相位稳定裕量由 13.5° 提高到 70.7°。

② 使穿越频率 ω_c 提高（由 13 rad/s 提高到 35 rad/s），从而改善了系统的快速性，使调整时间减少（见式（4.48）或式（4.49））。

③ 比例微分调节器使系统的高频增益增大（见图 5.20 中的高频段），而很多干扰信号都是高频信号，因此比例微分校正容易引入高频扰动，这是它的缺点。

④ 由于开环增益没变，所以系统稳态精度保持原有水平。

综上所述，比例微分校正将使系统的稳定性和快速性改善，但抗高频干扰能力明显下降。

例 5.3 若单位反馈系统的开环传递函数为

$$G_0(s) = \frac{K}{s(0.25s+1)(0.01s+1)}$$

试设计一串联校正装置，使其满足指标 $K=50$，$\gamma_c=45°$，$\omega_c=25$ rad/s。

解：

1）绘制 $K=50$ 时的校正前系统对数频率特性曲线如图 5.20。由此图可以查出 $\omega_c=14$ rad/s，$\gamma=5°$。

2）确定超前校正装置的最大超前角 $\varphi_{\max}$。由于超前校正装置在最大超前角附近的对数幅频特性曲线有 20 dB/dec 的斜率，校正后新的幅值穿越频率 $\omega_c' > \omega_c$，所以超前校正装置在该点处的相角会小于最大超前角 $\varphi_{\max}$，而要使系统满足相位裕度 $\gamma_c=45°$，需要 $\varphi_{\max}$ 比要求的 γ_c 更大一些，试取 $\varphi_{\max}=55°$。

3）确定校正装置的传递函数。

① 确定 β：从式（5.13）可以得到

$$\varphi_{\max} = \arcsin\frac{\beta-1}{\beta+1} = 55°$$

所以，
$$\beta = \frac{1+\sin\varphi_{\max}}{1-\sin\varphi_{\max}} = \frac{1+\sin 55°}{1-\sin 55°} = 10.1$$

② 确定 ω_m：将上面的 β 值代入式（5.14），则有

$$L(\omega_m) = 10\lg\beta \approx 10.05 \text{ (dB)}$$

为充分利用超前校准装置的相位超前特性，使 $\omega_m \to \omega_c'$，所以未校正系统在 $\omega=\omega_m$ 处的对数幅频特性值应等于 -10.05 dB，即

$$20\lg|G_0(j\omega_m)| = -10.05 \text{ (dB)}$$

根据已知参数，可近似求得（求法由读者思考，可忽略时间非常小的项）$\omega_m \approx 25$（rad/s），再根据式（5.12）可求得校准装置传递函数中时间常数 $T \approx 0.012$（s）。

最后得校正装置的传递函数为

$$G_c(s) = \frac{0.12s+1}{0.012s+1}$$

4）校正后系统开环传递函数为

$$G(s) = G_c(s) \cdot G_0(s) = \frac{50(0.12s+1)}{s(0.25s+1)(0.012s+1)(0.01s+1)}$$

根据上面传递函数绘出校正后系统开环对数频率特性曲线，见图 5.20 中的虚线。由图

查出，$\gamma_c \approx 46°$，满足要求。

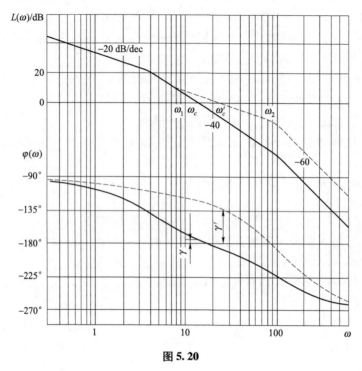

图 5.20

5) 确定校正网络的物理参数。

选用表 5.1 第 11 栏有源校正装置，其传递函数为

$$G_c(s) = -\frac{K(\tau s + 1)}{Ts + 1}$$

式中，$K = R_3/R_1$　$\tau = (R_1 + R_2)C$，$T = R_2 C$。

令

$$C = 2 \ \mu F$$

则

$$R_2 = \frac{T}{C} = \frac{0.012}{2 \times 10^{-6}} = 6\ 000\ (\Omega)，取 R_2 = 6\ k\Omega$$

$$R_1 = \frac{\tau}{C} - R_2 = \frac{0.12}{2 \times 10^{-6}} - 6\ 000 = 54\ 000\ (\Omega)，取 R_1 = 54\ k\Omega$$

5.2.3　相位滞后校正

为了提高系统的稳态性能（减少稳态误差），同时克服相位超前校正不能抑制高频噪声的缺点，我们引入了比例积分（PI）校正的方法。也就是在系统前向通路上串联一个相位滞后校正装置。下面列举两个例子说明滞后校正的一般过程。

例 5.4　图 5.21 中系统固有部分是调速系统传递函数，主要由电动机和功率放大环节组成，可以简化为由一个比例和两个惯性环节组成的系统。由于原系统中没有积分环节，其稳态误差不会为零。试串联比例积分校正装置 $G_c(s)$（相位滞后校正装置）解决这一问题。

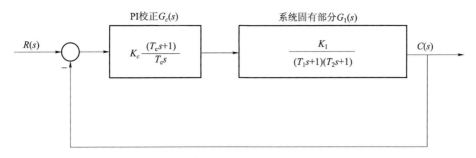

图 5.21

其中，$K_1 = 3.2$，$T_1 = 0.33$ s，$T_2 = 0.036$ s。

解： 设所采用的比例积分校正装置传递函数为

$$G_c(s) = K_c \frac{T_c s + 1}{T_c s}$$

为简便起见，取 $T_c = T_1 = 0.33$，取 $K_c = 1.3$，则校正后系统的传递函数为

$$G(s) = G_c(s) \cdot G_1(s) = 1.3 \cdot \frac{0.33s + 1}{0.33s} \cdot \frac{3.2}{(0.33s + 1)(0.036s + 1)}$$

$$= \frac{12.6}{s(0.036s + 1)}$$

校正前后的对数频率特性曲线如图 5.22 所示。

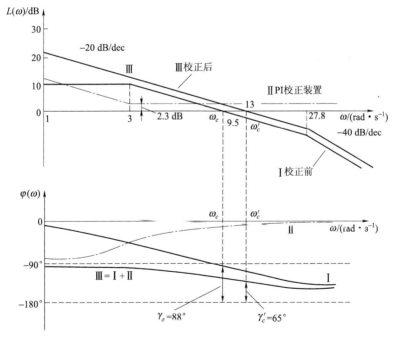

图 5.22

对照校正前、后的曲线 Ⅰ 和曲线 Ⅲ，不难看出，在本例中增设了 PI 校正装置后系统具有如下特点：

① 在低频段的斜率由 0 dB/dec 变为 -20 dB/dec，系统由 0 型变为 I 型（即系统由不含积分环节变为含有积分环节），从而实现了对阶跃信号的稳态误差为零。这样，系统的稳态误差将显著减小，从而改善了系统的稳态性能。

② 在中频段，由于积分环节的影响，系统的相位稳定裕量有所减小，系统的超调量将有所增加，但从图上可以看到 $\gamma_c \approx 65°$，所以对系统的稳定性影响不大。

③ 在高频段，校正前后的变化不大，没有出现像相位超前校正后高频幅值大幅增加的现象。

如果系统开环对数幅频特性在幅值穿越频率 ω_c 附近有两个或多个惯性环节的交接频率，或者有一个或多个振荡环节的交接频率，则相频特性曲线在 ω_c 附近随 ω 增大而迅速下降，相位裕度 γ_c 会很小，系统甚至不稳定。在这种情况下，如果采用相位超前校正往往效果不明显。这是因为新的幅值穿越频率 ω_c' 一般大于原有系统的幅值穿越频率 ω_c，而该点附近未校正系统的相位角下降很快，超前校正准装置的正相位角难以以补偿到要求的数值。如果利用相位滞后校正网络的高频衰减特性使 ω_c 前移，而在中频段及以后的相位特性基本不变，则可以得到较大的 γ_c 值。

例 5.5 若单位反馈系统的开环传递函数为

$$G_0(s) = \frac{K}{s(0.2s+1)(0.1s+1)}$$

试设计一个串联校正装置，使系统满足指标：$K = 40$，$\gamma_c \geq 40°$，$\omega_c \geq 2$ rad/s。

解：

1) 绘制 $K = 40$ 时的未校正系统开环对数频率特性示如图 5.23 中实线所示。由图 5.23 可以查出：$\omega_c = 12.5$ rad/s，$\gamma_c = -32°$，闭环系统不稳定。

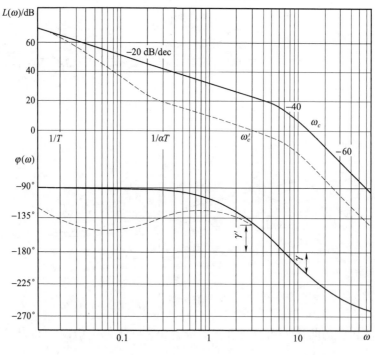

图 5.23

2) 由于在 ω_c 附近两个惯性环节的交接频率靠得较近,使相频特性 $\varphi(\omega)$ 的值随 ω 增加下降很快,用超前校正难以达到要求的指标。另外,未校正系统幅值穿越频率比要求的数值高,故可采用滞后校正。相角裕量公式 $\varphi(\omega_c) = -90° - \arctan 0.2\omega_c - \arctan 0.1\omega_c$,试算可得,$\varphi(\omega)$ 在 $\omega = 2.7$ rad/s 处的相位角约等于 $-134°$,与 $-180°$ 线差 $46°$。若用滞后校正装置的高频衰减特性使校正后的截止频率 $\omega_c' = 2.7$ rad/s,并恰当地选取滞后校正装置的频率范围,使其相频特性在 ω_c' 附近的相位角滞后量很小,这样可能满足校正后相角裕量 $\gamma_c' \geq 40°$ 的要求。

3) 确定滞后校正装置的传递函数。

设所采用的滞后校正装置传递函数如式(5.1)所示,为使 $\omega_c' = 2.7$ rad/s,由图 5.23 中实线查出未校正系统对数幅频特性在 ω_c' 处应下降 23 dB,这 -23 dB 应由滞后校正装置幅频特性来实现。由图 5.4 可知滞后校正装置在点 $\omega = \dfrac{1}{\alpha T}$ 处下降最多,所以,令

$$20 \lg \alpha = -23 \text{ dB}$$
$$\alpha = 0.071 \tag{5.24}$$

因为校正后的相角裕量 γ_c' 必须满足

$$\gamma_c' = 180° + \varphi_0(\omega_c') + \varphi_c(\omega_c') \geq 40°$$

即

$$\gamma_c' = 180° + [-90° - \arctan 0.2 \cdot 2.7 - \arctan 0.1 \cdot 2.7] + [\arctan \alpha T \cdot 2.7 - \arctan T \cdot 2.7] \geq 40° \tag{5.25}$$

将式(5.24)代入式(5.25)并求解,得 $T \geq 42.4$,取 $T = 45$,则得到滞后校正装置的传递函数:

$$G_c(s) = \dfrac{0.071 \cdot 45s + 1}{45s + 1} = \dfrac{3.2s + 1}{45s + 1}$$

4) 校正后系统传递函数为:

$$G(s) = G_0(s) \cdot G_c(s) = \dfrac{40(3.2s + 1)}{s(0.2s + 1)(0.1s + 1)(45s + 1)} \tag{5.26}$$

由式(5.26)可以算出校正后系统相角裕量 $\gamma_c' = 180° + \varphi_0(\omega_c') + \varphi_c'(\omega_c') \approx 40.4°$。式(5.26)表示的校正后系统的对数频率特性如图 5.23 中虚线所示。由图也可以读出 γ_c' 和 ω_c' 的值。

上述求 α 与 T 的结果,也可以用解下述下不等式组(式(5.27)所示)求得,不过当传递函数复杂时,求解计算过程比较烦琐。

$$\begin{cases} 180° + \varphi_0(\omega_c') + \varphi_c'(\omega_c') \geq \gamma_c' \\ 20 \lg \left| G_0(s) \cdot \dfrac{\alpha Ts + 1}{Ts + 1} \right|_{s = j\omega_c'} = 0 \end{cases} \tag{5.27}$$

5) 确定滞后校正装置的物理参数。

若采用图 5.3 所示无源校正装置,则其传递函数为

$$G_c(s) = \dfrac{\alpha Ts + 1}{Ts + 1}$$

对照图 5.3,可求得

$$\alpha = \frac{R_2}{R_1+R_2}, T=(R_1+R_2)C$$

令

$$C = 100 \ \mu F$$

对照式（5.26）可得

$$R_2 = \frac{\alpha T}{C} = \frac{3.2}{100 \times 10^{-6}} = 32\ 000\ (\Omega)$$

取 $R_2 = 32\ \text{k}\Omega$，则

$$R_1 = \frac{T}{C} - R_2 = \frac{45}{100 \times 10^{-6}} - 32\ 000 = 418\ 000\ (\Omega)，取 R_1 = 410\ \text{k}\Omega$$

从上例可归纳出设计滞后校正装置的步骤如下：
①根据对系统稳态精度的要求确定开环系统增益 K。
②绘制上述 K 值时的未校正系统开环对数频率特性，并由此特性曲线查出 ω_c、γ_c 的数值。
③根据上面所画对数频率特性及要求的相位裕度，确定校正后的截止频率 ω_c'。
④确定滞后校正装置的传递函数。
⑤绘制校正后的开环系统对数频率特性，并检查 ω_c'、γ_c' 是否满足设计指标。若不满足，重复上述过程。
⑥确定滞后装置的结构及物理参数。

5.2.4 串联滞后–超前校正

超前校正可以改善系统的稳定性和过渡过程，但会增大高频噪声，滞后校正可以提高系统的稳态精度和改善系统的稳定性，但缩小了系统的频带，降低了幅值穿越频率，使系统响应速度变慢。当上述任一方法校正均不能满足给定指标时，可以考虑使用滞后–超前校正，滞后–超前校正兼有上述两种校正方法的优点，响应速度快、超调量小、抑制高频噪声性能好。因此，当对系统相对稳定性、响应速度和稳态精度要求都较高时，可采用相位滞后–超前校正。

例 5.6 若单位反馈系统的开环传递函数为

$$G_0(s) = \frac{40}{s(0.2s+1)(0.1s+1)}$$

试设计串联校正装置，使其满足指标 $\omega_c \geq 2\ \text{rad/s}$，$\gamma = 40°$。

解：

1) 绘制 $K=40$ 时未校正系统的开环对数频率特性曲线，见图 5.24 曲线①，由曲线查出 $\omega_c = 12.5\ \text{rad/s}$，计算得 $\gamma_c = 180° - 90° - \arctan 0.2\omega_c - \arctan 0.1\omega_c \approx -30°$，系统不稳定。若用超前校正很难满足 $\gamma = 40°$ 的指标；若用滞后校正，势必降低幅值穿越频率，用相角裕量公式试算可知在 $\gamma_c \approx 40°$ 时，$\omega_c \approx 3\ (\text{rad/s})$，截止频率太低，故采用滞后–超前校正试算。

2) 确定校正装置滞后部分的传递函数。由图 5.24 的曲线①可以看出，若用滞后–超前网络的滞后部分使未校正系统高频段衰减 16 dB，则 $\omega_c' = 5.5\ \text{rad/s}$，计算得 $\gamma_c \approx 13.5°$。这时幅值穿越频率接近要求的值，而相位裕度不足，再通过超前部分校正可能使相位裕度达到

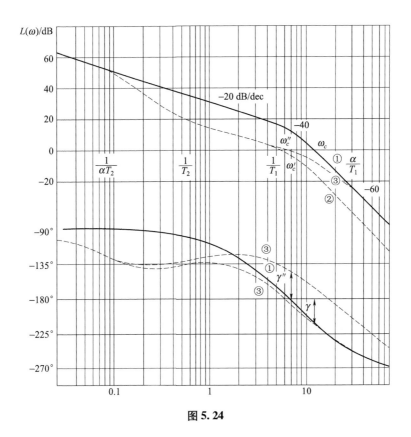

图 5.24

$40°$,并且截止频率略有提高,因此试选 $\omega_c' = 5.5$ rad/s。为使滞后校正装置传递函数在 ω_c' 处相频特性下降较小,将滞后校正装置传递函数中一阶微分环节交接频率尽量取小(可参考图 5.8),一般取

$$\omega_2 = \frac{1}{T_2} = 0.1\omega_c'$$

则

$$\omega_2 = \frac{1}{T_2} = 0.1 \times 5.5 \text{ rad/s} = 0.55 \text{ rad/s}$$

所以

$$T_2 = \frac{1}{0.55} = 1.82 \text{ (s)}$$

这时滞后部分将未校正部分对数幅频特性降低 16 dB,则根据图 5.8 可得

$$-20 \lg\alpha = -16 \text{ (dB)}$$

则 $\alpha \approx 6.3$,$\alpha T_2 = 6.3 \times 1.82 = 11.5$ (s)。

根据式 (5.16),可得滞后部分传递函数为

$$G_{c2}(s) = \frac{T_2 s + 1}{\alpha T_2 s + 1} = \frac{1.82s + 1}{11.5s + 1} \tag{5.28}$$

3) 绘制滞后校正后的开环系统对数频率特性曲线,见图 5.24 曲线②,由曲线②查出 $\omega_c' = 5.5$ rad/s,计算得

$$\gamma'_c = 180° + (-90° - \arctan 0.2\omega'_c - \arctan 0.1\omega'_c) + (\arctan 1.82\omega'_c - \arctan 11.5\omega'_c) \approx 8.7°$$

4）确定校正装置中超前部分的传递函数。由图 5.24 曲线②可以看出，经滞后校正的对数幅频特性在 $\omega = 5$（rad/s）处斜率由 -20 dB/dec 变成 -40 dB/dec，这个频率也是未校正系统的一个交接频率。若将超前部分的第一个交接频率选为 $\omega_1 = 1/T_1 = 5$ rad/s，则斜率为 -20 dB/dec 的直线将延长，并使其一直通过 0 dB 线。这样相位裕度也将增加，故选取 $\omega_1 = 5$ rad/s，即 $T_1 = 1/5 = 0.2$ s。则超前校正部分的第二个交接频率为：

$$\frac{\alpha}{T_1} = 5 \times 6.3 = 31.5 \text{ (rad/s)}$$

而

$$\frac{T_1}{\alpha} = \frac{1}{31.5} = 0.032 \text{ (s)}$$

所以，超前校正部分的传递函数为

$$G_{c1}(s) = \frac{T_1 s + 1}{\frac{T_1}{\alpha} s + 1} = \frac{0.2s + 1}{0.032s + 1} \tag{5.29}$$

5）确定滞后 - 超前网络的传递函数。由式（5.28）、式（5.29）得滞后 - 超前网络的传递函数为

$$G_c(s) = G_{c1}(s) G_{c2}(s) = \frac{0.2s + 1}{0.032s + 1} \cdot \frac{1.82s + 1}{11.5s + 1}$$

6）绘制滞后 - 超前校正之后的系统开环对数幅频特性。
校正后的系统开环传递函数为：

$$G(s) = G_c(s) G_0(s) = \frac{0.2s + 1}{0.032s + 1} \cdot \frac{1.82s + 1}{11.5s + 1} \cdot \frac{40}{s(0.2s + 1)(0.1s + 1)}$$

$$= \frac{40(1.82s + 1)}{s(11.5s + 1)(0.1s + 1)(0.032s + 1)}$$

根据上式绘出校正后的开环系统对数幅频特性曲线，见图 5.24 曲线③，由曲线③查出 $\omega'_c = 6.3$ rad/s，计算得 $\gamma'_c \approx 42.2°$，满足设计要求。

7）确定滞后 - 超前校正网络的结构及参数。若选用图 5.7 所示无源校正网络，其传递函数为

$$G_c(s) = \frac{(T_2 s + 1)(T_1 s + 1)}{(\alpha T_2 s + 1)\left(\frac{T_1}{\alpha} s + 1\right)}$$

式中，$T_1 = R_1 C_1$，$T_2 = R_2 C_2$，$\alpha \approx \frac{T_1 + T_2 + T_{12}}{T_2}$，$T_{12} = R_1 C_2$。

由 3）知 $T_2 = 1.82$ s，$\alpha = 6.3$；
由 5）知 $T_1 = 0.2$ s。把这些数值代入上式可得图 5.7 各元件的物理参数如下：
令

$$C_2 = 20 \text{ μF}$$

则

$$R_2 = \frac{T_2}{C_2}\frac{1.82}{20\times 10^{-6}} = 91\,000\,(\Omega),\ \text{取}\ R_2 = 90\text{ k}\Omega$$

$$T_{12} = (\alpha - 1)T_2 - T_1 = (6.3 - 1)\times 1.82 - 0.2 = 9.44(\text{s})$$

$$R_1 = \frac{T_{12}}{C_2} = \frac{9.44}{20\times 10^{-6}} = 472\,300(\Omega),\ \text{取}\ R_1 = 470\text{ k}\Omega$$

$$C_2 = \frac{T_1}{C_1} = \frac{0.2}{470\times 10^3} = 0.425\,0\times 10^{-6}(\text{F}),\ \text{取}\ C_1 = 0.4\ \mu\text{F}$$

从上例归纳出设计滞后-超前校正网络的步骤如下：

①根据稳态精度的要求，确定系统开环增益 K。

②绘制上述 K 值时未校正系统的开环对数幅频率特性，并查出 ω_c，计算出 γ_c 的数值。

③根据要求的相位裕度，考虑校正装置的超前部分所增加的相位角，选择滞后校正的截止频率 ω_c' 和相位裕度 γ'，然后按照滞后校正的方法确定校正装置中的滞后部分传递函数。

④取未校正系统对数幅频特性 0 dB 附近斜率由 -20 dB/dec 变至 -40 dB/dec 的转折点为超前校正的对数幅频特性的第一个交接频率 $\omega_1 = 1/T_1$，第二个交接频率为 $\omega_2 = \alpha/T_1$。最后得超前校正网络及滞后-超前网络的传递函数。

⑤绘制串联滞后-超前校正后的系统开环对数幅频特性，并校验系统指标。若不满足，重复上述步骤。

⑥确定滞后-超前校正网络的结构和参数

例 5.7 图 5.25 是某随动系统的 PID 串联校正后框图。已知校正前即系统固有部分中，$K_1 = 35$，$T_m = 0.2$ s，$T_x = 0.01$ s，$\tau_0 = 0.005$ s，试判定系统的相对稳定性，如果相对稳定性不理想，试用 PID 调节器进行校正。

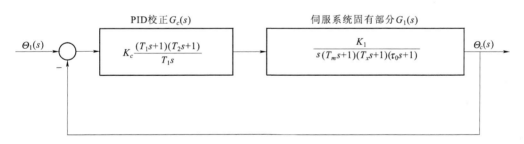

图 5.25

解：绘制系统校正前对数幅频特性（如图 5.26 曲线 I 所示）。由图可以读出，幅值穿越频率 $\omega_c \approx 14$ rad/s，计算可得相位裕量 $\gamma_c \approx 7.7°$，显然稳定性较差。由图 5.25 可知，这是 I 型系统，它对阶跃输入的稳态误差为零，但对速度输入信号却是有恒值误差的。若要求此系统对速度输入信号的误差也为零，则应将它校正成 II 型系统（即再引入一个积分环节）。若调节器采用 PI 调节器，固然可以提高系统的型别，但这对含有一个积分、三个惯性环节的系统（它的稳定裕量一般比较小）来说，将使系统的稳定性变得更差，甚至造成不稳定，因此很少采用。常用的办法就是采用 PID 调节器来调节。

PID 调节器传递函数为

$$G_c(s) = K_c \frac{(T_1 s+1)(T_2 s+1)}{T_1 s}$$

校正后系统开环传递函数为

$$G(s) = G_c(s)G_1(s) = K_c \frac{(T_1 s+1)(T_2 s+1)}{T_1 s} \cdot \frac{K_1}{s(T_m s+1)(T_x s+1)(\tau_0 s+1)}$$

为使分析简明起见，设 $T_1 = 0.2$ s，并且为了使校正后的系统有足够的相位裕量，取 $T_2 = 10T_x = 10 \times 0.01$ s，$K_c = 2$，则得校正后系统传递函数为

$$G(s) = G_c(s)G_1(s) = 2 \cdot \frac{(0.2s+1)(0.1s+1)}{0.2s} \cdot \frac{35}{s(0.2s+1)(0.01s+1)(0.005s+1)}$$

$$= \frac{350(0.1s+1)}{s^2(0.01s+1)(0.005s+1)}$$

则 PID 调节器及校正后系统的对数幅频特性曲线分别如图 5.26 中的 Ⅱ、Ⅲ 所示。由图读出校正后幅值穿越频率 $\omega_c \approx 35$ rad/s，计算得相角稳定裕量 $\gamma_c \approx 45°$ rad/s。

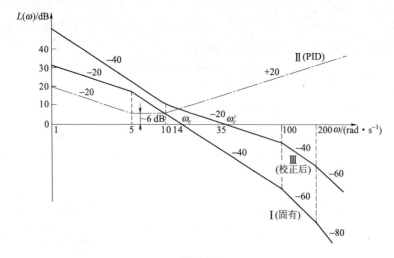

图 5.26

对照系统校正前、后的曲线 Ⅰ 和曲线 Ⅲ，不难看出，增设 PID 校正装置后：

① 在低频段，由于 PID 调节器积分部分的作用，斜率增加了 -20 dB/dec，系统由原来对阶跃输入无稳态误差变为对斜坡信号也无稳态误差，从而显著地改善了系统的稳态性能。

② 在中频段，由于 PID 调节器微分部分的作用（进行相位超前校正），使系统的相位裕量增加，相对稳定性改善，同时意味着超调量减小，振荡次数减少，而又因幅值穿越频率 ω_c 的增加，提高了快速性，从而改善了系统的动态性能。

③ 在高频段，由于 PID 微分部分的影响，使高频增益有所增加，会降低系统的抗高频干扰的能力。但这可通过选择适当的 PID 调节器，使其在高频段的斜率为 0 dB/dec 便可避免这个缺点。

综上所述，比例积分微分（PID）校正兼顾了系统稳态性能和动态性能的改善，因此在要求较高的场合（或系统已含有积分环节的系统），较多采用 PID 校正。PID 调节器的形式有多种，可根据系统的具体情况和要求选用。

5.2.5 串联带阻滤波器校正

若被控对象的传递函数含有低阻尼比的振荡环节,则系统开环对数幅频特性有很高的谐振峰值,对应于峰值处的对数相频特性随频率增加而迅速下降。这种系统如果不校正只有在很低的开环增益情况下才能工作,因此系统的稳态精度和响应速度都很差。对于这种情况,可将带阻滤波器串入系统,削去对数幅频特性的尖峰,然后再用其他方法继续校正。

例 5.8 若单位反馈系统的开环传递函数为

$$G_0(s) = \frac{2}{s(0.25s^2 + 0.1s + 1)}$$

试设计一串联校正装置,使系统稳定并满足指标 $\gamma_c = 45°$。

解:

1) 绘制 $K = 2$ 时未校正系统对数频率特性曲线,见图 5.27 实线,由图中实线可查出:
$\omega_c = 2.52$ rad/s,计算得 $\gamma_c \approx -66°$,系统不稳定。

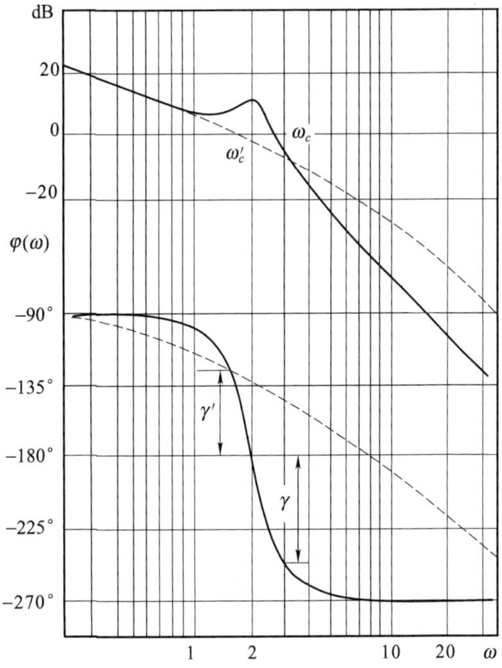

2) 确定校正装置传递函数。为削去低阻尼比二阶振荡环节引起的对数幅频特性谐振尖峰,在系统中串入图 5.28 所示的 T 型滤波器,并使 $\omega_n = 2$ rad/s,$\xi_z = 0.1$,则 T 型滤波器的传递函数为

$$G_{c1}(s) = \frac{0.25s^2 + 0.1s + 1}{0.25s^2 + 5.1s + 1}$$
$$= \frac{0.25s^2 + 0.1s + 1}{(5s + 1)(0.05s + 1)}$$

图 5.27

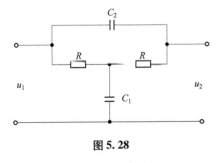

图 5.28

这时 T 型滤波器传递函数中二阶微分环节所形成的共轭复数零点与被控对象中二阶振荡环节所形成的极点相抵消,但同时又增加了两个惯性环节,其中的大时间常数 $T_1 = 5$ s,将影响系统的响应速度,为了进一步改善系统的性能,再串入超前网络,使其抵消大时间常数的极点,因此可令超前网络的传递函数为

$$G_{c2}(s) = \frac{5s + 1}{0.5s + 1}$$

全部校正装置的传递函数为

$$G_c(s) = G_{c1}(s) \cdot G_{c2}(s)$$
$$= \frac{0.25s^2 + 0.1s + 1}{(5s + 1)(0.05s + 1)} \cdot \frac{5s + 1}{0.5s + 1}$$
$$= \frac{0.25s^2 + 0.1s + 1}{(0.5s + 1)(0.05s + 1)}$$

3)绘制校正后系统开环对数幅频特性。校正后的系统开环传递函数为

$$G(s) = G_c(s) \cdot G_o(s)$$

$$G(s) = \frac{0.25s^2 + 0.1s + 1}{(0.5s+1)(0.05s+1)} \cdot \frac{2}{s(0.25s^2 + 0.1s + 1)}$$

$$= \frac{2}{s(0.5s+1)(0.05s+1)}$$

图 5.27 虚线绘出校正后的系统开环对数幅频特性。从该图看出 $\omega_c' = 1.56$ rad/s,计算得 $\gamma_c = 47.3°$,满足设计指标。

4)确定校正装置的结构和参数。

① 确定 T 型网络的物理参数。对于图 5.28 的 T 型网络,其传递函数为

$$G_{o1}(s) = \frac{\dfrac{s^2}{\omega_n^2} + 2\xi_z \dfrac{s}{\omega_n} + 1}{\dfrac{s^2}{\omega_n^2} + 2\xi_p \dfrac{s}{\omega_n} + 1}$$

式中

$$\omega_n = \frac{1}{R\sqrt{C_1 C_2}}; \quad \xi_z = \sqrt{\frac{C_1}{C_2}}$$

$$\xi_p = \frac{1}{2\xi_z} + \xi_z \tag{5.30}$$

前面设计已取 $\omega_n = 2$ rad/s, $\xi_z = 0.1$,把此数值代入式(5.30),可确定图 5.28 的元件参数如下:

$$C_2 = 50 \ \mu F$$

$$C_1 = \xi_z^2 C_2 = 0.1^2 \times 50 = 0.5 \ (\mu F)$$

$$R = \frac{1}{\omega_n \sqrt{C_1 C_2}} = \frac{1}{2 \times \sqrt{50 \times 10^{-6} \times 0.5 \times 10^{-6}}} = 10^5 \ (\Omega)$$

② 确定超前网络物理参数。超前网络如图 5.29 所示,其传递函数为:

$$G_{cz}(s) = -\frac{K(\tau s + 1)}{Ts + 1}$$

式中,$K = \dfrac{R_3}{R_1}, \tau = (R_1 + R_2)C, T = R_2 C$。

取 $C = 50 \ \mu F$,则

$$R_2 = \frac{T}{C} = \frac{0.5}{50 \times 10^{-6}} = 10^4 \ (\Omega)$$

$$R_1 = \frac{\tau}{C} - R_2 = \frac{5}{50 \times 10^{-6}} - 10\ 000 = 9 \times 10^4 \ (\Omega)$$

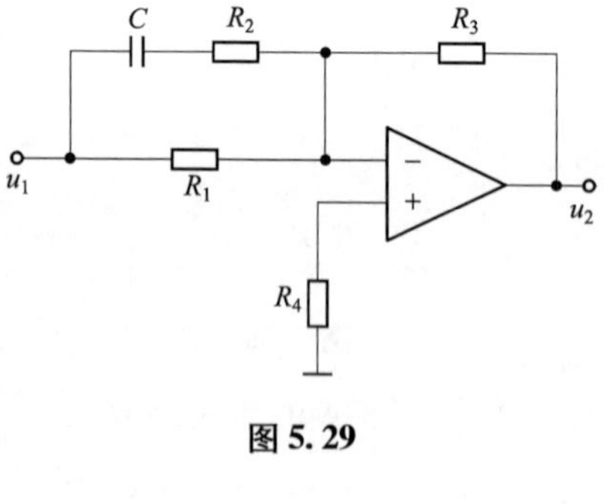

如果 $K = 1$,则

$$R_3 = R_1 = 9 \times 10^4 \ \Omega$$

图 5.29

由于 T 型滤波器要求有较高的输入阻抗,所以在 T 型滤波器和超前网络之间加入射极跟随器隔离。最后得全部校正装置原理图,见图 5.30。

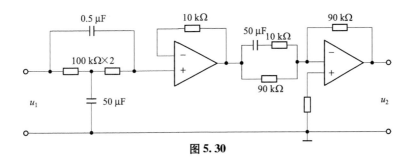

图 5.30

从上例归纳出串联带阻滤波器校正步骤如下:
① 根据稳态精度要求确定系统开环增益 K。
② 绘制上面 K 值时的未校系统对数频率特性,查出 ω_c、γ_c 的数值。
③ 根据未校系统中低阻尼比二阶振荡环节的参数选择 T 型滤波器的传递函数,进而确定超前网络的传递函数。
④ 绘制校正后的系统开环对数幅频特性,从图上查出 ω_c'、γ_c' 的数值。
⑤ 如果经上述校正后的系统仍不满足要求,可继续进行其他形式的校正。
⑥ 确定校正装置的结构和参数。

5.3 反馈校正

反馈校正有改善被反馈包围部分系统特性和抗干扰能力强的优点,因此被广泛应用。但反馈校正的计算是比较复杂的,本节只通过简单例子说明局部反馈校正的基本概念和特性。

5.3.1 反馈校正的一般特性

若局部反馈有图 5.31 所示结构图,其等效传递函数为

$$G'(s) = \frac{X_2(s)}{X_1(s)} = \frac{G(s)}{1+G(s)H(s)}$$

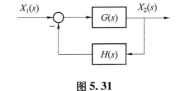

图 5.31

当 $|G(s)H(s)| \gg 1$ 时,上式可简化为

$$G'(s) = \frac{1}{H(s)} \tag{5.31}$$

由式(5.31)可知,当被反馈包围部分在某频段上的幅频增益足够大,则其特性只取决于反馈元件的特性。因此,适当地选择反馈元件的结构和参数,可以改变被反馈包围部分的特性和稳定其参数。

5.3.2 比例反馈包围惯性环节(硬反馈)

如图 5.32,其等效传递函数为

$$G_i'(s) = \frac{X_2(s)}{X_1(s)} = \frac{K}{1+Ka} \cdot \frac{1}{\frac{T}{1+Ka}s+1} \tag{5.32}$$

由式(5.32)可以看出,比例反馈包围惯性环节的效果为:
① 减小了被包围的惯性环节时间常数;
② 降低开环增益,但这可以通过提高未被包围部分的增益来补偿。

5.3.3 比例微分反馈包围积分环节和惯性环节相串联的元件（软反馈）

如图 5.33，其等效传递函数为

$$G_i'(s) = \frac{X_2(s)}{X_1(s)} = \frac{K}{Ts^2 + s + \alpha sK} = \frac{\dfrac{1}{\alpha}}{\dfrac{T}{\alpha K}s^2 + \dfrac{1}{\alpha K}s + s} \tag{5.33}$$

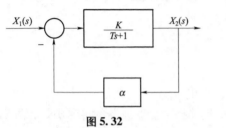

图 5.32

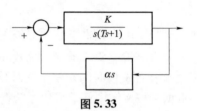

图 5.33

从式（5.33）可以看到，校正后振荡环节无阻尼自由振荡频率的平方和时间常数都会扩大或者缩小 $\dfrac{1}{\alpha}$ 倍。

5.3.4 微分反馈包围积分环节和惯性环节相串联的元件（软反馈）

如图 5.34，其等效传递函数为

$$G_i'(s) = \frac{X_2(s)}{X_1(s)} = \frac{K}{1 + Kb} \cdot \frac{1}{s\left(\dfrac{T}{1 + Kb}s + 1\right)} \tag{5.34}$$

由式（5.34）可见，此种反馈的效果是：
① 保存了原有的积分环节；
② 减小了惯性环节的时间常数；
③ 降低了开环增益，这也可以通过提高未被包围部分的增益来补偿。

5.3.5 微分反馈包围振荡环节（软反馈）

如图 5.35，其等效传递函数为

$$G_i'(s) = \frac{X_2(s)}{X_1(s)} = \frac{K}{\dfrac{1}{\omega_n^2}s^2 + 2\left(\xi + \dfrac{Kb\omega_n}{2}\right)\dfrac{1}{\omega_n}s + 1} \tag{5.35}$$

这种反馈的效果是微分反馈增加了振荡环节的阻尼比。

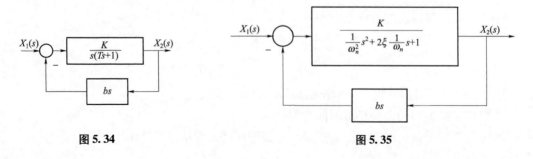

图 5.34　　　　　　　　　　图 5.35

5.3.6 一阶微分和二阶微分反馈包围由积分环节和振荡环节相串联组成的元件（软反馈）

如图 5.36，其等效传递函数为

$$G_i'(s) = \frac{X_2(s)}{X_1(s)} = \frac{K'}{s\left(\dfrac{1}{\omega_n'^2}s^2 + 2\xi'\dfrac{1}{\omega_n'}s + 1\right)}$$

式中，$K' = \dfrac{K}{1+Kb}$，$\xi' = \dfrac{\xi}{\sqrt{1+Kb}} + \dfrac{Kc\omega_n}{2\sqrt{1+Kb}}$，$\omega_n' = \omega_n\sqrt{1+Kb}$。

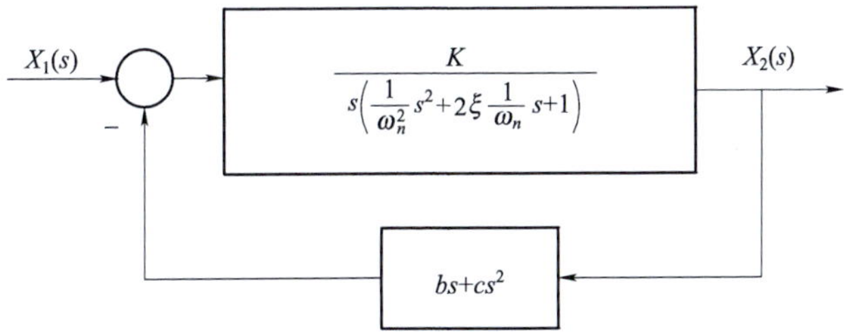

图 5.36

这种反馈的效果是：一阶微分反馈提高了振荡环节的无阻尼振荡频率，但降低了阻尼比；二阶微分反馈可增加阻尼比；保存原有的积分环节。

上述反馈校正方法中使用了一阶微分和二阶微分，但在实际物理装置中，这种元件是不独立存在的，如果选用近似微分来代替纯微分，会得到相近的效果。还应指出，反馈校正要增加一些设备或元件，有的还要改变物理结构，例如，对电动机的微分反馈，常采用测速发电动机作为反馈元件，对此，在设计之初就应考虑这种反馈校正装置的安装问题，否则，待系统制成后再考虑校正装置的安装就为时已晚了。因此，反馈校正的实际应用比较复杂，有时甚至难以实现。

最后还应指出：不论是串联校正还是反馈校正，都不能任意提高系统性能指标，而是在原有结构参数条件下的改善。因此，如果经过多次试凑校正后，系统的性能指标离设计要求仍相差甚远，就应考虑重新选用执行元件和改变系统结构；如果选择了新元件及改变了结构还不能达到预定指标，则应考虑修改设计指标。

5.4 PID 控制原理及其实例

5.4.1 PID 控制器原理

在工程实际上，PID 调节器又常常作为控制器使用，简称 PID 控制，又称 PID 调节，其特点是结构简单、稳定性好、工作可靠、调整方便。

PID 控制的适用范围是：当被控对象的结构和参数不能完全掌握，或得不到精确的数学模型、控制理论的其他技术难以采用时，系统控制器的结构和参数必须依靠经验和现场调试来确定，这时应用 PID 控制技术最为方便。即当我们不完全了解一个系统和被控对象，或不能通过有效的测量手段来获得系统参数时，最适合用 PID 控制技术。

PID 控制器的方程：

$$u = K_P e + K_I \int_0^t e\, dt + K_D \frac{de}{dt} \tag{5.36}$$

其传递函数：

$$G_j(s) = K_P + \frac{K_I}{s} + K_D s = \frac{K(\tau_1 s + 1)(\tau_2 s + 1)}{s} \tag{5.37}$$

式中，K_P、K_I、K_D 分别表示比例增益、积分增益和微分增益。

PID 控制器方块图如图 5.37 所示。

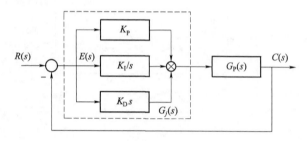

图 5.37

在很多情形下，PID 控制并不一定需要全部的三项控制作用，而是可以方便灵活地改变控制策略，通过选择 K_P、K_I、K_D 不同的取值情况可得到不同的组合控制方式。如可得到比例（P）、积分（I）、微分（D）、比例-积分（PI）、比例-微分（PD）和比例-积分-微分（PID）等控制器。

各控制器的作用如下：

比例控制器（P）：当偏差量增大时，由于 P 的作用控制量和反馈量也成比例增大，从而减小偏差量，这就是比例控制。

积分控制器（I）：考虑到偏差量始终存在，就把它累加起来，加大控制量和反馈量以消除偏差，这就是积分控制。

微分控制器（D）：微分控制则起到预估的作用，即当 $de/dt > 0$ 时，表示偏差在加大，应及时增加控制量，以减小偏差；$de/dt < 0$ 时，表示偏差在减小，则应减少控制量，以避免在偏差 e 趋近于 0 时又反方向发展而引起振荡。

比例-积分-微分控制器（PID）：PID 控制器综合了比例控制、积分控制和微分控制各自的优点。在低频段，PID 控制器通过积分控制作用改善了系统的稳态性能；在中频段，PID 控制器通过微分控制作用，有效地提高了系统的动态性能。PID 控制器的主要特点是：原理简单、应用方便、参数整定灵活；适用性强，可以广泛应用于电力、机械、化工、热工、冶金、轻工、建材、石油等行业；鲁棒性强，即其控制的参量对受控对象的变化不太敏感，合理优化 K_P、K_I 和 K_D 参数，可以使系统具有高稳定性和控制精度、响应快速等理想的性能。

5.4.2 某精密微小型计算机显微测量仪的 PID 控制

（1）系统原理框图，如图 5.38 所示。

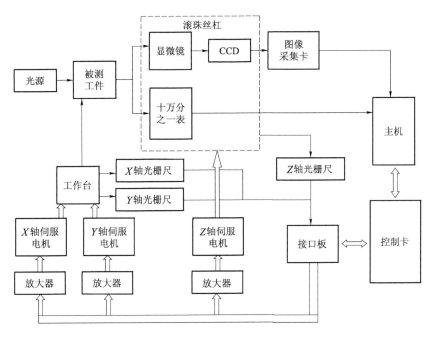

图 5.38

该套系统采用高分辨率 CCD 与高倍显微镜相结合,在水平方向上,工作台的 X、Y 方向上都装有光栅尺作为检测元件,其分辨率为 100 nm,采用光栅尺反馈数据和显微镜视觉测量数据融合的方法测量超显微镜视场的大尺寸零件,兼顾了测量范围和测量精度的要求。在竖直方向中用十万分之一表作为传感器,Z 轴装有分辨率为 50 nm 的光栅尺,将十万分之一表测量的数据与光栅尺反馈的数据融合,精确测量工件的高度。

(2) 控制系统。

如图 5.39 所示,系统运动控制采用轴卡控制的全闭环控制技术。系统控制原理框图如图 5.40 所示。

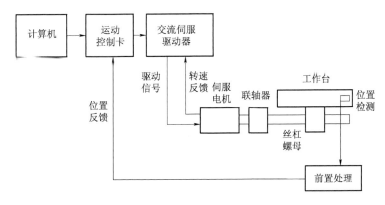

图 5.39

系统控制过程如下:

运动控制卡接收到 PC 机的指令后,经交流伺服驱动器发出控制脉冲信号并放大后驱动

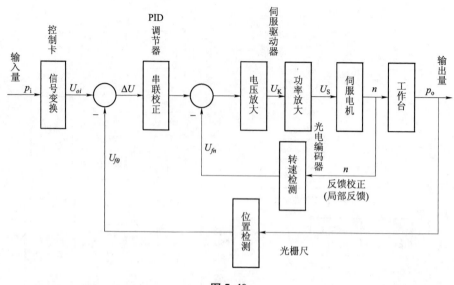

图 5.40

交流伺服电动机,使电动机按照相应的转速和角位移运行。光电编码器返回的速度检测信号进入驱动器构成速度环,由光栅反馈的位移检测信号进入运动控制卡构成位置环。

该系统是离散控制系统,系统的控制框图如图 5.41 所示,包括数字位置控制器、被控对象和反馈通道 3 部分。

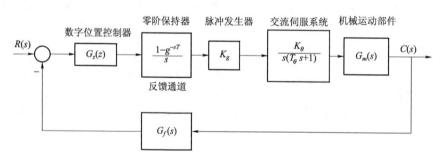

图 5.41

数字位置控制器可看做是一个比例环节 K_g。被控对象由零阶保持器、脉冲发生器、数字式交流伺服系统、机械运动部件等组成。其中,零阶保持器起着连接离散环节(数字控制器)与连续环节的桥梁作用,将任一采样时刻 kT 输入的数字信号数值恒定不变地保持到一下采样时刻 $(k+1)T$。零阶保持器的传递函数为

$$G_0(s) = \frac{1-e^{-sT}}{s} \tag{5.37}$$

式中,T 为采样周期。

通过泰勒级数展开可将上式近似表示为:

$$G_0(s) = \frac{1}{s}\left(1 - \frac{1}{1+Ts+\frac{(Ts)^2}{2!}+\cdots}\right) \approx \frac{T}{Ts+1}$$

脉冲发生器的任务是根据位置控制器给出的控制信号产生控制交流伺服系统运行的指令脉冲，因此该环节为一比例环节。交流伺服系统是由数字式驱动装置和交流伺服电动机和速度反馈装置组成，其传递函数近似表示为（电动机的输出为转角、输入为控制绕组电压）

$$G_\theta(s) = \frac{K_\theta}{s(T_\theta s + 1)} \tag{5.38}$$

机械运动部件的作用是将电动机转角转换为工作台直线位移，如果将传动误差和非线性因素的影响作为对系统的动态扰动来处理，也可将该环节看作一比例环节 $G_m(s) = K_m$。这样，经过适当处理，可将该系统的前向通路传递函数表示为

$$G_d(s) = \frac{K_g K_\theta K_m T}{s(Ts+1)(T_\theta s+1)} \tag{5.39}$$

反馈通道虽然包括检测装置、前置处理、信息传递、可逆计数等诸多环节，涉及较复杂的信息处理过程。但从以工作台实际位置为输入，位置反馈值（可逆计数器中的计数值乘以脉冲当量）为输出的角度看，可将反馈通道看作为一比例环节，经过适当设计可使其传递函数 $G_f(s) = 1$。

主要调整的参数有比例增益、积分增益、微分增益等：

IX30：伺服环的比例增益 K_P。

IX31：伺服环的微分增益 K_D。

IX33：伺服环的积分增益 K_I。

（3）阶跃响应的过渡过程调节。

通过阶跃响应调整使系统响应快，又不产生振荡。调整内容主要有以下几个方面：

1）超调和振荡。如果系统阶跃相应产生振荡，导致机械系统运动不平稳、定位不准确（如图 5.42）。振荡产生原因主要是阻尼太小或比例增益过大。解决方法是增大阻尼（IX31），减小比例增益（IX30）。

2）偏移即稳态误差调整。偏移即稳态误差将导致系统产生定位误差（如图 5.43），其原因是组件间的摩擦力或其他外力引起的较大阻力。解决方法是增大积分增益（IX33）。

3）过渡过程时间调整。过渡过程时间过长会使系统响应迟缓（如图 5.44）。产生原因是阻尼过大或者系统比例增益太小，导致系统响应缓慢，也容易产生丢步现象。

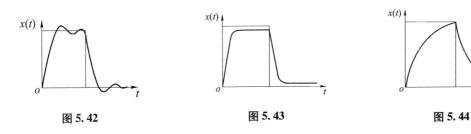

图 5.42　　　　　　　　图 5.43　　　　　　　　图 5.44

综合进行以上三个方面的调整，可以得到如图 5.45（电动机 1 即 Y 轴电动机过渡过程调整）的阶跃响应。图 5.45（a）由于比例增益较大，超调量为 5.9%、调整时间为 0.1 s；图 5.45（b）是将比例增益降低到上例的 1/2，其综合指标都较为理想。

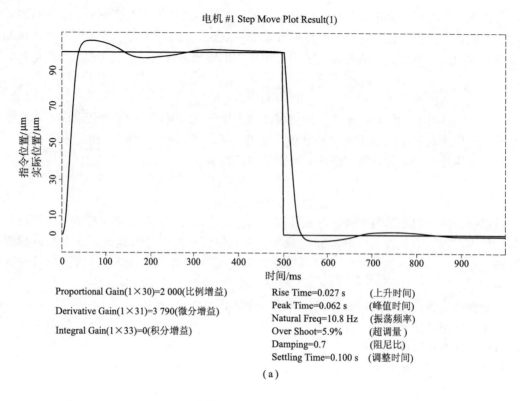

Proportional Gain(1×30)=2 000(比例增益)
Derivative Gain(1×31)=3 790(微分增益)
Integral Gain(1×33)=0(积分增益)

Rise Time=0.027 s （上升时间）
Peak Time=0.062 s （峰值时间）
Natural Freq=10.8 Hz （振荡频率）
Over Shoot=5.9% （超调量）
Damping=0.7 （阻尼比）
Settling Time=0.100 s （调整时间）

(a)

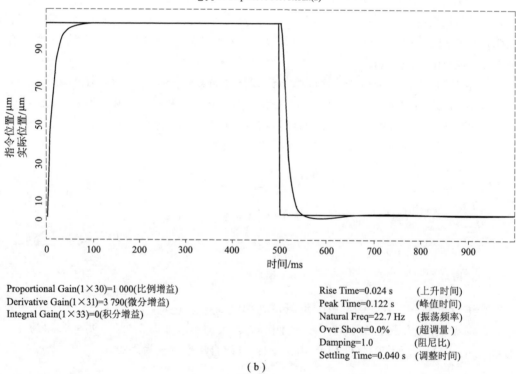

Proportional Gain(1×30)=1 000(比例增益)
Derivative Gain(1×31)=3 790(微分增益)
Integral Gain(1×33)=0(积分增益)

Rise Time=0.024 s （上升时间）
Peak Time=0.122 s （峰值时间）
Natural Freq=22.7 Hz （振荡频率）
Over Shoot=0.0% （超调量）
Damping=1.0 （阻尼比）
Settling Time=0.040 s （调整时间）

(b)

图 5.45

习 题

5-1 简述串联校正的优点与不足，简述反馈校正的优点与不足。

5-2 在题图 5.1 所示的随动系统中，若串联校正装置的传递函数 $G_c(s) = \dfrac{0.02s+1}{0.01s+1}$，这属于哪一类校正？试定性分析它对系统性能的影响。

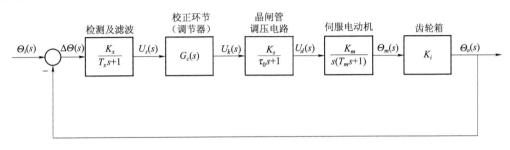

题图 5.1

5-3 试画出

$$G(s) = \frac{250}{s(0.1s+1)}$$

$$G(s)G_c(s) = \frac{250}{s(0.1s+1)} \cdot \frac{0.05s+1}{0.0047s+1}$$

的伯德图，分析两种情况下的 ω_c 及相角裕量，从而说明近似比例微分校正的作用。

5-4 试画出

$$G(s) = \frac{300}{s(0.03s+1)(0.0047s+1)}$$

$$G(s)G_c(s) = \frac{300(0.5s+1)}{s(10s+1)(0.03s+1)(0.0047s+1)}$$

的伯德图，分析两种情况下的 ω_c 及相角裕量值，从而说明近似比例积分校正的作用。

5-5 题图 5.2（a）和（b）为两个不同的开环对数幅频特性，试定性比较这两种方案的动态和稳定特性有哪些差别。

5-6 题图 5.3 为双闭环直流调速系统的电流环框图。电流环的输入量为电枢电压 $U_a(s)$，输入量为电枢电流 $I_a(s)$，电流环已简化成单位负反馈系统。已知电流调节器为比例积分（PI）调节器，传递函数 $G_c(s) = \dfrac{K_i(T_i s+1)}{T_i s}$，式中 $K_i = 2/3$，$T_i = 0.04$ s。试由伯德图分析校正前、后电流环性能的变化。

[提示]：

① 画出该系统的固有积分的对数幅频特性 $[L_1(\omega)]$，由图解或计算求得穿越频率 ω_c，由公式求取相位裕量 γ。

② 画出调节器的对数幅频特性 $[L_2(\omega)]$。

③ 画出校正后的系统的对数幅频特性 $[L_3(\omega)]$，求出其穿越频率 ω_c'（图解或计算）和

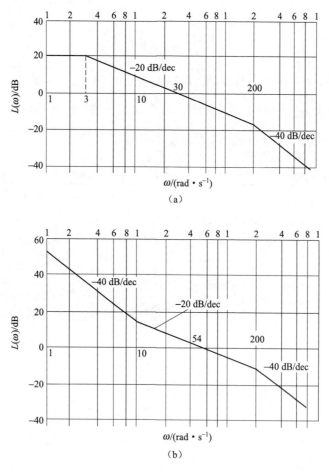

题图 5.2

相位裕量 γ'（计算）。

④ 比较校正前、后系统的动态、稳态性能的变化（分析过程下同）。

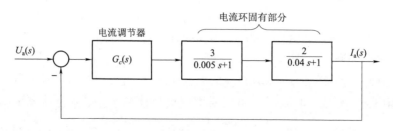

题图 5.3

5-7 题图 5.4 为双闭环直流调速系统的速度环框图。速度环的输入量为给定电压 $U_i(s)$，输出量为转速 $N(s)$。速度环已简化成单位负反馈系统，今要求将速度环校正成典型 II 型系统，即 $\dfrac{K(\tau s+1)}{s^2(Ts+1)}$（$\tau > T$）。已知速度调节器为比例积分（PI）调节器，$G_c(s)=\dfrac{K_n(T_n s+1)}{T_n s}$，$K_n = 8.4$，$T_n = 0.08$ s。试求由伯德图分析校正前、后速度环性能的变化。

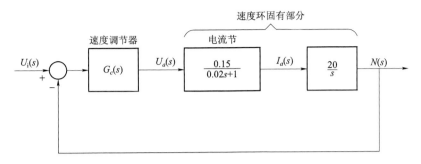

题图 5.4

5-8 题图 5.5 为一随动系统框图,随动系统的输入量为角度指令 $\theta_i(t)$。该系统已简化成单位负反馈系统。已知位置调节器为 PID 调节器,传递函数 $G_c(s) = \dfrac{K_c(T_1 s + 1)(T_2 s + 1)}{T_1 s}$,式中 $K_c = 5.6$,$T_1 = 0.2$ s,$T_2 = 0.1$ s。试由伯德图分析校正前、后系统动、稳态性能的变化。

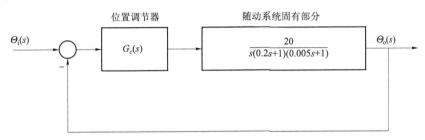

题图 5.5

5-9 题图 5.6 曲线 I 为某随动系统的固有部分的开环对数幅频特性(设该系统为单位负反馈)。

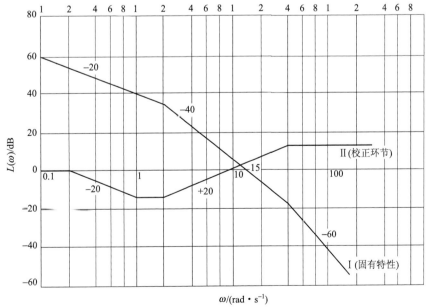

题图 5.6

曲线Ⅱ为串联校正装置的对数幅频特性。求：
① 系统固有部分的开环传递函数。
② 校正环节的传递函数。
③ 系统未校正时的相对稳定裕量。
④ 系统校正后的相对稳定裕量。
⑤ 分析比较校正环节对系统性能的影响。

5-10 某角速度控制系统如题图 5.7 所示，$\Omega_{sr}(s)$ 为输入角速度，$\Omega_{sc}(s)$ 为输出角速度，$M_{cd}(s)$ 为传动力矩，$M_{gr}(s)$ 为作用在轴上的阶跃干扰力矩，$\varepsilon(s)$ 为角速度误差，试设计系统调节器 $G_c(s)$ 的传递函数，要求系统在稳态时角速度误差为零。

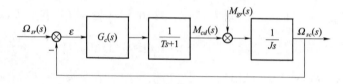

题图 5.7

5-11 某角度随动系统如题图 5.8 所示，要求 $K_v = 360s^{-1}$，$t_s \leq 0.25s$，$M_p \leq 30\%$，试设计系统的校正网络。

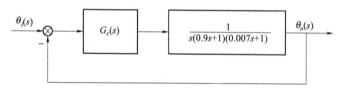

题图 5.8

5-12 某电子自动稳幅锯齿波电路，原来是个有差系统，如题图 5.9 所示，为了提高系统静态精度，希望将系统改成 I 型系统，并使具有 40°的相角准备，系统应接入怎样的校正网络？

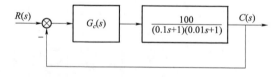

题图 5.9

5-13 某系统如题图 5.10 所示，试加入串联校正，使其相位裕量为 65°。
（1）用超前网络实现；
（2）用滞后网络实现。

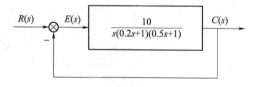

题图 5.10

5-14 某系统如题图 5.11 所示,要求在控制器中引入一个或几个超前网络,使系统具有相位裕量 45°,试求其校正参数及校正后的剪切频率。

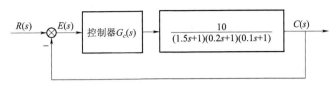

题图 5.11

第 6 章
基于 MATLAB 的控制系统仿真与性能分析

在第 3、4、5 章中，较为系统地学习了控制系统建模和性能分析方法。在系统分析过程中需要用到微分方程求解、拉普拉斯变换及反变换等多种数学工具。对复杂的控制系统分析计算非常繁琐。本章主要介绍现代计算仿真工具 MATLAB，使同学们在学习和今后的工作中得以方便使用。MATLAB 是一种针对科学计算、可视化以及交互式程序设计的高科技计算软件，特别是 MATLAB 的控制系统工具箱以及 Simulink 模块，使得控制系统的分析和求解变得简单、方便，尤其是针对以往求解十分困难的控制系统仿真问题。本章简单介绍 MATLAB 的特点、功能，控制系统数学模型的 MATLAB 的实现和利用 MATLAB 进行频域、时域、稳定性分析的基本方法。

6.1 MATLAB 简介

6.1.1 MATLAB 的起源与发展

MATLAB 是 Matrix Laboratory（矩阵实验室）的简称，20 世纪 70 年代，美国新墨西哥大学计算机科学系主任 Cleve Moler 编写程序用于线性代数课程矩阵分析与计算；1984 年 Moler 与其他数学家和软件专家合作创立 MathWorks 公司，正式把 MATLAB 推向市场；20 世纪 90 年代，MATLAB 成为国际标准计算软件；MATLAB、Mathematica、Maple 并称为当代三大数学软件。在欧美各高等院校，MATLAB 是线性代数、数值分析、数理统计、自动控制、数字信号处理、动态系统仿真、图像处理等课程的基本教学工具，已成为大学生必须掌握的基本技能之一。

MATLAB 的版本随着编程语言和电子计算机的发展而发展，1984 年推出了 MATLAB 第一个商业版本 1.0 版；1992 年推出 MATLAB 4.0 版；1996 年推出 MATLAB 5.0 版（R8）；2000 年推出 MATLAB 6.0 版（R12）；2004 年推出 MATLAB 7.0 版（R14）；2006 年 3 月推出了 MATLAB 7.2 版（R2006a）；同年 9 月，推出了 MATLAB 7.3 版（R2006b）；自 2006 年以后每年两个版本，一般 3 月为 a 版本，9 月为 b 版本。如图 6.1 所示。

MATLAB 语言是一种高级的基于矩阵/数组的语言，它有程序流控制、函数、数据结构、输入/输出和面向对象编程等特色。用这种语言能够方便快捷建立起简单、运行快的程序，也能建立复杂的程序。MATLAB 的特点是基本操作数据单位是矩阵；它的指令表达式与数学、工程中常用的形式十分相似，故用 MATLAB 来解算问题要比用 C，FORTRAN 等语言完成相同的事情简捷得多，操作简单，易学，开放性、可移植性强，接口类型多其优势是：

1）高效的数值计算及符号计算功能，能使用户从繁杂的数学运算分析中解脱出来；
2）具有完备的图形处理功能，实现计算结果和编程的可视化；
3）友好的用户界面及接近数学表达式的自然化语言，易于学习和掌握；
4）功能丰富的应用工具箱（如信号处理工具箱、通信工具箱等），为用户提供了大量方便实用的处理工具。

图 6.1

6.1.2 MATLAB 的构成

MATLAB 系统由 MATLAB 开发环境、MATLAB 数学函数库、MATLAB 语言、MATLAB 图形处理系统和 MATLAB 应用程序接口（API）五大部分构成。

（1）开发环境。

MATLAB 开发环境是一套方便用户使用的 MATLAB 函数和文件工具集，其中许多工具是图形化用户接口。它是一个集成的用户工作空间，允许用户输入输出数据，并提供了 M 文件的集成编译和调试环境，包括 MATLAB 桌面、命令窗口、M 文件编辑调试器、MATLAB 工作空间和在线帮助文档。

（2）数学函数库。

MATLAB 数学函数库包括了大量的计算算法。从基本算法如四则运算、三角函数，到复杂算法如矩阵求逆、快速傅里叶变换等。

（3）语言。

MATLAB 语言是一种高级的基于矩阵/数组的语言，它有程序流控制、函数、数据结构、输入/输出和面向对象编程等特色。用这种语言能够方便快捷建立起简单运行快的程序，也能建立复杂的程序。

（4）图形处理系统。

图形处理系统使得 MATLAB 能方便地图形化显示向量和矩阵，而且能对图形添加标注和打印。它包括强大的二维三维图形函数、图像处理和动画显示等函数。

(5) 程序接口。

MATLAB 应用程序接口（API）是一个使 MATLAB 语言能与 C、Fortran 等其他高级编程语言进行交互的函数库。该函数库的函数通过调用动态链接库（DLL）实现与 MATLAB 文件的数据交换，其主要功能包括在 MATLAB 中调用 C 和 Fortran 程序，以及在 MATLAB 与其他应用程序间建立客户、服务器关系。

6.1.3 MATLAB 的功能

MATLAB 的模块化工具很丰富：MATLAB 对许多专门的领域都开发了功能强大的模块集和工具箱。一般来说，它们都是由特定领域的专家开发的，用户可以直接使用工具箱学习、应用和评估不同的方法而不需要自己编写代码。诸如数据采集、数据库接口、概率统计、样条拟合、优化算法、偏微分方程求解、神经网络、小波分析、信号处理、图像处理、系统辨识、控制系统设计、LMI 控制、鲁棒控制、模型预测、模糊逻辑、金融分析、地图工具、非线性控制设计、实时快速原型及半物理仿真、嵌入式系统开发、定点仿真、DSP 与通信、电力系统仿真等，都在工具箱（Toolbox）家族中有了自己的一席之地。

MATLAB 是一个包含大量计算算法的集合。其拥有 600 多个工程中要用到的数学运算函数，函数中所使用的算法都是科研和工程计算中的最新研究成果，而且经过了各种优化和容错处理。MATLAB 的这些函数集包括从最简单最基本的函数到诸如矩阵、特征向量、快速傅立叶变换的复杂函数。函数所能解决的问题大致包括矩阵运算和线性方程组的求解、微分方程及偏微分方程的组的求解、符号运算、傅立叶变换和数据的统计分析、工程中的优化问题、稀疏矩阵运算、复数的各种运算、三角函数和其他初等数学运算、多维数组操作以及建模动态仿真等。

常用的工具箱如表 6.1 所示，常用的函数如表 6.2 所示，常用的二维绘图函数如表 6.3 所示。

表 6.1 常用工具箱

MATLAB main toolbox – MATLAB 主工具箱	control system toolbox – 控制系统工具箱
communication toolbox – 通信工具箱	financial toolbox – 财政金融工具箱
system identification toolbox – 系统辨识工具箱	fuzzy logic toolbox – 模糊逻辑工具箱
higher-order spectral analysis toolbox – 高阶谱分析工具箱	image processing toolbox – 图像处理工具箱
computer vision system toolbox – 计算机视觉工具箱	LMI control toolbox – 线性矩阵不等式工具箱
model predictive control toolbox – 模型预测控制工具箱	μ-analysis and synthesis toolbox – μ 分析工具箱
neural network toolbox – 神经网络工具箱	optimization toolbox – 优化工具箱
partial differential toolbox – 偏微分方程工具箱	robust control toolbox – 鲁棒控制工具箱
signal processing toolbox – 信号处理工具箱	spline toolbox – 样条工具箱
statistics toolbox – 统计工具箱	symbolic math toolbox – 符号数学工具箱
simulink toolbox – 动态仿真工具箱	wavelet toolbox – 小波工具箱
DSP system toolbox – DSP 系统工具箱	

表6.2 常用函数

MATLAB 内部常数	eps：浮点相对精度	exp：自然对数的底数 e	i 或 j：基本虚数单位
	inf 或 Inf：无限大，例如 1/0	nan 或 NaN：非数值（Not a number），例如 0/0，∞/∞	pi：圆周率 π
	intmax：可表达的最大正整数	intmin：可表达的最小负整数。	lasterr：存放最新的错误信息
	nargin：函数的输入引数个数	realmax：系统所能表示的最大正实数，默认 1.7977×10^{308}	lastwarn：存放最新的警告信息
	nargout：函数的输出引数个数	realmin：系统所能表示的最小负实数，默认 $2.2251e \times 10^{(-308)}$	
MATLAB 常用基本 数学函数	abs(x)：纯量的绝对值或向量的长度		sqrt(x)：开平方
	angle(z)：复数 z 的相角（Phase angle）		real(z)：复数 z 的实部
	conj(z)：复数 z 的共轭复数		imag(z)：复数 z 的虚部

表6.3 常用二维绘图函数

bar 长条图	errorbar 图形加上误差范围	fplot 较精确的函数图形
polar 极坐标图	hist 累计图	rose 极坐标累计图
stairs 阶梯图	stem 针状图	fill 实心图
feather 羽毛图	compass 罗盘图	quiver 向量场图
plot：x 轴和 y 轴均为线性刻度（Linear scale）	loglog：x 轴和 y 轴均为对数刻度（Logarithmic scale）	semilogx：x 轴为对数刻度，y 轴为线性刻度
semilogy：x 轴为线性刻度，y 轴为对数刻度	—	—

6.2 控制系统数学模型的 MATLAB 实现

在经典控制理论中，常用的控制系统的数学模型为微分方程、传递函数和系统框图，上述数学模型在 MATLAB 软件中都有对应的函数或者模块进行描述。下面就前两者做简要介绍。

6.2.1 解微分方程

用 MATLAB 解决常微分问题的符号解法的关键命令是 dsolve 命令。该命令中可以用 D 表示微分符号，其中 D2 表示二阶微分，D3 表示三阶微分，以此类推。值得注意的是该微分默认是对自变量 t 求导，也可以很容易在命令中改为对其他变量求导。

该命令的最完整的形式如下。

r = dsolve('eqn1','eqn2',…,'cond1','cond2',…,'var')。

其中，eqn$i$ 表示第 i 个微分方程，cond$i$ 表示第 i 个初始条件，var 表示微分方程中的自变量，默认为 t。

例 6.1 已知微分方程如下

$$\frac{dy}{dx} = 3x^2$$

请利用 MATLAB 求解。

解：在 MATLAB 界面上，输入 r = dsolve（'Dy = 3 * x * x'，'x'）命令行，按键盘上的 Enter 键，答案显示如图 6.2 所示。其中 C1 为常数项，必须要给定初始条件才能解出。

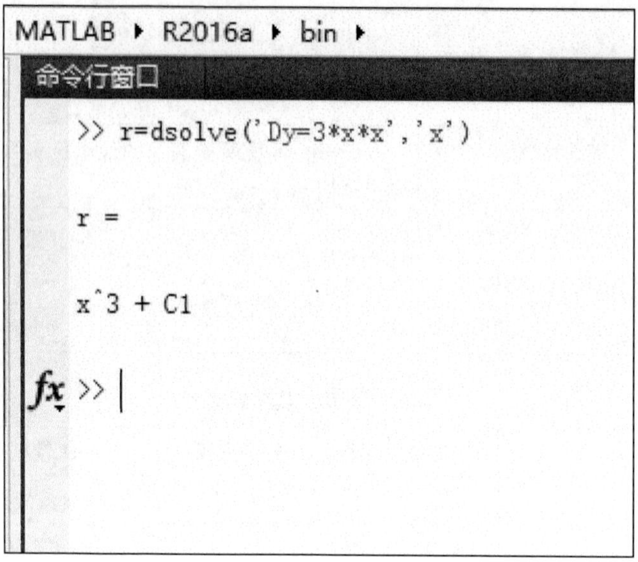

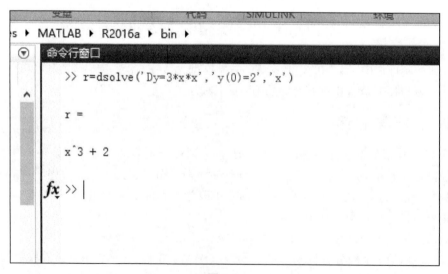

图 6.2

若上面的方程初始条件 x = 0 时，y = 2，则只需在相同的命令中加入一个条件语句就可以了。命令形式为

r = dsolve（'Dy = 3 * x * x'，'y(0) = 2'，'x'）。

可以看到答案中的常数项 C1 已经变成了 2（图 6.3）。

图 6.3

例 6.2 求解微分方程的特解：$\dfrac{d y^2}{d^2 t}+4\dfrac{dy}{dt}+29y=0$，初始条件 $y(0)=0$；$y'(0)=15$

解：在 MATLAB 的命令行窗口输入命令：
y=dsolve('D2y+4*Dy+29*y=0','y(0)=0,Dy(0)=15')
按"Enter"键，输出结果如图 6.4 所示：

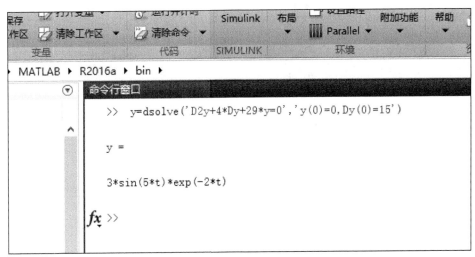

图 6.4

6.2.2 传递函数的描述

在零初始条件下，微分方程经拉氏变换后，可以得到线性系统的传递函数模型

$$G(s)=\dfrac{b_1 s^m + b_2 s^{m-1}+\cdots+b_m s + b_{m+1}}{a_1 s^n + a_2 s^{n-1}+\cdots+a_n s + a_{n+1}}$$

在 MATLAB 中，其可以由分子和分母系数构成的两个向量唯一地确定下来，即用 num = $[b_1,b_2,\cdots,b_m,b_{m+1}]$ 和 den = $[a_1,a_2,\cdots,a_n,a_{n+1}]$ 分别表示分子和分母多项式系数，然后利用控制系统工具箱的函数 tf( ) 表示传递函数变量 $G(s)$；下面的语句就可以表示这个系统了：

sys=tf[num,den]

其中 tf( )代表传递函数的形式描述系统。

例 6.3 已知系统传递函数为 $G(s)=\dfrac{s-1}{s^3+2s^2+3s+5}$，请用 MATLAB 函数描述该传递函数。

解：命令行如下：
\>>num=[1,-1];
\>>den=[1,2,3,5];
\>>G=tf(num,den)

6.3 借助 MATLAB 的时间响应分析

控制系统的时域分析是指输入变量是时间 t 的函数，求系统的输出响应，其响应应是时

间 t 的函数, 称为时域响应。利用时域响应可以获得控制系统的动态性能指标及稳定性指标：延迟时间、上升时间、调节时间、超调量等, 以及稳定性指标：稳态误差。

MATLAB 的 Control 工具箱提供了很多线性系统在特定输入下仿真的函数, 时域分析常用函数如下：

step( )——单位阶跃响应；
impulse( )——单位脉冲响应函数；
lsim( )——对任意输入函数的响应；
gensig( )——生成任意信号函数；
stepfun( )——产生单位阶跃输入；
roots( )——求多项式根的函数。

例 6.4 对于下列传递函数

$$\frac{X_0(s)}{X_i(s)} = \frac{10}{5s^2 + 2s + 3}$$

下列 MATLAB program 6.4 将给出该系统的单位阶跃响应曲线。
该单位阶跃响应曲线如图 6.5 所示。

```
-MATLAB program 6.4-
num = [0,0,10];              %定义分子的各项系数
den = [5,2,3];               %定义分母的各项系数
step(num,den);               %计算传递函数单位阶跃响应
grid;                        %画图时添加网格
```

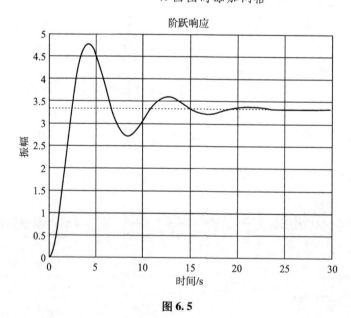

图 6.5

例 6.5 对于下列传递函数

$$\frac{X_0(s)}{X_i(s)} = \frac{10}{5s^2 + 2s + 3}$$

下列 MATLAB program 6.5 将给出该系统的单位脉冲响应曲线。

该单位脉冲响应曲线如图 6.6 所示。
-MATLAB program 6.5-
num=[0,0,10];
den=[5,2,3];
impulse(num,den);
grid;

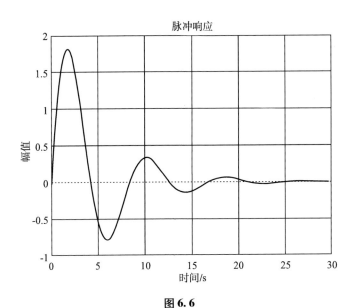

图 6.6

例 6.6 对于下列传递函数

$$\frac{X_0(s)}{X_i(s)} = \frac{10}{5s^2 + 2s + 3}$$

下列 MATLAB program 6.6 将给出该系统的斜坡响应曲线。

该斜坡响应曲线如图 6.7 所示。

对于单位斜坡输入量，$X_i(s) = \frac{1}{s^2}$，则

$$X_0(s) = \frac{10}{5s^2 + 2s + 3} \cdot \frac{1}{s^2} = \frac{10}{(5s^2 + 2s + 3)s} \cdot \frac{1}{s} = \frac{10}{5s^3 + 2s^2 + 3s} \cdot \frac{1}{s}$$

-MATLAB program 6.6-
num=[0,0,0,10];
den=[5,2,3,0];
t=0:0.001:50;
step(num,den,t);
grid;

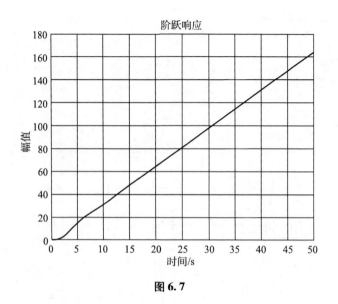

图 6.7

6.4 借助 MATLAB 的频率响应分析

MATLAB 提供了多种求解并绘制系统频率响应曲线的函数，常用频域分析函数如下：
bode——频率响应伯德图；
nyquist——频率响应奈奎斯特图；
nichols——频率响应尼克尔斯图；
freqresp——求取频率响应数据；
margin——幅值裕量与相位裕量；
pzmap——零极点图。
下面用几个实例来说明上述函数的用途。

例 6.7 已知控制系统的传递函数为 $G(s) = \dfrac{10}{5s^2 + 2s + 3}$，请运用 MATLAB 程序绘制出系统对应的伯德图。

解：程序"MATLAB program 6.7"如下，运行后绘制出该系统对应的伯德图如图 6.8 所示。

```
-MATLAB program 6.7-
num=[0,0,10];
den=[5,2,3];
bode(num,den);
grid;
```

下列 MATLAB program 6.7 - 1 将给出该系统对应的 0.01 ~ 1 000 rad/s 的伯德图，如图 6.9 所示。

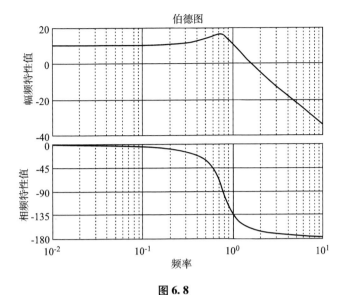

图 6.8

```
-MATLAB program 6.7 -1
num =[0,0,10];
den =[5,2,3];
w = logspace( -2,3,100);    % 从 $10^{-2}$ 到 $10^3$ 之间选取 100 个点
bode( num,den,w);           % 在 $10^{-2}$ 到 $10^3$ 之间画伯德图
grid;
```

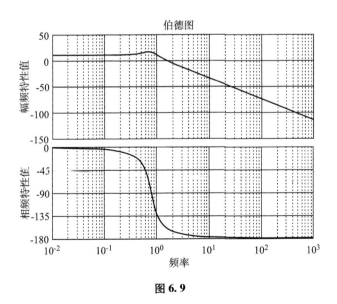

图 6.9

例 6.8 已知控制系统的传递函数为 $G(s) = \dfrac{250(0.1s+1)}{s^2(0.01s+1)(0.005s+1)}$，绘制出伯德图。

解：运行 MATLAB program 6.8，绘制出该控制系统对应的伯德图，如图 6.10 所示。

—MATLAB program 6.8—
num = [25,250];
den1 = [1,0,0];
den2 = [0.01,1];
den3 = [0.005,1];
den = conv(den1,conv(den2,den3));   %进行多项式乘法
w = logspace(-2,3,100);
bode(num,den,w);
grid;

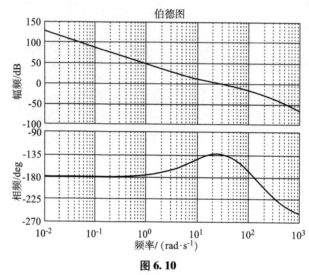

图 6.10

例 6.9 已知某控制系统的传递函数为 $G(s) = \dfrac{10}{5s^2 + 2s + 3}$,请运用 MATLAB 程序绘制出其奈奎斯特图。

解:程序如下。运行 MATLAB program 6.9 后,将绘出该系统对应的奈奎斯特图如图 6.11 所示。

—MATLAB program 6.9—
num = [0,0,10];
den = [5,2,3];
nyquist(num,den);

6.5 基于 MATLAB 的系统稳定性分析

给定一个控制系统,可以利用 MATLAB 在它的时域、频域图形分析中看出系统的稳定性,并可直接求出系统的相角裕量和幅值裕量。此外,我们还可通过求出特征根的分布更直接地判断出系统的稳定性。

例 6.10 对于下列闭环传递函数

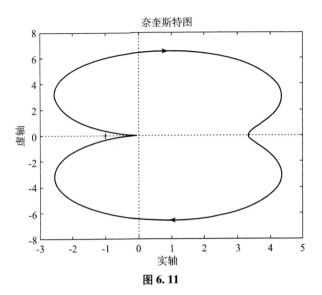

图 6.11

$$\Phi(s) = \frac{20(s+5)(s+40)}{s(s+0.1)(s+20)^2}$$

下列 MATLAB program 6.10 将给出该系统对应的零极点。其零极点分布图如图 6.12 所示。

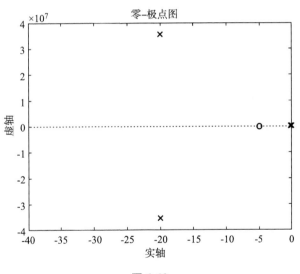

图 6.12

```
-MATLAB program 6.10-
num1 = [20,100];
num2 = [1,40];
num = conv(num1,num2);
den1 = [1,0.1,0];
den2 = [1,40,400];
den = conv(den1,den2);
[z,p] = tf2zp(num,den);              %求闭环传递函数的零极点
```

```
pzmap(num,den);                    % 画出零极点分布图
ii = find(real(p) >0);
n1 = length(ii);                   % 得出拥有正实部极点的个数
```
此闭环传递函数没有正实部的特征根,则系统稳定。

例 6.11 对于下列闭环传递函数

$$\Phi(s) = \frac{s^4 + 2s^3 + 5s^2 + 4s + 1}{3s^5 + 5s^4 + 2s^3 + 5s^2 + s + 2}$$

下列 MATLAB program 6.11 将给出该系统对应的零极点。其零极点分布图如 6.13 所示。

```
- MATLAB program 6.11 -
num = [1,2,5,4,1];
den = [3,5,2,5,1,2];
[z,p] = tf2zp(num,den);
pzmap(num,den);
ii = find(real(p) >0);
n1 = length(ii);
```

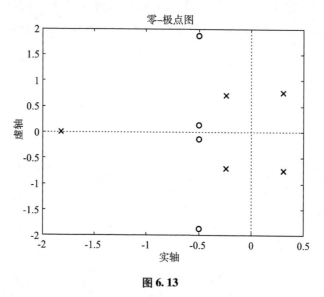

图 6.13

此闭环传递函数有两个正实部的特征根,则系统不稳定。

例 6.12 对于下列闭环传递函数

$$\Phi(s) = \frac{35}{s(0.2s + 1)(0.01s + 1)}$$

下列 MATLAB program 6.12 将给出该系统对应的零极点。其零极点分布图如 6.14 所示。

```
- MATLAB program 6.12 -
num = [35];
den1 = [0.2,1,0];
den2 = [0.01,1];
den = conv(den1,den2);
```

```
[z,p] = tf2zp(num,den);
pzmap(num,den);
ii = find(real(p) > 0);
n1 = length(ii);
```

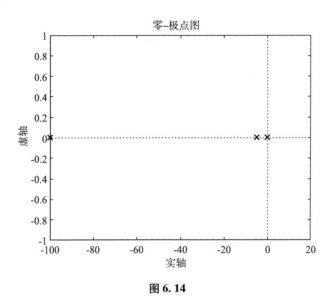

图 6.14

此闭环传递函数有两个正实部的特征根,则系统不稳定。

例 6.13 系统闭环传递函数为:

$$G(s) = \frac{s+1}{s^3 + 3s^2 + 4s + 2}$$

求其稳态增益。

解:MATLAB 命令如下:

```
>>num = [1,1];
>>den = [1,3,4,2];
>>k = dcgain(num,den)
```

命令窗口中显示:

k =

0.5000

下面看一个综合应用题。

例 6.14 已知二阶单位负反馈系统开环传递为:

$$G(s) = \frac{5*1500}{s^2 + 34.5s}$$

1) 请判定系统的稳定性;
2) 试求出系统的稳态误差;
3) 绘制出其单位阶跃响应图。

解:1) 利用求闭环极点的方法,判断系统稳定性;编写 M 文件如下:

```
>>numo=5*1500;deno=[1,34.5,0];
>>Gopen=tf(numo,deno);
>>Gclo=feedback(Gopen,1);
>>denclo=Gclo.den{:};
>>R=roots(denclo)
```
运行后：
R =
-17.2500 +84.8672i
-17.2500 -84.8672i
所以，闭环传递函数有两个负实部的特征根，则系统是稳定的。
2) 下面求系统的稳态误差。先求误差传递函数。
```
clear;clc;close all;
numi=1;deni=[1 0];
Gin=tf(numi,deni);
nums=[1 0];dens=1;
Gss=tf(nums,dens);
Gs=tf(5*1500,[1,34.5,0]);
sys1=1+Gs;
Gfi=tf(sys1.den,sys1.num);
G=Gss*Gin*Gfi;
ess=dcgain(G)
```
3) 绘制出其单位阶跃响应图如图 6.15（a）所示
```
Gopen=tf([5*1500],[1,34.5,0]);
G=feedback(Gopen,1);
step(G)
```
执行后如图 6.15（b）所示

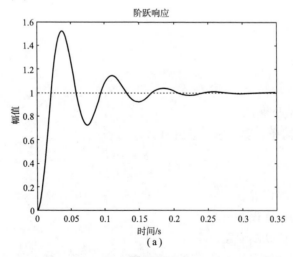

图 6.15

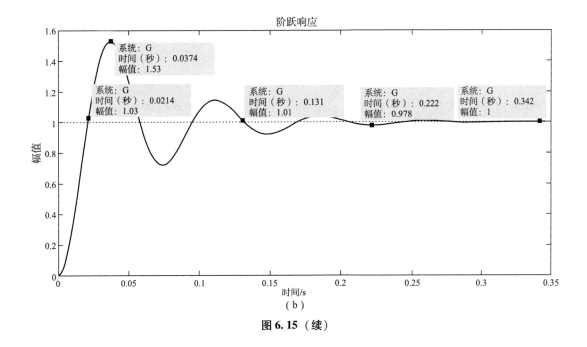

图 6.15（续）

6.6 基于 Simulink 的系统模型建立与系统仿真

Simulink 是 MATLAB 里的工具箱之一，是采用模型化图形输入的，主要实现动态系统建模、仿真与分析。Simulink 提供了一种图形化的交互环境，只需要用鼠标拖拽的方法，便能迅速地建立系统框图模型，并在此基础上对系统进行仿真分析和改进设计。

在建立 Simulink 仿真模型时，用户不需要清楚模块内部结构、模块的实现原理，只需要明白模块的输入、输出和功能就可以了。用户可以从 Simulink 模块库中将需要的模块拷贝到模型窗口，在对模块按照要求进行相应的操作，完成模型的建立。模块的操作包括模块的基本操作、模块的连接、模块参数的设定等。

模块的基本操作：包括移动、拷贝、粘贴、剪切、删除、转向、旋转、大小的变化、模块重命名、颜色设定、参数设定等。

模块的连接：控制系统的框图中，信号线是连接功能模块之间的连接线。Simulink 模块的连接，就是对信号线的操作，主要包括信号线的绘制、线段移动、节点移动、信号线删除、信号线分支和信号线标签的设定等。

模块参数的设定：Simulink 中所有的模块都有一组参数，这些参数构成该模块的属性，用户可以通过双击模块打开模块属性对话框对其属性进行设置。通常 Simulink 的许多模块都有相同的参数，可以通过集中设置这些参数，同时修改这些模块的属性，满足特定要求。

下面通过举例来介绍应用 Simulink 模块对系统进行仿真分析的过程。

例 6.15 应用 Simulink 对下列系统建模，并进行系统仿真分析（求其单位阶跃响应曲线）。设单位反馈系统的前向通路的传递函数 $G(s)$ 为

$$G(s) = \frac{20}{s(s+0.1)(s+1)}$$

它由一个比例环节、一个积分环节、两个惯性环节串联构成，可整理为

$$G(s) = 20 \times \frac{1}{s^2 + 0.1s} \times \frac{1}{s+1}$$

下面介绍系统的仿真过程：

1）双击 MATLAB 图标，进入如图 6.16 所示的 MATLAB 工作环境（指令窗）。然后单击 Simulink，打开 Simulink 起始页面，之后单击 Blank Model，新建模型。

2）单击 LibraryBrowse，双击 Continuous，选择 Transfer Fcn 并单击右键选择 Add block to model untitled，移入框图，同上再移入一个。

3）选择 Math Operations（数字运算），将 Sum（加减点）和 Gain（增益模块）移入框图。

4）选择 Sources（系统输入模块库），将 Step（阶跃输入）移入框图。

5）选择 Sinks（系统输出库），将 Scope 移入框图。

6）打开模型建立窗口，双击 Transfer Fcn，在对话框中的 Numerator（分子项）中输入 [1]，在 Denominator（分母项）中输入 [1, 0.1, 0]，对应 $1/(s^2+0.1s)$ 环节。单击 OK。同理建立 $1/(s+1)$ 的框图。

7）双击 Gain，将 Gain（增益数值）改为 20。双击 Sum（加减点）将 List of signs（符号）设成 + -。

8）双击 Step，将 Step time（初始时刻）设为 0，Initial value（初始值）设为 0，Final value（终极值）设为 1，Sample time（采样时间）设为 0。

9）双击 Scope，单击设置，将 Sample time（取样时间）设为 0，Time span（时间范围）设为 5。

10）将各环节移动，安排成如图 6.17 所示的位置，然后用鼠标左键拖拽环节输出的箭头至想要连接的环节的输入箭头处，放开左键完成。最后便可完成如图 6.18 所示的系统仿真框图。

11）单击 Simulation，选择 Model configuration parameters，选择 All parameters，找到 Refine output（平滑输出），改成 40 到 60。

12）在 Untitled 窗口选择 Run（开始），对系统进行仿真。双击 Scope 得到响应曲线如图 6.19 所示。

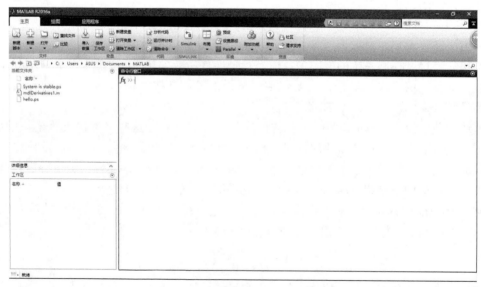

图 6.16

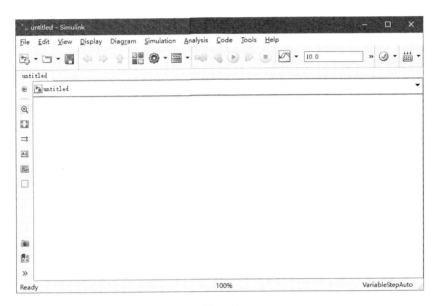

图 6.17

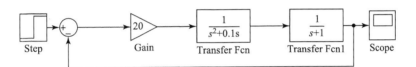

图 6.18

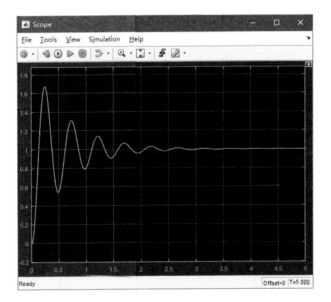

图 6.19

习　题

6-1　已知某系统的传递函数为

$$\frac{X_0(s)}{X_i(s)} = \frac{s+1}{(s+2)(s^2+2s+2)}$$

请运用 MATLAB 软件绘出该系统的单位阶跃响应曲线。

6-2　已知某二阶系统的传递函数如下，试用 MATLAB 计算出该系统在周期为 5 的方波信号下的响应曲线。

$$\frac{X_0(s)}{X_i(s)} = \frac{s+1}{s^2+2s+2}$$

6-3　已知某系统的传递函数如下，求出该系统在周期为 3 的正弦函数输入下的响应曲线。

$$\frac{X_0(s)}{X_i(s)} = \frac{10}{0.2s+1}$$

6-4　已知某系统的传递函数如下，绘出系统在周期为 4 的方波输入下的响应曲线。

$$\frac{X_0(s)}{X_i(s)} = \frac{5}{0.3s+2}$$

6-5　对于下列传递函数，运用 MATLAB 软件绘制出该系统的奈奎斯特图。

$$\frac{X_0(s)}{X_i(s)} = \frac{s^2+4s+3}{s^2+3s+5}$$

6-6　已知一阶惯性环节的传递函数为

$$\frac{X_0(s)}{X_i(s)} = \frac{1}{1+0.02s}$$

请绘制该系统的伯德图。

6-7　已知某系统的传递函数如下，

$$\frac{X_0(s)}{X_i(s)} = \frac{(0.5s+1)(s+1)}{(10s+1)(s-1)}$$

给出该系统奈奎斯特图。

6-8　已知某系统的传递函数如下，

$$G(s) = \frac{11(s+3)}{s^2+15s+4}$$

请绘制出该系统的伯德图，并求出系统的幅值裕量和相位裕量。

6-9　对于下列传递函数

$$\frac{X_0(s)}{X_i(s)} = \frac{4}{15s+4}$$

给出该系统的奈奎斯特图。

6-10　已知二阶微分方程：

$$y'' - (1-y^2)y' + y = 0$$

初始条件：$y(0)=0$，$y'(0)=1$，求时间区间 $t=[0,20]$ 微分方程的解。

6-11 求满足初始条件的二阶常系数齐次微分方程的特解：
$$\frac{d^2 s}{dt^2} + 2\frac{ds}{dt} + s = 0, s|_{t=0} = 4, s'|_{t=0} = -2$$

6-12 对于下列传递函数
$$\frac{X_0(s)}{X_i(s)} = \frac{1}{4s+4}$$

给出该系统的阶跃响应曲线。

6-13 对于下列传递函数
$$\frac{X_0(s)}{X_i(s)} = \frac{1}{40s+40}$$

给出该系统在单位斜坡输入及任意函数输入时的响应曲线。

6-14 对于下列传递函数
$$\frac{X_0(s)}{X_i(s)} = \frac{1}{s^2 + 0.3s + 4}$$

给出该系统的阶跃响应曲线。

6-15 对于下列单位反馈系统的传递函数
$$\frac{X_0(s)}{X_i(s)} = \frac{10}{s^2 + 4s + 5}$$

计算出该系统的阶跃响应稳态误差。

第 7 章
离散控制系统初步

本书前 6 章介绍了模拟量控制系统分析的一般方法，使同学们具备了控制系统建模分析的主要基础。但在科研和生产实践中，具有数字量信息的离散系统是控制系统的主要形式，本章简要介绍了离散系统控制的基本方法，作为前 6 章的补充，内容包括离散控制系统基本概念、离散系统传递函数的建立、系统稳定性分析与校正的基本方法。

7.1 概述

离散系统框图如图 7.1 所示。其中，右上角带星号"＊"的信号表示离散信号，该表示方法在此章其余部分同样适用。如图所示，系统参考输入信号 $r(t)$，输出信号 $c(t)$。被控对象具有连续传递函数，其输入信号 $u(t)$ 和输出信号 $c(t)$ 均为连续的模拟信号。然而，数字控制器不能处理连续的模拟信号，由参考输入信号与反馈信号相减形成的误差信号 $e(t)$ 需要通过采样及模/数转换（A/D 转换）装置转换为离散的数字信号 $e^*(t)$ 才能传输给数字控制器；根据数字误差信号 $e^*(t)$ 及控制算法，数字控制器计算输出离散的数字控制信号 $u^*(t)$，该数字控制信号一般也不能直接施加给被控对象，需要通过数/模转换（D/A 转换）及保持装置转变为连续的模拟控制信号 $u(t)$ 后才施加给被控对象。

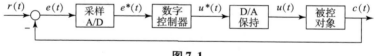

图 7.1

由于离散信号的存在是离散系统的重要特点，因此下文首先介绍离散信号的概念。

7.1.1 离散信号

连续信号 $x(t)$ 是时间 t 的连续函数，其幅值代表一定物理量的大小，称为模拟信号。通过采样开关对连续信号 $x(t)$ 进行等周期采样，形成一个脉冲序列信号 $x^*(t)$，即为离散信号。这里，采样开关起着脉冲发生器的作用。设采样周期为 T，则 $x^*(t)$ 只在离散时刻 $t=nT(n=0,1,2,\cdots)$ 有值，其大小对应于 $x(t)$ 在采样时刻 $t=nT$ 时的值 $x(nT)$，如图 7.2 所示。

下面借助于单位脉冲信号 $\delta(t)$ 的性质来给出离散信号 $x^*(t)$ 的数学表达式。$\delta(t)$ 的数学表示为：

$$\delta(t)=\begin{cases}1, & t=0\\ 0, & t\neq 0\end{cases} \tag{7.1}$$

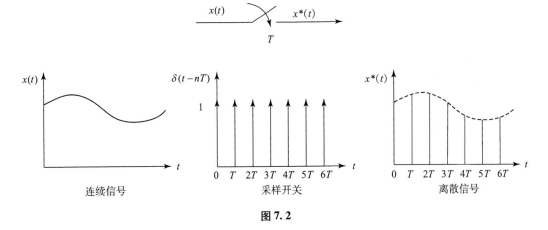

图 7.2

理想脉冲的宽度为0，即采样时间极短，则 $\delta(t-nT)$ 的作用仅表示采样出现的时刻为 $t=nT$。对连续信号 $x(t)$ 进行采样，$t=nT$ 时刻的采样信号可以表示为：

$$x_n(t) = x(nT)\delta(t-nT) \tag{7.2}$$

离散信号 $x^*(t)$ 为所包含的所有采样时刻单个脉冲信号的和，其数学表达式为：

$$x^*(t) = x_0 + x_1 + x_2 + \cdots + x_n = \sum_{n=0}^{\infty} x(nT)\delta(t-nT) \tag{7.3}$$

7.1.2 A/D 转换与 D/A 转换

（1）A/D 转换。

为了实现计算机控制，需将连续的模拟信号转换成离散的数字信号。这个过程称为 A/D 转换。通常，A/D 转换包含两个步骤：首先，对连续信号 $x(t)$ 进行等周期采样，获得离散信号 $x^*(t)$，如图 7.2 所示；然后，对获得的离散信号 $x^*(t)$ 进行整量化，将 $x^*(t)$ 的幅值用一组二进制数码 $\overline{x^*(t)}$ 来表示。A/D 转换过程如图 7.3 所示。

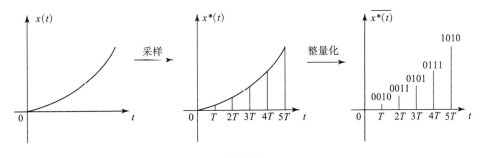

图 7.3

整量化过程要确定最小量化单位 q，然后将 $x^*(t)$ 的值表示成 q 的整倍数，并用二进制数码来表示。

$$q = \frac{x_{\max}^* - x_{\min}^*}{2^{n-1}} \approx \frac{x_{\max}^* - x_{\min}^*}{2^n} \tag{7.4}$$

其中，$x_{\max}^*$ 为 A/D 转换器输入的最大幅值，$x_{\min}^*$ 为 A/D 转换器输入的最小幅值，n 为 A/D 转换器的位数。

A/D 转换器通常采用四舍五入的整量化方法，即舍去小于 $q/2$ 的值，大于 $q/2$ 的值进行进位。这种量化过程会造成信号失真。因此为了提高系统精度，希望 q 值足够小，且计算机的数码字长足够长，用以储存数字信号 $x^*(t)$ 的二进制编码。

（2）D/A 转换。

数字控制器产生的离散数字信号 $\overline{x^*(t)}$ 需要转换成连续信号 $x(t)$ 再施加给被控对象。这个过程称为 D/A 转换。D/A 转换是 A/D 转换的逆过程。因此，D/A 转换也包含两个步骤（如图 7.4 所示）：首先，将离散的数字信号 $\overline{x^*(t)}$ 转换成离散信号 $x^*(t)$；然后，将离散信号 $x^*(t)$ 复原为连续的模拟信号 $x_h(t)$，常用的办法是采用零阶保持器，使每个采样周期内的信号大小保持常值。当采样频率足够高，即采样周期足够小时，$x_h(t)$ 就趋于连续信号。

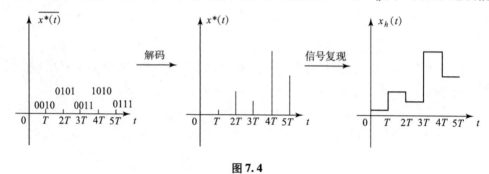

图 7.4

7.1.3　零阶保持器

在 D/A 转换过程中，常用保持器将离散信号近似重构成连续信号。近似重构的原理是将最近获得的 $n+1$ 个时刻的信号值拟合为一个 n 次多项式，实现这种重构的装置被称为 n 阶保持器。保持器的阶数越高，则重构形成的连续信号越逼近原始连续信号。但实际工程应用中，最常用的是最简单的零阶保持器（Zero-Ord-Hold，ZOH）。如图 7.5 所示，零阶保持器认为从当前采样时刻到下一采样时刻的值为一常量，即当前采样时刻的信号值。

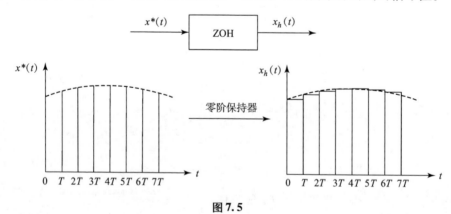

图 7.5

在进行离散控制系统的分析和设计时，需要知道零阶保持器的传递函数。零阶保持器的时域特性如图 7.6 所示。由图可知，零阶保持器的时域表达式由两个阶跃函数叠加而成，即单位阶跃函数 $u(t)$ 和延迟一个采样周期 T 的负值单位阶跃函数 $-u(t-T)$：

$$h(t) = h_1(t) + h_2(t) = u(t) - u(t-T) \tag{7.5}$$

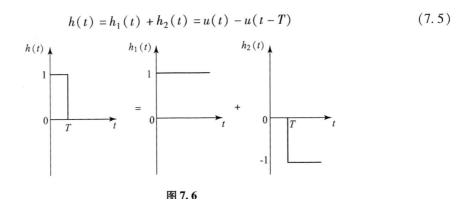

图 7.6

将式（7.5）推广到第 n 个周期，则
$$h(t-nT) = u(t-nT) - u(t-nT-T) \tag{7.6}$$

重构信号 $x_h(t)$ 可表示为
$$x_h(t) = \sum_{n=0}^{\infty} x(nT) h(t-nT) = \sum_{n=0}^{\infty} x(nT) \left[u(t-nT) - u(t-nT-T) \right] \tag{7.7}$$

对上式进行拉氏变换，得
$$X_h(s) = \sum_{n=0}^{\infty} x(nT) \mathrm{e}^{-nTs} \frac{1 - \mathrm{e}^{-Ts}}{s} \tag{7.8}$$

对式（7.3）中的离散信号 $x^*(t)$ 取拉氏变换，得
$$X^*(s) = \sum_{n=0}^{\infty} x(nT) \mathrm{e}^{-nTs} \tag{7.9}$$

图 7.5 表明零阶保持器的输入和输出分别为 $X^*(s)$ 和 $X_h(s)$，因此，利用式（7.8）和式（7.9），可求得零阶保持器的传递函数为：
$$G_h(s) = \frac{X_h(s)}{X^*(s)} = \frac{1 - \mathrm{e}^{-Ts}}{s} \tag{7.10}$$

7.2 离散系统的传递函数

7.2.1 差分方程

连续系统的动态特性可用微分方程来描述，而对于离散系统的动态特性，则用差分方程来描述。一个数字控制系统经过简化后，往往可以近似用线性常系数差分方程来表示。

在连续系统中，用 $r(t)$ 表示系统的输入量，$c(t)$ 表示系统的输出量；对于线性离散系统，输入量和输出量分别为采样后的离散函数 $r^*(t)$ 和 $c^*(t)$，输入数值序列和输出数值序列分别为 $r(nT)$ 和 $c(nT)$。将采样周期看作一个单位，$r(nT)$ 和 $c(nT)$ 可简写为 $r(n)$ 和 $c(n)$。

常系数差分方程的一般形式为：
$$\begin{aligned} &c(n) + a_1 c(n-1) + a_2 c(n-2) + \cdots + a_k c(n-k) \\ &= b_0 r(n) + b_1 r(n-1) + b_2 r(n-2) + \cdots b_l r(n-l) \end{aligned} \tag{7.11}$$

其中，$a_1, a_2, \cdots, a_k; b_1, b_2, \cdots, b_l$ 为常系数，且 $k \geq l$。由式（7.11）变换可得：

$$c(n) = b_0 r(n) + b_1 r(n-1) + b_2 r(n-2) + \cdots + b_l r(n-l) - [a_1 c(n-1) + a_2 c(n-2) + \cdots + a_k c(n-k)] \tag{7.12}$$

由此可见，离散系统在采样时刻 $t = nT$ 的输出值 $c(n)$ 不仅取决于这一时刻的输入值 $r(n)$，还与过去时刻的输入值 $r(n-1)$，$r(n-2)$，$\cdots$ 以及过去时刻的输出值 $c(n-1)$，$c(n-2)$，$\cdots$ 有关。

差分方程可利用迭代法和 Z 变换法进行求解。

例 7.1 已知初值 $x(0) = 0$，$x(1) = 1$，解差分方程

$$x(n+2) + 3x(n+1) + 2x(n) = 0$$

解法 1 迭代法

上述微分方程可变形为

$$x(n+2) = -3x(n+1) - 2x(n)$$

根据初值条件，直接用迭代法递推，可得

$$x(0) = 0, x(1) = 1$$
$$x(2) = -3x(1) - 2x(0) = -3$$
$$x(3) = -3x(2) - 2x(1) = 7$$
$$\vdots$$

解法 2 Z 变换法

根据位移定理，对差分方程（7.11）进行 Z 变换，有

$$z^2 \left[X(z) - \sum_{k=0}^{1} x(k) z^{-k} \right] + 3z X(z) + 2X(z) = 0$$

带入初值，整理可得 $X(z)$ 的表达式为

$$X(z) = \frac{z}{z^2 + 3z + 2}$$

然后利用部分分式法求 Z 反变换，有

$$x(n) = (-1)^n - (-2)^n$$

该结果与用迭代法求得的结果等效。

7.2.2 脉冲传递函数的定义

对于连续系统，可在 s 域通过传递函数研究系统的性能；对于离散系统，则可在 z 域通过脉冲传递函数来研究其性能。

令初始条件为零，对差分方程两端进行 Z 变换，得

$$(1 + a_1 z^{-1} + a_2 z^{-2} + \cdots + a_k z^{-k}) C(z) = (b_0 + b_1 z^{-1} + b_2 z^{-2} + \cdots + b_l z^{-l}) R(z) \tag{7.13}$$

写成输出信号 $C(z)$ 与输入信号 $R(z)$ 之比即得到脉冲传递函数的一般形式

$$G(z) = \frac{C(z)}{R(z)} = \frac{b_0 + b_1 z^{-1} + b_2 z^{-2} + \cdots + b_l z^{-l}}{1 + a_1 z^{-1} + a_2 z^{-2} + \cdots + a_k z^{-k}} = \frac{\sum_{j=0}^{l} b_j z^{-j}}{1 + \sum_{i=0}^{k} a_i z^{-i}} \tag{7.14}$$

脉冲传递函数也可称为 Z 传递函数。令分母为 $\Delta(z) = 1 + \sum_{i=0}^{k} a_i z^{-i}$，则 $\Delta(z) = 0$ 为系统的特征方程。

7.2.3 脉冲传递函数的求法

（1）根据差分方程，求脉冲传递函数。

类似于上述脉冲传递函数 $G(z)$ 的推导过程，若已知离散系统的差分方程，利用平移定理，且设初始条件为零，将差分方程的两边进行 Z 变换，求得脉冲传递函数。

例 7.2　已知差分方程 $c(n) - \dfrac{1}{3}c(n-1) = r(n-1)$，求脉冲传递函数。

解：设初始条件为零，对差分方程两边进行 Z 变换得

$$C(z) - \frac{1}{3}z^{-1}C(z) = z^{-1}R(z)$$

则脉冲传递函数为

$$G(z) = \frac{C(z)}{R(z)} = \frac{z^{-1}}{1 - \dfrac{1}{3}z^{-1}} = \frac{1}{z - \dfrac{1}{3}} \tag{7.15}$$

（2）已知系统的单位脉冲响应，求脉冲传递函数。

设离散系统的单位脉冲响应为 $g(n)$，则根据单位脉冲响应的定义，脉冲传递函数 $G(z)$ 等于直接对单位脉冲响应 $g(n)$ 取 Z 变换，即 $G(z) = Z[g(n)]$。

（3）已知连续系统的传递函数 $G(s)$，求脉冲传递函数。

根据 $G(s)$ 求取脉冲传递函数可按以下步骤：求连续系统传递函数的逆变换 $g(t) = L^{-1}[G(s)]$；将 $g(t)$ 按采样周期 T 离散化，得脉冲序列值 $g(n)$；由 Z 变换的定义求脉冲传递函数 $G(z) = \sum_{n=0}^{\infty} g(n) z^{-n}$。为了简化上述过程，可以 $g(t)$ 为纽带，直接查表根据 $G(s)$ 获取脉冲传递函数，记为

$$G(z) = Z[G(s)]$$

例 7.3　已知连续系统被控对象的传递函数为 $G_0(s) = \dfrac{1}{s(s+2)}$，离散控制信号 $R(z)$ 通过零阶保持器施加给被控对象，其系统结构框图如图 7.7 所示。求离散系统的脉冲传递函数。

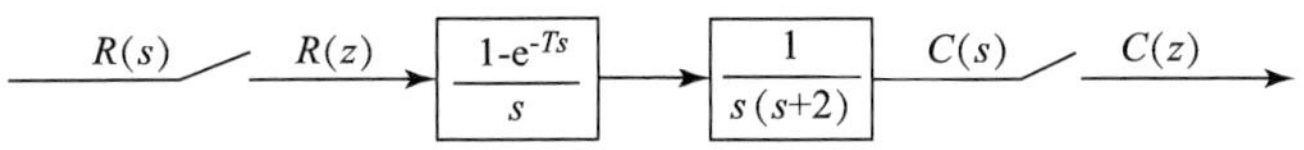

图 7.7

解：连续系统的连续部分由零阶保持器和被控对象组成，传递函数为

$$G(s) = \frac{1 - e^{-Ts}}{s} \frac{1}{s(s+2)} = (1 - e^{-Ts}) \frac{1}{s^2(s+2)} = (1 - e^{-Ts}) G_1(s)$$

对 $G_1(s)$ 进行部分分式分解，得

$$G_1(s) = \frac{1}{s^2(s+2)} = \frac{1}{2s^2} - \frac{1}{4s} + \frac{1}{4(s+2)}$$

查表，$G_1(s)$ 的 Z 反变换为

$$G_1(z) = \frac{Tz}{2(z-1)^2} - \frac{z}{4(z-1)} + \frac{z}{4(z-e^{-2T})}$$

由拉氏变换的平移定理有

$$L[f(t-T)] = F(s)e^{-Ts}$$

由 Z 变换的平移定理有

$$Z[f(t-T)] = z^{-1}F(z)$$

因此由式（7.15）可得

$$G(z) = (1 - z^{-1})G_1(z)$$
$$= (1 - z^{-1})\left[\frac{Tz}{2(z-1)^2} - \frac{z}{4(z-1)} + \frac{z}{4(z-e^{-2T})}\right]$$
$$= \frac{(2T + e^{-2T} - 1)z + (1 - 2Te^{-2T} - e^{-2T})}{4(z-1)(z-e^{-2T})}$$

7.2.4 开环系统和闭环系统的脉冲传递函数

由于在离散系统中，既有如被控对象的连续部分，又有如数字控制器的离散部分，因此离散系统的脉冲传递函数比连续系统的传递函数要复杂。下边介绍几种常见结构形式系统的脉冲传递函数。

（1）串联环节的脉冲传递函数。

采样开关的位置不同可能会造成脉冲传递函数完全不同，这一点与连续系统的传递函数有显著区别，要特别注意。如图 7.8 所示，两个系统分别包含相同的两个连续环节 $G_1(s)$ 和 $G_2(s)$，不同于图 7.8（a），图 7.8（b）中两个连续环节之间多了一个采样开关。下边分别对两个系统求脉冲传递函数。

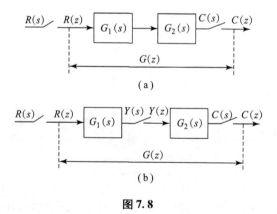

图 7.8

解：在图 7.8（a）中，有

$$G(s) = \frac{C(s)}{R(s)} = G_1(s)G_2(s)$$

因此，脉冲传递函数为

$$G(z) = Z[G(s)] = Z[G_1(s)G_2(s)] = G_1G_2(z) = G_2G_1(z)$$

在图 7.8 (b) 中, 有

$$Y(z) = G_1(z)R(z), \quad C(z) = G_2(z)Y(z)$$

因此, 脉冲传递函数为

$$G(z) = \frac{C(z)}{R(z)} = G_1(z)G_2(z)$$

由此可见, 两个系统的脉冲传递函数不同, 即 $G_1G_2(z) \neq G_1(z)G_2(z)$。前者为先求得两个连续传递函数 $G_1(s)$ 和 $G_2(s)$ 的乘积, 再取 Z 变换; 后者为先分别对 $G_1(s)$ 和 $G_2(s)$ 取 Z 变换, 再求两个 Z 变换式的乘积。

(2) 并联环节的脉冲传递函数。

并联环节的结构框图如图 7.9 所示。

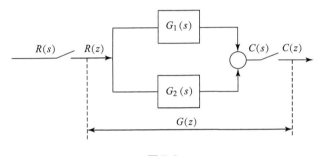

图 7.9

对于并联环节, 根据叠加定理, 其总的脉冲传递函数为各个环节的脉冲传递函数之和, 即

$$G(z) = \frac{C(z)}{R(z)} = G_1(z) + G_2(z)$$

(3) 插入零阶保持器的开环系统的脉冲传递函数。

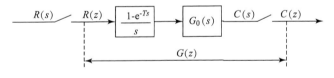

图 7.10

如图 7.10 所示, 零阶保持器的传递函数为

$$G_h(s) = \frac{1 - e^{-Ts}}{s}$$

其和被控对象共同组成该开环系统的连续部分, 传递函数为

$$G(s) = G_h(s)G_0(s) = \frac{1 - e^{-Ts}}{s}G_0(s)$$

对上式取 Z 反变换, 且应用拉氏变换和 Z 变换的平移定理（参考例 7.3）, 可求得系统的脉冲传递函数为

$$G(z) = Z^{-1}[G(s)] = Z^{-1}\left[\frac{1 - e^{-Ts}}{s}G_0(s)\right]$$

$$= Z^{-1}\left[\frac{G_0(s)}{s}\right] - Z^{-1}\left[e^{-Ts}\frac{G_0(s)}{s}\right]$$

$$= (1-z^{-1})Z^{-1}\left[\frac{G_0(s)}{s}\right]$$

(4) 闭环系统的脉冲传递函数（图7.11）。

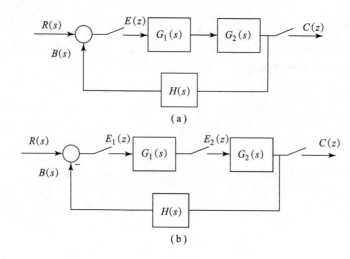

图7.11

① 根据图7.11（a），有

$$E(z) = Z[R(s) - B(s)] = R(z) - B(z) \tag{7.16}$$

$$B(z) = E(z)G_1G_2H(z) \tag{7.17}$$

将式（7.17）代入式（7.16），得

$$E(z) = R(z) - E(z)G_1G_2H(z)$$

$$E(z) = \frac{R(z)}{1 + G_1G_2H(z)} \tag{7.18}$$

又因为

$$C(z) = G_1G_2(z)E(z) \tag{7.19}$$

将式（7.18）代入式（7.19），得

$$C(z) = \frac{G_1G_2(z)R(z)}{1 + G_1G_2H(z)} \tag{7.20}$$

故脉冲传递函数为

$$G(z) = \frac{C(z)}{R(z)} = \frac{G_1G_2(z)}{1 + G_1G_2H(z)} \tag{7.21}$$

② 根据图7.11（b），可得下列等式

$$\begin{cases} E_1(z) = R(z) - B(z) \\ B(z) = E_2(z)G_2H(z) \\ E_2(z) = E_1(z)G_1(z) \\ C(z) = E_2(z)G_2(z) \end{cases} \tag{7.22}$$

消去中间变量 $E_1(z)$、$E_2(z)$、$B(z)$，得脉冲传递函数为

$$G(z) = \frac{C(z)}{R(z)} = \frac{G_1(z)G_2(z)}{1+G_1(z)G_2H(z)} \tag{7.23}$$

由此可见，闭环离散系统脉冲传递函数的求法与闭环连续系统传递函数的求法类似，但同样要注意采样开关的位置。离散闭环系统的脉冲传递函数可由以下公式给出：

$$G(z) = \frac{\text{前向通路所有独立环节 } Z \text{ 变换的乘积}}{1+\text{闭环回路所有独立环节 } Z \text{ 变换的乘积}}$$

其中，两个相邻采样开关之间的环节称为 1 个独立环节。

7.3 离散系统的稳定性分析

7.3.1 离散系统稳定的充分必要条件

连续系统的稳定性可通过极点在 s 平面的分布进行判断，类似地，离散系统的稳定性可通过极点在 z 平面的分布进行判断。因此，首先要确定 s 平面和 z 平面的映射关系。

s 平面中的点可表示为

$$s = \sigma + j\omega \tag{7.24}$$

由 Z 变换的定义知

$$z = e^{Ts} \tag{7.25}$$

将式（7.25）代入式（7.26），即可求出 s 平面的点在 z 平面上的映射

$$z = e^{T(\sigma+j\omega)} = e^{\sigma T}e^{j\omega T} \tag{7.26}$$

即

$$|z| = e^{\sigma T}, \quad \angle z = \omega T$$

由此可知，s 平面与 z 平面的映射关系如图 7.12 所示：

(1) $\sigma = 0$，$|z| = 1$，s 平面的虚轴映射为 z 平面上以原点为圆心的单位圆；
(2) $\sigma < 0$，$|z| < 1$，s 平面的左半部分映射到 z 平面的单位圆内；
(3) $\sigma > 0$，$|z| > 1$，s 平面的右半部分映射到 z 平面的单位圆外。

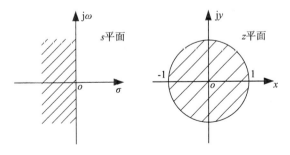

图 7.12

由于 $\angle z = \omega T$，因此 z 是采样角频率 $\omega_s = \dfrac{2\pi}{T}$ 的周期函数。在 s 平面中，对于平行于虚轴的直线（σ 不变），当 ω 由 $-\infty$ 增长到 $+\infty$ 时，对应复变量 z 的值不变，辐角也从 $-\infty$ 增长到

$+\infty$,因此 s 平面上平行于虚轴的直线映射到 z 平面上是单位圆的同心圆,$\angle z$ 具有同样的周期性。

连续系统稳定的充要条件是:闭环传递函数的极点均位于 s 平面的左半部(不包括虚轴)。下面来说明离散系统稳定的条件。

典型离散系统的闭环脉冲传递函数具有如下形式:

$$\Phi(z) = \frac{G(z)}{1+GH(z)}$$

特征方程为

$$1 + GH(z) = 0$$

设闭环脉冲函数的极点为 $z_1, z_2, \cdots, z_n$,则根据 s 平面与 z 平面的映射关系,得到离散系统稳定的充要条件是:

离散系统的极点均位于 z 平面的单位圆内,即 $|z_i| < 1$,$i = 1, 2, \cdots, n$。

7.3.2 离散系统稳定性判定方法

根据离散系统稳定的充要条件知,判断离散系统是否稳定实际上就是判断离散系统的极点是否均满足条件 $|z| < 1$。常用的方法有:

(1)直接求系统特征方程的根,并进行判断。

(2)劳斯判据。

下面对第二种方法进行详细说明。

在进行连续系统稳定性分析时,可以应用劳斯判据判定闭环极点 s_i 是否位于 s 平面的左半部分,由此判断系统的稳定性。但是劳斯判据不能直接用于判定离散系统的闭环极点 z_i 是否位于单位圆内,需要先进行双线性变换,也可称为 $z-w$ 变换。$z-w$ 变换的表达式为:

$$w = \frac{z-1}{z+1} \tag{7.27}$$

或

$$z = \frac{1+w}{1-w} \tag{7.28}$$

经过上述变换,即可将 z 平面的单位圆内部映射为 w 平面的左半部分,证明如下:

设

$$z = x + jy \quad w = u + jv \tag{7.29}$$

将式(7.29)代入式(7.27)可得

$$\begin{aligned} w &= \frac{z-1}{z+1} = \frac{x+jy-1}{x+jy+1} \\ &= \frac{x^2+y^2-1}{(x+1)^2+y^2} + j\frac{2y}{(x+1)^2+y^2} \end{aligned} \tag{7.30}$$

与式(7.30)进行对照,得 w 复变量的实部和虚部分别是

$$u = \frac{x^2+y^2-1}{(x+1)^2+y^2}, \quad v = \frac{2y}{(x+1)^2+y^2}$$

由此可见

(1) $|z| = x^2 + y^2 = 1$,$u = 0$,z 平面的单位圆映射为 w 平面的虚轴;

(2) $|z| = x^2 + y^2 < 1$,$u < 0$,z 平面的单位圆内部映射到 w 平面的左半部分；

(3) $|z| = x^2 + y^2 > 1$,$u > 0$,z 平面的单位圆外部映射到 w 平面的右半部分。

因此，首先可利用 $z - w$ 变换将特征方程转变为以 w 为变量的方程，然后应用劳斯判据进行系统的稳定性判定。

例 7.4 图 7.13 所示为一闭环离散系统。

(1) 当 $K = 6$ 时，利用直接求特征根的方法判断系统的稳定性；

(2) 利用劳斯判据求出使系统稳定的 K 值范围。

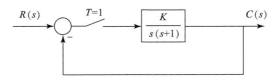

图 7.13

解：系统的开环脉冲传递函数为：

$$G(z) = Z[G(s)] = Z\left[\frac{K}{s(s+1)}\right] = \frac{K(1-e^{-1})z}{(z-1)(z-e^{-1})}$$

特征方程为

$$1 + G(z) = 0$$

即

$$1 + \frac{K(1-e^{-1})z}{(z-1)(z-e^{-1})} = 0$$

经整理得

$$(z-1)(z-e^{-1}) + K(1-e^{-1})z = 0 \tag{7.31}$$

(1) 当 $K = 6$ 时，系统的特征方程是

$$(z-1)(z-e^{-1}) + 6(1-e^{-1})z = 0$$

解得

$$z_1 = -2.262,\quad z_2 = -0.163$$

由于 $|z_1| > 1$，所以系统不稳定。

(2) 对式（7.31）进行线性变换，代入 $z = \dfrac{1+w}{1-w}$，得

$$(2.736 - 0.632K)w^2 + 1.364w + 0.632K = 0$$

列劳斯表

w^2	$2.736 - 0.632K$	$0.632K$
w^1	1.364	0
w^0	$0.632K$	

若闭环系统稳定，应该有

$$\begin{cases} 2.736 - 0.632K > 0 \\ 0.632K > 0 \end{cases}$$

解出上面不等式组，得当 $0 < K < 4.33$ 时，系统稳定。

7.4 离散系统的校正

7.4.1 模拟化设计方法

离散系统的校正是设计一个数字控制器,以满足期望的系统性能指标。该控制器的功能是通过计算机控制程序实现的,而非通过硬件实现。当采样频率远远大于系统的工作频率时,可以采用模拟化设计方法:首先,根据给定的连续系统的性能指标,设计等效连续系统的模拟校正装置;然后,将模拟校正装置的传递函数 $G_c(s)$ 转换为数字控制器的脉冲传递函数 $D(z)$。由于零阶保持器的传递函数已知,模拟化设计方法通常采用如图 7.14 所示的系统结构。

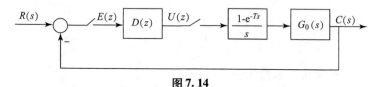

图 7.14

由于零阶保持器的传递函数中包含 s 的超越函数 e^{-Ts},为了方便计算,可将其通过一阶帕德近似作如下简化:

$$\frac{1-e^{-Ts}}{s} \approx \frac{T}{\frac{T}{2}s+1} = G_h(s)$$

则系统的前向通路的传递函数为

$$G(s) = G_h(s)G_0(s)$$

根据连续系统的校正设计方法,获得校正装置的传递函数 $G_c(s)$,再将 $G_c(s)$ 转化为数字控制器的脉冲传递函数 $D(z)$,使 $D(z)$ 与 $G_c(s)$ 的冲激响应近似。

求 $D(z)$ 的变换方法有很多种,这里不作详述,只简单介绍梯形逼近法。应用泰勒函数展开,可将 z 近似表示为

$$z = e^{Ts} = \frac{e^{Ts/2}}{e^{-Ts/2}} = \frac{1+Ts/2}{1-Ts/2}$$

则

$$s = \frac{2}{T}\frac{z-1}{z+1} \tag{7.32}$$

将式 (7.32) 代入 $G_c(s)$,即可获得 $D(z)$ 的表达式。

例 7.5 已知模拟校正装置的传递函数为

$$G_c(s) = \frac{0.12s+1}{0.012s+1}$$

采样周期 $T=0.01\text{s}$,求数字控制器的脉冲传递函数 $D(z)$。

解:将式 (7.32) 代入 $G_c(s)$,得

$$D(z) = \frac{U(z)}{E(z)} = \frac{0.12 \times \frac{2z-1}{0.01z+1}+1}{0.012 \times \frac{2z-1}{0.01z+1}+1} = \frac{25-23z^{-1}}{3.4-1.4z^{-1}}$$

即有
$$(3.4 - 1.4z^{-1})U(z) = (25 - 23z^{-1})E(z)$$
整理得差分方程
$$u(k) = 0.41u(k-1) + 7.35e(k) - 6.76e(k-1)$$

7.4.2 最少拍系统的设计与校正

离散系统校正的目标主要是确定校正环节的脉冲传递函数 $D(z)$。如图 7.14 所示，设 $G(z)$ 为包含零阶保持器在内的连续部分的脉冲传递函数，若根据系统的性能指标，确定期望的闭环系统脉冲传递函数为 $\Phi(z)$，则有

$$\Phi(z) = \frac{C(z)}{R(z)} = \frac{D(z)G(z)}{1 + D(z)G(z)} \tag{7.33}$$

变换可得 $D(z)$ 的表达式

$$D(z) = \frac{U(z)}{E(z)} = \frac{1}{G(z)} \cdot \frac{\Phi(z)}{1 - \Phi(z)} \tag{7.34}$$

因此，若能确定闭环脉冲传递函数 $\Phi(z)$，根据系统模型，即可求出校正环节的脉冲传递函数 $D(z)$。下边介绍最少拍系统的设计方法。

所谓最少拍系统，就是在典型控制信号作用下，能够通过最少的采样周期使稳态误差为零的离散系统。一个采样周期即为一拍。

查 Z 变换表 II-1，可知单位阶跃信号 $1(t)$、单位速度信号 t、单位加速度信号 $t^2/2$ 的 Z 变换分别为

$$Z[1(t)] = \frac{z}{z-1}, \quad Z[t] = \frac{Tz}{(z-1)^2}, \quad Z\left[\frac{t^2}{2}\right] = \frac{T^2 z(z+1)}{2(z-1)^3} \tag{7.35}$$

式（7.35）表明典型控制信号的 Z 变换通式为

$$R(z) = \frac{A(z)}{(1 - z^{-1})^\nu} \tag{7.36}$$

其中，$\nu = 1, 2, 3$，分别对应于单位阶跃信号、单位速度信号和单位加速度信号，$A(z)$ 中不含因子 $1 - z^{-1}$。

系统误差可表示为

$$E(z) = R(z) - C(z) = R(z) - \Phi(z)R(z) = R(z)[1 - \Phi(z)] \tag{7.37}$$

将式（7.36）代入式（7.37），有

$$E(z) = \frac{A(z)}{(1 - z^{-1})^\nu}[1 - \Phi(z)] \tag{7.38}$$

根据 Z 变换终值定理，系统的稳态误差为

$$e(\infty) = \lim_{z \to 1}[(z-1)E(z)] = \lim_{z \to 1}\left\{(z-1)\frac{A(z)}{(1 - z^{-1})^\nu}[1 - \Phi(z)]\right\}$$

要使稳态误差为零，即

$$\lim_{z \to 1}\left\{(z-1)\frac{A(z)}{(1 - z^{-1})^\nu}[1 - \Phi(z)]\right\} = 0$$

应使

$$1 - \Phi(z) = (1 - z^{-1})^\mu W(z) \tag{7.39}$$

其中，$W(z)$ 为不含 $1-z^{-1}$ 的多项式，且 $\mu \geq \nu$。为了使设计的控制器简单，系统过渡过程最快，通常取

$$W(z) = 1, \mu = \nu$$

代入式（7.39），整理得

$$\Phi(z) = 1 - (1-z^{-1})^{\nu}$$

根据最小拍设计方法，可得表7.1。

表7.1 最小拍系统设计

$r(t)$	$R(z)$	$\Phi(z)$	$C(z)$	$c(nT)(n \geq \nu)$
$1(t)$	$\dfrac{z}{z-1}$	z^{-1}	$z^{-1}+z^{-2}+z^{-3}+\cdots+z^{-n}+\cdots$	1
t	$\dfrac{Tz}{(z-1)^2}$	$2z^{-1}-z^{-2}$	$2Tz^{-2}+3Tz^{-3}+\cdots+nTz^{-n}+\cdots$	nT
$\dfrac{t^2}{2}$	$\dfrac{T^2 z(z+1)}{2(z-1)^3}$	$3z^{-1}-3z^{-2}+z^{-3}$	$1.5T^2z^{-2}+4.5T^2z^{-3}+8T^2z^{-4}+\cdots+\dfrac{n^2}{2}T^2z^{-n}+\cdots$	$\dfrac{n^2}{2}T^2$

由表7.1，可得最小拍系统的单位阶跃响应、单位速度响应、单位加速度响应，分别如图7.15（a）、图7.15（b）和图7.15（c）所示，其过渡过程分别在第一拍、第二拍、第三拍结束。

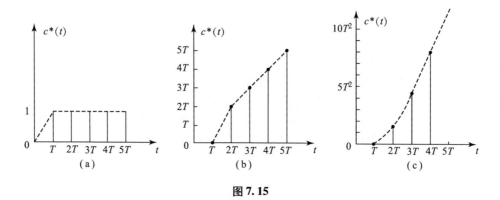

图7.15

例7.6 在图7.15中，若控制对象的传递函数为

$$G_0(s) = \dfrac{1}{s(s+1)}$$

假设采样周期为 $T=1\text{s}$，系统输入信号为单位速度信号，求使该系统为最少拍系统的数字控制器的脉冲传递函数 $D(z)$。

解：系统的开环脉冲传递函数为：

$$G(z) = Z\left[\dfrac{1-\mathrm{e}^{-Ts}}{s}G_0(s)\right] = Z\left[\dfrac{1-\mathrm{e}^{-Ts}}{s}\dfrac{1}{s(s+1)}\right] = \dfrac{0.37(z+0.7)}{(z-1)(z-0.37)}$$

根据最少拍设计方法，期望的闭环脉冲传递函数为

$$\Phi(z) = 2z^{-1} - z^{-2}$$

由式（7.58），可得数字控制器的脉冲传递函数为

$$D(z) = \frac{U(z)}{E(z)} = \frac{1}{G(z)} \cdot \frac{\Phi(z)}{1-\Phi(z)}$$
$$= \frac{(z-1)(z-0.37)}{0.37(z+0.7)} \cdot \frac{2z^{-1}-z^{-2}}{1-(2z^{-1}-z^{-2})}$$
$$= \frac{5.4(1-0.37z^{-1})(1-0.5z^{-1})}{(1+0.7z^{-1})(1-z^{-1})}$$

应用 Z 反变换，即得数字控制器的差分方程如下

$$u(k) = 0.3u(k-1) + 0.7u(k-2) + 5.4e(k) - 4.7e(k-1) + e(k-2)$$

习　题

7-1　求下列函数的 Z 变换

(1) $x(t) = t^2 e^{-at}$

(2) $X(s) = \dfrac{a}{s^2(s+1)}$

(3) $X(s) = \dfrac{ab}{s(s+a)(s+b)}$

7-2　求下列函数的 Z 反变换（设采样周期为 $T=1\text{s}$）

(1) $\dfrac{6z}{(z-1)(z-3)}$

(2) $\dfrac{(1-e^{-aT})z}{(z-1)(z-e^{-aT})}$

(3) $\dfrac{z^3+2z^2+1}{z(z-1)(z-0.5)}$

7-3　求题图7.1所示函数的初值 $x(0)$ 和终值 $x(\infty)$。

(1) $X(z) = \dfrac{2z^2}{(z-0.5)(z-0.2)}$

(2) $X(z) = \dfrac{3}{1-z^{-1}}$

(3) $X(z) = \dfrac{2z^2}{(z-1)(z-2)}$

7-4　求解下列差分方程

(1) $x(n+2) - 5x(n+1) + 6x(n) = 0$，$x(0)=1$，$x(1)=0$

(2) $x(n+2) + 5x(n+1) + 4x(n) = 0$，$x(0)=0$，$x(1)=1$

7-5　求题图7.1所示离散控制系统的闭环脉冲传递函数。

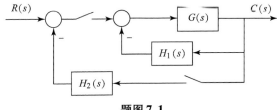

题图7.1

7-6 设闭环离散系统的结构如题图 7.2 所示，其中 $G(s) = \dfrac{10}{s(s+1)}$，$H(s) = 1$。

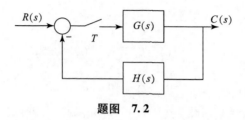

题图 7.2

（1）求闭环脉冲传递函数；
（2）当采样周期分别为 $T=0.01\mathrm{s}$ 和 $T=1\mathrm{s}$ 时，判断系统的稳定性。

7-7 设单位反馈离散系统如题图 7.3 所示。输入信号为单位速度信号 $r(t)=t$，求使该系统为最少拍系统的数字控制器的脉冲传递函数 $D(z)$。

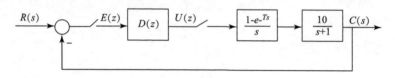

题图 7.3

附录 1
拉普拉斯变换

一、拉普拉斯（Laplace）变换

1. 拉普拉斯变换的定义
若函数 $f(t)$ 满足
(1) $t<0$ 时，$f(t)=0$
(2) $t>0$ 时，$f(t)$ 逐段连续
(3) $\int_0^\infty f(t)e^{-st}dt < \infty$，$(s=\sigma+j\omega)$

则函数

$$F(s) = \int_0^\infty f(t)e^{-st}dt$$

称为 $f(t)$ 的拉普拉斯变换，简称拉氏变换，记为

$$L[f(t)] = F(s) = \int_0^\infty f(t)e^{-st}dt \tag{I-1}$$

式中，$F(s)$ 称为 $f(t)$ 的象函数，$f(t)$ 称为 $F(s)$ 的原函数。

2. 常用典型信号的拉氏变换
（1）脉冲函数。

$$f(t) = \lim_{t_0 \to 0} \frac{A}{t_0}[1(t) - 1(t-t_0)]$$

对其取拉氏变换，则

$$\begin{aligned}
L[f(t)] &= \int_0^\infty f(t)e^{-st}dt \\
&= \int_0^\infty \lim_{t_0 \to 0} \frac{A}{t_0}[1(t) - 1(t-t_0)]e^{-st}dt \\
&= \lim_{t_0 \to 0} \frac{A}{t_0} \int_0^\infty [1(t) - 1(t-t_0)]e^{-st}dt \\
&= \lim_{t_0 \to 0} \frac{A}{t_0 s}[1 - e^{-t_0 s}] \\
&= A \lim_{t_0 \to 0} \frac{d[1-e^{-t_0 s}]/dt_0}{dt_0 s/dt_0} = A
\end{aligned}$$

对于单位脉冲函数，即

$$f(t) = \delta(t) = \lim_{t_0 \to 0} \frac{1}{t_0}[1(t) - 1(t-t_0)]$$

有

$$L[f(t)] = L[\delta(t)] = 1$$

（2）阶跃函数。

$$f(t) = \begin{cases} 0 & t<0 \\ R & t \geq 0 \end{cases}$$

其拉氏变换为

$$\begin{aligned} L[f(t)] &= \int_0^\infty R e^{-st} dt \\ &= -\frac{R}{s} \int_0^\infty e^{-st} d(-st) = -\frac{R}{s} e^{-st} \Big|_0^\infty \\ &= -\frac{R}{s}(e^{-\infty} - e^0) = -\frac{R}{s}(0-1) = \frac{R}{s} \end{aligned}$$

对于单位阶跃函数，即

$$f(t) = \begin{cases} 0 & t<0 \\ 1 & t \geq 0 \end{cases}$$

有

$$L[f(t)] = L[1(t)] = \frac{1}{s}$$

（3）斜坡函数。

$$f(t) = \begin{cases} 0 & t<0 \\ Rt & t \geq 0 \end{cases}$$

其拉氏变换为

$$\begin{aligned} L[f(t)] &= \int_0^\infty Rt e^{-st} dt = R \int_0^\infty t e^{-st} dt \\ &= -\frac{R}{s} \int_0^\infty t e^{-st} d(-st) \\ &= -\frac{R}{s} \int_0^\infty t d e^{-st} \\ &= -\frac{R}{s} \left[t e^{-st} \Big|_0^\infty - \int_0^\infty e^{-st} dt \right] \\ &= \frac{R}{s} \int_0^\infty e^{-st} dt = \frac{-R}{s^2} \int_0^\infty e^{-st} d(-st) \\ &= -\frac{R}{s^2} e^{-st} \Big|_0^\infty = -\frac{R}{s^2}(e^{-\infty} - e^0) = \frac{R}{s^2} \end{aligned}$$

对于单位斜坡函数，即

$$f(t) = \begin{cases} 0 & t<0 \\ t & t \geq 0 \end{cases}$$

有

$$L[f(t)] = \int_0^\infty t e^{-st} dt = \frac{1}{s^2}$$

(4) 正弦函数。
$$f(t) = A\sin \omega t$$

由欧拉公式
$$\sin \omega t = \frac{1}{2j}(e^{j\omega t} - e^{-j\omega t})$$

可得正弦函数的拉氏变换为

$$\begin{aligned}
L[f(t)] &= L[A\sin \omega t] = A\int_0^\infty \sin \omega t\, e^{-st} dt \\
&= A\int_0^\infty \frac{1}{2j}(e^{j\omega t} - e^{-j\omega t})e^{-st} dt \\
&= \frac{A}{2j}\Big[\int_0^\infty e^{-(s-j\omega)t} dt - \int_0^\infty e^{-(s+j\omega)t} dt\Big] \\
&= \frac{A}{2j}\Big\{-\frac{1}{s-j\omega}\int_0^\infty e^{-(s-j\omega)t} d[-(s-j\omega)t] + \frac{1}{s+j\omega}\int_0^\infty e^{-(s+j\omega)t} d[-(s+j\omega)t]\Big\} \\
&= \frac{A}{2j}\Big\{-\frac{1}{s-j\omega} e^{-(s-j\omega)t}\Big|_0^\infty + \frac{1}{s+j\omega} e^{-(s+j\omega)t}\Big|_0^\infty\Big\} \\
&= \frac{A}{2j}\Big\{\frac{1}{s-j\omega} - \frac{1}{s+j\omega}\Big\} \\
&= \frac{A}{2j} \cdot \frac{s+j\omega - s + j\omega}{s^2 - (j\omega)^2} = \frac{A\omega}{s^2 + \omega^2}
\end{aligned}$$

对于单位正弦函数,即
$$f(t) = \sin \omega t$$

有
$$\begin{aligned}
L[f(t)] &= L[\sin \omega t] \\
&= \int_0^\infty \sin \omega t\, e^{-st} dt \\
&= \frac{\omega}{s^2 + \omega^2}
\end{aligned}$$

3. 拉氏变换的基本定理

(1) 线性定理。

设 $F_1(s) = L[f_1(t)]$,$F_2(s) = L[f_2(t)]$,a 和 b 为常数,则
$$L[af_1(t) + bf_2(t)] = aL[f_1(t)] + bL[f_2(t)] = aF_1(s) + bF_2(s)$$

线性定理表明,常数可以提到拉氏变换符号外面;原函数和的拉氏变换等于各原函数拉氏变换的和。

(2) 平移定理。

① 实域平移定理。

设 $F(s) = L[f(t)]$ 并且对任一正实数 a,当 $t < a$ 时,$f(t) = 0$,则
$$L[f(t-a)] = e^{-as} F(s)$$

证明 由式(Ⅰ-1)有

$$L[f(t-a)] = \int_0^\infty f(t-a)e^{-as}dt$$

令 $t-a = \tau$,则

$$L[f(t-a)] = \int_{-a}^\infty f(\tau)e^{-s(\tau+a)}d\tau$$

$$= e^{-as}\int_{-a}^\infty f(\tau)e^{-\tau s}d\tau = e^{-as}F(s)$$

② 复域平移定理。

设 $F(s) = L[f(t)]$,则

$$L[e^{-at}f(t)] = F(s+a)$$

证明 由式（I-1）有

$$L[e^{-at}f(t)] = \int_0^\infty e^{-at}f(t)e^{-st}dt$$

$$= \int_0^\infty f(s)e^{-(s+a)t}dt = F(s+a)$$

位移定理在工程上很有用，可方便地求一些复杂函数的拉氏变换，例如由

$$L[\sin \omega t] = \frac{\omega}{s^2+\omega^2}$$

可直接求得

$$L[e^{-at}\sin \omega t] = \frac{\omega}{(s+a)^2+\omega^2}$$

(3) 微分定理。

设 $F(s) = L[f(t)]$,则

$$L\left[\frac{df(t)}{dt}\right] = sF(s) - f(0)$$

式中，$f(0)$ 是函数 $f(t)$ 在 $t=0$ 时的值。

证明 由式（I-1）有

$$L\left[\frac{df(t)}{dt}\right] = \int_0^\infty \frac{df(t)}{dt}e^{-st}dt$$

用分部积分法，令 $u = e^{-st}$,$dv = \frac{df(t)}{dt}dt$,则

$$L\left[\frac{df(t)}{dt}\right] = [e^{-st}f(t)]\Big|_0^\infty + s\int_0^\infty f(t)e^{-st}dt$$

$$= sF(s) - f(0)$$

同理，函数 $f(t)$ 的高阶导数的拉氏变换为

$$L\left[\frac{d^2f(t)}{dt^2}\right] = s^2F(s) - [sf(0) + f'(0)]$$

$$L\left[\frac{d^3f(t)}{dt^3}\right] = s^3F(s) - [s^2f(0) + sf'(0) + f''(0)]$$

…

$$L\left[\frac{d^nf(t)}{dt^n}\right] = s^nF(s) - [s^{n-1}f(0) + s^{n-2}f'(0) + \cdots + f^{(n-1)}(0)]$$

式中，$f(0), f'(0), \cdots, f^{(n-1)}(0)$ 为 $f(t)$ 及其各阶导数在 $t=0$ 时的值。

如果 $f(0) = f'(0) = \cdots = f^{(n-1)}(0) = 0$，则
$$L\left[\frac{d^n f(t)}{dt^n}\right] = s^n F(s)$$

(4) 积分定理。

设 $F(s) = Lf(t)$，则
$$L\left[\int f(t)dt\right] = \frac{1}{s}F(s) + \frac{1}{s}f^{(-1)}(0)$$

式中，$f^{(-1)}(0)$ 是 $\int f(t)dt$ 在 $t=0$ 时的值。

证明 由式（I-1）有
$$L\left[\int f(t)dt\right] = \int_0^\infty \left[\int f(t)dt\right] e^{-st} dt$$

用分部积分法，令 $u = \int f(t)dt$，$dv = e^{-st}dt$，则
$$L\left[\int f(t)dt\right] = \left[-\frac{1}{s}e^{-st}\int f(t)dt\right]\Big|_0^\infty + \frac{1}{s}\int_0^\infty f(t)e^{-st}dt$$
$$= \frac{1}{s}f^{(-1)}(0) + \frac{1}{s}F(s)$$

同理，对于 $f(t)$ 的多重积分的拉氏变换，有
$$L\left[\iint f(t)dt^2\right] = \frac{1}{s^2}F(s) + \frac{1}{s^2}f^{(-1)}(0) + \frac{1}{s}f^{(-2)}(0)$$
$$L\left[\underbrace{\int\cdots\int}_{n} f(t)dt^n\right] = \frac{1}{s^n}F(s) + \frac{1}{s^n}f^{(-1)}(0) + \cdots + \frac{1}{s}f^{(-n)}(0)$$

式中，$f^{(-1)}(0), f^{(-2)}(0), \cdots, f^{(-n)}(0)$ 为 $f(t)$ 的各重积分在 $t=0$ 时的值。如果 $f^{(-1)}(0) = f^{(-2)}(0) = \cdots = f^{(-n)}(0) = 0$，则
$$L\left[\underbrace{\int\cdots\int}_{n} f(t)dt^n\right] = \frac{1}{s^n}F(s)$$

(5) 初值定理。

设 $f(t)$ 及 $f'(t)$ 都是可拉氏变换的，且 $L[f(t)] = F(s)$，则
$$\lim_{t\to 0} f(t) = \lim_{s\to\infty} sF(s)$$

证明 由微分定理可知
$$\int_0^\infty \frac{df(t)}{dt} e^{-st} dt = sF(s) - f(0)$$

令 $s\to\infty$，对上式两边取极限为
$$\lim_{s\to\infty}\left[\int_0^\infty \frac{df(t)}{dt} e^{-st} dt\right] = \lim_{s\to\infty}[sF(s) - f(0)]$$

当 $s\to\infty$ 时，$e^{-st}\to 0$，则
$$\lim_{s\to\infty}[sF(s) - f(0)] = 0$$

即
$$\lim_{s\to\infty} sF(s) = f(0) = \lim_{t\to 0} f(t)$$

(6) 终值定理。

设 $f(t)$ 及 $f'(t)$ 都是可拉氏变换的，且 $L[f(t)] = F(s)$，则
$$\lim_{t\to\infty} f(t) = \lim_{s\to 0} sF(s)$$

证明 由微分定理有
$$\int_0^\infty \frac{\mathrm{d}f(t)}{\mathrm{d}t} \mathrm{e}^{-st} \mathrm{d}t = sF(s) - f(0)$$

令 $s\to 0$，对上式两边取极限为
$$\lim_{s\to 0}\left[\int_0^\infty \frac{\mathrm{d}f(t)}{\mathrm{d}t}\mathrm{e}^{-st}\mathrm{d}t\right] = \lim_{s\to 0}[sF(s) - f(0)]$$

而
$$\lim_{s\to 0}\left[\int_0^\infty \frac{\mathrm{d}f(t)}{\mathrm{d}t}\mathrm{e}^{-st}\mathrm{d}t\right] = \int_0^\infty \frac{\mathrm{d}f(t)}{\mathrm{d}t}\lim_{s\to 0}\mathrm{e}^{-st}\mathrm{d}t$$
$$= \int_0^\infty \mathrm{d}f(t) = \lim_{t\to\infty}\int_0^t \mathrm{d}f(t) = \lim_{t\to\infty}[f(t) - f(0)]$$

于是
$$\lim_{t\to\infty} f(t) = \lim_{s\to 0} sF(s)$$

注意，终值定理存在的条件是 $sF(s)$ 在复平面的虚轴上和右半平面解析。

(7) 相似定理。

设 $F(s) = L[f(t)]$，则
$$L\left[f\left(\frac{t}{a}\right)\right] = aF(as)$$

式中，a 为实常数。

证明 令 $\frac{t}{a} = \tau$，$as = \omega$，则
$$t = a\tau, s = \frac{\omega}{a}$$
$$L\left[f\left(\frac{t}{a}\right)\right] = \int_0^\infty f\left(\frac{t}{a}\right)\mathrm{e}^{-st}\mathrm{d}t$$
$$= \int_0^\infty f(\tau)\mathrm{e}^{-\omega\tau}\mathrm{d}(a\tau) = a\int_0^\infty f(\tau)\mathrm{e}^{-\omega\tau}\mathrm{d}\tau$$
$$= aF(\omega) = aF(as)$$

(8) 卷积定理。

设 $F_1(s) = L[f_1(t)]$，$F_2(s) = L[f_2(t)]$，则
$$F_1(s)F_2(s) = L\left[\int_0^t f_1(t-\tau)f_2(\tau)\mathrm{d}\tau\right]$$

式中，$\int_0^t f_1(t-\tau)f_2(\tau)\mathrm{d}\tau$ 称为 $f_1(t)$ 和 $f_2(t)$ 的卷积，可记为 $f_1(t) * f_2(t)$。因此，上式表明，两个原函数的卷积的拉氏变换应等于它们象函数的乘积。

证明 为了证明卷积定理，引入图 Ⅰ-1 所示的阶跃函数 $1(t-\tau)$，即

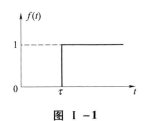

图 Ⅰ-1

$$f_1(t-\tau)1(t-\tau) = \begin{cases} 0 & t < \tau \\ f_1(t-\tau) & t > \tau \end{cases}$$

则
$$\int_0^t f_1(t-\tau)f_2(\tau)\mathrm{d}\tau = \int_0^\infty f_1(t-\tau)1(t-\tau)f_2(\tau)\mathrm{d}\tau$$

对上式求拉氏变换，有

$$L\left[\int_0^t f_1(t-\tau)f_2(\tau)\mathrm{d}\tau\right]$$
$$= \int_0^\infty \int_0^\infty f_1(t-\tau)1(t-\tau)f_2(\tau)\mathrm{d}\tau\, \mathrm{e}^{-st}\mathrm{d}t$$
$$= \int_0^\infty f_2(\tau)\mathrm{d}\tau \int_0^\infty f_1(t-\tau)1(t-\tau)\mathrm{e}^{-st}\mathrm{d}t$$
$$= \int_0^\infty f_2(\tau)\mathrm{d}\tau \int_\tau^\infty f_1(t-\tau)\mathrm{e}^{-st}\mathrm{d}t$$

令 $t-\tau = \lambda$，可得

$$L\left[\int_0^t f_1(t-\tau)f_2(\tau)\mathrm{d}\tau\right]$$
$$= \int_0^\infty f_2(\tau)\mathrm{d}\tau \int_0^\infty f_1(\lambda)\mathrm{e}^{-s\lambda}\mathrm{e}^{-s\tau}\mathrm{d}\lambda$$
$$= \int_0^\infty f_2(\tau)\mathrm{e}^{-s\tau}\mathrm{d}\tau \int_0^\infty f_1(\lambda)\mathrm{e}^{-s\lambda}\mathrm{d}\lambda$$
$$= F_2(s)F_1(s)$$

4. 拉氏变换表

为表示方便，表 Ⅰ-1 给出了常用函数的拉氏变换。

表 Ⅰ-1 常用函数拉普拉斯变换对照表

	象函数 $F(s)$	原函数 $f(t)$
1	1	$\delta(t)$
2	$\dfrac{1}{s}$	$1(t)$
3	$\dfrac{1}{s^2}$	t
4	$\dfrac{1}{s^n}$	$\dfrac{t^{n-1}}{(n-1)!}$
5	$\dfrac{1}{s+a}$	e^{-at}

续表

	象函数 $F(s)$	原函数 $f(t)$
6	$\dfrac{1}{(s+a)(s+b)}$	$\dfrac{1}{(b-a)}(e^{-at}-e^{-bt})$
7	$\dfrac{s+a_0}{(s+a)(s+b)}$	$\dfrac{1}{(b-a)}[(a_0-a)e^{-at}-(a_0-b)e^{-bt}]$
8	$\dfrac{1}{s(s+a)(s+b)}$	$\dfrac{1}{ab}+\dfrac{1}{ab(a-b)}(be^{-at}-ae^{-bt})$
9	$\dfrac{s+a_0}{s(s+a)(s+b)}$	$\dfrac{a_0}{ab}+\dfrac{a_0-a}{a(a-b)}e^{-at}+\dfrac{a_0-b}{b(b-a)}e^{-bt}$
10	$\dfrac{s^2+a_1 s+a_0}{s(s+a)(s+b)}$	$\dfrac{a_0}{ab}+\dfrac{a^2-a_1 a+a_0}{a(a-b)}e^{-at}-\dfrac{b^2-a_1 b+a_0}{b(a-b)}e^{-bt}$
11	$\dfrac{1}{(s+a)(s+b)(s+c)}$	$\dfrac{e^{-at}}{(b-a)(c-a)}+\dfrac{e^{-bt}}{(a-b)(c-b)}+\dfrac{e^{-ct}}{(a-c)(b-c)}$
12	$\dfrac{s+a_0}{(s+a)(s+b)(s+c)}$	$\dfrac{a_0-a}{(b-a)(c-a)}e^{-at}+\dfrac{a_0-b}{(a-b)(c-b)}e^{-bt}+\dfrac{a_0-c}{(a-c)(b-c)}e^{-ct}$
13	$\dfrac{s^2+a_1 s+a_0}{(s+a)(s+b)(s+c)}$	$\dfrac{a^2-a_1 a+a_0}{(b-a)(c-a)}e^{-at}+\dfrac{b^2-a_1 b+a_0}{(a-b)(c-b)}e^{-bt}+\dfrac{c^2-a_1 c+a_0}{(a-c)(b-c)}e^{-ct}$
14	$\dfrac{1}{s^2+\omega^2}$	$\dfrac{1}{\omega}\sin\omega t$
15	$\dfrac{s}{s^2+\omega^2}$	$\cos\omega t$
16	$\dfrac{s+a_0}{s^2+\omega^2}$	$\dfrac{1}{\omega}(a_0^2+\omega^2)^{1/2}\sin(\omega t+\psi)\quad \psi\triangleq\arctan\dfrac{\omega}{a_0}$
17	$\dfrac{1}{s(s^2+\omega^2)}$	$\dfrac{1}{\omega^2}(1-\cos\omega t)$
18	$\dfrac{s+a_0}{s(s^2+\omega^2)}$	$\dfrac{a_0}{\omega^2}-\dfrac{(a_0^2+\omega^2)^{1/2}}{\omega^2}\cos(\omega t+\psi)\quad \psi\triangleq\arctan\dfrac{\omega}{a_0}$
19	$\dfrac{s+a_0}{(s+a)(s^2+\omega^2)}$	$\dfrac{a_0-a}{a^2+\omega^2}e^{-at}+\dfrac{1}{\omega}\left[\dfrac{a_0^2+\omega^2}{a^2+\omega^2}\right]^{1/2}\sin(\omega t+\psi)$ $\psi\triangleq\arctan\dfrac{\omega}{a_0}-\arctan\dfrac{\omega}{a}$
20	$\dfrac{1}{(s+a)^2+\omega^2}$	$\dfrac{1}{\omega}e^{-at}\sin\omega t$

续表

	象函数 $F(s)$	原函数 $f(t)$
21	$\dfrac{s+a_0}{(s+a)^2+\omega^2}$	$\dfrac{1}{\omega}[(a_0-a)^2+\omega^2]^{1/2}\mathrm{e}^{-at}\sin(\omega t+\psi)$ $\psi \triangleq \arctan\dfrac{\omega}{a_0-a}$
22	$\dfrac{s+a}{(s+a)^2+\omega^2}$	$\mathrm{e}^{-at}\cos\omega t$
23	$\dfrac{1}{s[(s+a)^2+\omega^2]}$	$\dfrac{1}{a^2+\omega^2}+\dfrac{1}{(a^2+\omega^2)^{1/2}\omega}\mathrm{e}^{-at}\sin(\omega t-\psi) \quad \psi\triangleq\arctan\dfrac{\omega}{-a}$
24	$\dfrac{s+a_0}{s[(s+a)^2+\omega^2]}$	$\dfrac{a_0}{a^2+\omega^2}+\dfrac{[(a_0-a)^2+\omega^2]^{1/2}}{\omega(a^2+\omega^2)^{1/2}}\mathrm{e}^{-at}\sin(\omega t+\psi)$ $\psi\triangleq\arctan\dfrac{\omega}{a_0-a}-\arctan\dfrac{\omega}{-a}$
25	$\dfrac{s^2+a_1 s+a_0}{s[(s+a)^2+\omega^2]}$	$\dfrac{a_0}{a^2+\omega^2}+\dfrac{[(a^2-\omega^2-a_1 a+a_0)^2+\omega^2(a_1-2a)^2]^{1/2}}{\omega(\omega^2+a^2)^{1/2}}\mathrm{e}^{-at}\sin(\omega t+\psi)$ $\psi\triangleq\arctan\dfrac{\omega(a_1-2a)}{a^2-\omega^2-a_1 a+a_0}-\arctan\dfrac{\omega}{-a}$
26	$\dfrac{1}{(s+c)[(s+a)^2+\omega^2]}$	$\dfrac{\mathrm{e}^{-ct}}{(c-a)^2+\omega^2}+\dfrac{\mathrm{e}^{-at}}{\omega[(c-a)^2+\omega^2]^{1/2}}\sin(\omega t-\psi)$ $\psi\triangleq\arctan\dfrac{\omega}{c-a}$
27	$\dfrac{s+a_0}{(s+c)[(s+a)^2+\omega^2]}$	$\dfrac{a_0-c}{(a-c)^2+\omega^2}\mathrm{e}^{-ct}+\dfrac{1}{\omega}\left[\dfrac{(a_0-a)^2+\omega^2}{(c-a)^2+\omega^2}\right]^{1/2}\mathrm{e}^{-at}\sin(\omega t+\psi)$ $\psi\triangleq\arctan\dfrac{\omega}{a_0-a}-\arctan\dfrac{\omega}{c-a}$
28	$\dfrac{1}{s(s+c)[(s+a)^2+\omega^2]}$	$\dfrac{1}{c(a^2+\omega^2)}-\dfrac{\mathrm{e}^{-ct}}{c[(a-c)^2+\omega^2]}+$ $\dfrac{\mathrm{e}^{-at}}{\omega(a^2+\omega^2)^{1/2}[(c-a)^2+\omega^2]^{1/2}}\sin(\omega t-\psi)$ $\psi\triangleq\arctan\dfrac{\omega}{-a}+\arctan\dfrac{\omega}{c-a}$
29	$\dfrac{s+a_0}{s(s+c)[(s+a)^2+\omega^2]}$	$\dfrac{a_0}{c(a^2+\omega^2)}+\dfrac{(c-a_0)\mathrm{e}^{-ct}}{c[(a-c)^2+\omega^2]}+$ $\dfrac{\mathrm{e}^{-at}}{\omega(a^2+\omega^2)^{1/2}}\left[\dfrac{(a_0-a)^2+\omega^2}{(c-a)^2+\omega^2}\right]^{1/2}\sin(\omega t-\psi)$ $\psi\triangleq\arctan\dfrac{\omega}{a_0-a}-\arctan\dfrac{\omega}{c-a}-\arctan\dfrac{\omega}{-a}$

续表

	象函数 $F(s)$	原函数 $f(t)$
30	$\dfrac{1}{s^2(s+a)}$	$\dfrac{e^{-at}+at-1}{a^2}$
31	$\dfrac{s+a_0}{s^2(s+a)}$	$\dfrac{a_0-a}{a^2}e^{-at}+\dfrac{a_0}{a}t+\dfrac{a-a_0}{a^2}$
32	$\dfrac{s^2+a_1s+a_0}{s^2(s+a)}$	$\dfrac{a^2-a_1a+a_0}{a^2}e^{-at}+\dfrac{a_0}{a}t+\dfrac{a_1a-a_0}{a^2}$
33	$\dfrac{s+a_0}{(s+a)^2}$	$[(a_0-a)t+1]e^{-at}$
34	$\dfrac{1}{(s+a)^n}$	$\dfrac{1}{(n-1)!}t^{n-1}e^{-at}$
35	$\dfrac{1}{s(s+a)^2}$	$\dfrac{1-(1+at)e^{-at}}{a^2}$
36	$\dfrac{s+a_0}{s(s+a)^2}$	$\dfrac{a_0}{a^2}\left(\dfrac{a-a_0}{a}t-\dfrac{a_0}{a^2}\right)e^{-at}$
37	$\dfrac{s^2+a_1s+a_0}{s(s+a)^2}$	$\dfrac{a_0}{a^2}+\left(\dfrac{a_1a-a_0-a^2}{a}t+\dfrac{a^2-a_0}{a^2}\right)e^{-at}$
38	$\dfrac{1}{s(s+a)}$	$\dfrac{1}{a}(1-e^{-at})$
39	$\dfrac{s+a_0}{s(s+a)}$	$\dfrac{1}{a}[a_0-(a_0-a)e^{-at}]$

二、拉普拉斯反变换

由象函数 $F(s)$ 求原函数 $f(t)$ 称为拉普拉斯反变换，简称拉氏反变换，记为

$$L^{-1}[F(s)]=f(t)$$

对于简单的象函数，可直接应用拉氏变换表查出相应的原函数。对于复杂的象函数，工程实践中通常是先用部分分式展开法将象函数展成简单函数的和，然后利用拉氏变换表查出各项的原函数，最后相加便可得到所求的原函数。

一般象函数 $F(s)$ 可表示成如下的有理分式

$$F(s)=\dfrac{B(s)}{A(s)}=\dfrac{b_ms^m+b_{m-1}s^{m-1}+\cdots+b_1s+b_0}{a_ns^n+a_{n-1}s^{n-1}+\cdots+a_1s+a_0}$$

式中，数 $a_0,a_1,\cdots,a_n$；$b_0,b_1,\cdots,b_m$ 都是实常数，m,n 是正整数，$m\leqslant n$。

为了将 $F(s)$ 写成部分分式形式，首先把 $F(s)$ 的分母进行因式分解，则

$$F(s)=\dfrac{b_ms^m+b_{m-1}s^{m-1}+\cdots+b_1s+b_0}{a_n(s-p_1)(s-p_2)\cdots(s-p_n)}$$

式中，$p_1,p_2,\cdots,p_n$ 是 $A(s)=0$ 的根，称为 $F(s)$ 的极点。

下面分两种情况研究：

（1）当 $F(s)$ 无重极点时，$F(s)$ 可表示为

$$F(s) = \frac{b_m s^m + b_{m-1} s^{m-1} + \cdots + b_1 s + b_0}{a_n (s - p_1)(s - p_2) \cdots (s - p_n)}$$

$$= \frac{c_1}{s - p_1} + \frac{c_2}{s - p_2} + \cdots + \frac{c_n}{s - p_n}$$

$$= \sum_{i=1}^{n} \frac{c_i}{s - p_i} \quad (\text{I} - 2)$$

式中，c_i 为待定常数，称为 $F(s)$ 在极点 p_i 处的留数，可按下式计算

$$c_i = \lim_{s \to p_i} (s - p_i) F(s) \quad (\text{I} - 3)$$

因此

$$f(t) = L^{-1}[F(s)] = L^{-1}\left[\sum_{i=1}^{n} \frac{c_i}{s - p_i}\right]$$

$$= \sum_{i=1}^{n} c_i e^{p_i t} \quad (\text{I} - 4)$$

（2）当 $F(s)$ 中的极点 p_1 为 r 重极点时，$F(s)$ 可表示为

$$F(s) = \frac{c_r}{(s - p_1)^r} + \frac{c_{r-1}}{(s - p_1)^{r-1}} + \cdots + \frac{c_1}{s - p_1} + \frac{c_{r+1}}{s - p_{r+1}} + \cdots + \frac{c_n}{s - p_n} \quad (\text{I} - 5)$$

式中，p_1 为 $F(s)$ 的重极点，p_{r+1}，$\cdots$，p_n 为 $F(s)$ 的 $(n-r)$ 个非重极点；c_r，c_{r-1}，$\cdots$，c_1，$c_{r+1}\cdots$，c_n 为待定常数，其中 c_{r+1}，$\cdots$，c_n 按式（I-3）计算，但 c_r，c_{r-1}，$\cdots$，c_1 应按下式计算

$$\left. \begin{array}{l} c_r = \lim_{s \to p_1} (s - p_1)^r F(s) \\[6pt] c_{r-1} = \lim_{s \to p_1} \dfrac{\mathrm{d}}{\mathrm{d}s}\left[(s - p_1)^r F(s)\right] \\[6pt] \cdots \\[6pt] c_{r-j} = \dfrac{1}{j!} \lim_{s \to p_1} \dfrac{\mathrm{d}^{(j)}}{\mathrm{d}s^j}\left[(s - p_1)^r F(s)\right] \\[6pt] \cdots \\[6pt] c_1 = \dfrac{1}{(r-1)!} \lim_{s \to p_1} \dfrac{\mathrm{d}^{(r-1)}}{\mathrm{d}s^{r-1}}\left[(s - p_1)^r F(s)\right] \end{array} \right\} \quad (\text{I} - 6)$$

因此，原函数 $f(t)$ 为

$$f(t) = L^{-1}[F(s)]$$

$$= L^{-1}\left[\frac{c_r}{(s - p_1)^r} + \frac{c_{r-1}}{(s - p_1)^{r-1}} + \cdots + \frac{c_1}{s - p_1} + \frac{c_{r+1}}{s - p_{r+1}} + \cdots + \frac{c_n}{s - p_n}\right]$$

$$= \left[\frac{c_r}{(r-1)!} t^{r-1} + \frac{c_{r-1}}{(r-2)!} t^{r-2} + \cdots + c_2 t + c_1\right] e^{p_1 t} + \sum_{i=r+1}^{n} c_i e^{p_i t} \quad (\text{I} - 7)$$

举例

例 I-1 已知 $F(s) = \dfrac{5s + 3}{(s+1)(s+2)(s+3)}$，试求原函数 $f(t)$。

解 将 $F(s)$ 写成部分分式形式

$$F(s) = \frac{c_1}{s+1} + \frac{c_2}{s+2} + \frac{c_3}{s+3}$$

式中

$$c_1 = \lim_{s \to -1}(s+1)\frac{5s+3}{(s+1)(s+2)(s+3)} = -1$$

$$c_2 = \lim_{s \to -2}(s+2)\frac{5s+3}{(s+1)(s+2)(s+3)} = 7$$

$$c_3 = \lim_{s \to -3}(s+3)\frac{5s+3}{(s+1)(s+2)(s+3)} = -6$$

根据式（Ⅰ-4），有

$$f(t) = -e^{-t} + 7e^{-2t} - 6e^{-3t}$$

例 Ⅰ-2 已知 $F(s) = \dfrac{s-3}{s^2+2s+2}$，试求原函数 $f(t)$。

解法（1） 将 $F(s)$ 写成部分分式形式

$$F(s) = \frac{s-3}{s^2+2s+2} = \frac{s-3}{(s+1-j)(s+1+j)}$$

$$= \frac{c_1}{s+1-j} + \frac{c_2}{s+1+j}$$

式中

$$c_1 = \lim_{s \to -1+j}(s+1-j)F(s)$$

$$= \lim_{s \to -1+j}(s+1-j)\frac{s-3}{(s+1-j)(s+1+j)}$$

$$= \frac{-4+j}{2j}$$

$$c_2 = \lim_{s \to -1-j}(s+1+j)F(s)$$

$$= \lim_{s \to -1-j}(s+1+j)\frac{s-3}{(s+1-j)(s+1+j)}$$

$$= -\frac{-4-j}{2j}$$

根据式（Ⅰ-4），有

$$f(t) = c_1 e^{(-1+j)t} + c_2 e^{(-1-j)t}$$

$$= e^{-t}(\cos t - 4\sin t)$$

解法（2） 将 $F(s)$ 的分母配成二项平方和的形式，则

$$F(s) = \frac{s-3}{s^2+2s+2} = \frac{s-3}{(s+1)^2+1}$$

$$= \frac{s+1}{(s+1)^2+1} - \frac{4}{(s+1)^2+1}$$

应用拉氏变换的位移定理，并查拉氏变换表，可得原函数为

$$f(t) = L^{-1}\left[\frac{s+1}{(s+1)^2+1} - \frac{4}{(s+1)^2+1}\right]$$

$$= e^{-t}(\cos t - 4\sin t)$$

例 I-3 已知 $F(s) = \dfrac{1}{s(s+2)^3(s+3)}$，试求原函数 $f(t)$。

解 将 $F(s)$ 写成部分分式形式，有

$$F(s) = \frac{c_3}{(s+2)^3} + \frac{c_2}{(s+2)^2} + \frac{c_1}{s+2} + \frac{c_4}{s} + \frac{c_5}{s+3}$$

式中

$$c_3 = \lim_{s \to -2}(s+2)^3 \frac{1}{s(s+2)^3(s+3)} = -\frac{1}{2}$$

$$c_2 = \lim_{s \to -2}\frac{d}{ds}\left[(s+2)^3 \frac{1}{s(s+2)^3(s+3)}\right] = \frac{1}{4}$$

$$c_1 = \frac{1}{2!}\lim_{s \to -2}\frac{d^2}{ds^2}\left[(s+2)^3 \frac{1}{s(s+2)^3(s+3)}\right]$$

$$= \frac{1}{2}\lim_{s \to -2}\frac{d^2}{ds^2}\left[\frac{1}{s(s+3)}\right] = -\frac{3}{8}$$

$$c_4 = \lim_{s \to 0} s \frac{1}{s(s+2)^3(s+3)} = \frac{1}{24}$$

$$c_5 = \lim_{s \to -3}(s+3) \frac{1}{s(s+2)^3(s+3)} = \frac{1}{3}$$

于是其象函数可写为

$$F(s) = -\frac{1/2}{(s+2)^3} + \frac{1/4}{(s+2)^2} - \frac{3/8}{s+2} + \frac{1/24}{s} + \frac{1/3}{s+3}$$

查拉氏变换表可求得原函数为

$$f(t) = L^{-1}[F(s)]$$

$$= -\frac{1}{4}t^2 e^{-2t} + \frac{1}{4}t e^{-2t} - \frac{3}{8} e^{-2t} + \frac{1}{24} + \frac{1}{3} e^{-3t}$$

$$= \frac{1}{24} + \frac{1}{4}\left(-t^2 + t - \frac{3}{2}\right)e^{-2t} + \frac{1}{3} e^{-3t}$$

附录 2
Z 变换

一、Z 变换

1. Z 变换的定义

根据拉普拉斯变换的定义,对式 (7.3) 中的离散信号 $x^*(t)$ 取拉氏变换得,

$$X^*(s) = L[x^*(t)] = \sum_{n=0}^{\infty} x(nT) e^{-nTs} \qquad (\text{II}-1)$$

由于上式中包含 s 的超越方程,为了简化数学分析,引入复变量 z,且令

$$z = e^{Ts} \qquad (\text{II}-2)$$

得到 $x^*(t)$ 的 Z 变换式:

$$Z[x^*(t)] = \sum_{n=0}^{\infty} x(nT) z^{-n} \qquad (\text{II}-3)$$

在 Z 变换中,只考虑采样时刻的信号值,因此,$x^*(t)$ 的 Z 变换与 $x(t)$ 的 Z 变换相同,均为

$$X(z) = Z[x(t)] = Z[x^*(t)] = \sum_{n=0}^{\infty} x(nT) z^{-n} \qquad (\text{II}-4)$$

2. 常用典型函数的 Z 变换

(1) 脉冲函数。

$$x(t) = \lim_{t_0 \to 0} \frac{A}{t_0} [1(t) - 1(t - t_0)]$$

对其取 Z 变换,得

$$Z[x(t)] = \sum_{n=0}^{\infty} \lim_{t_0 \to 0} \frac{A}{t_0} [1(t) - 1(t - t_0)] z^{-n}$$

$$= Az^0 = A$$

对于单位脉冲函数,即

$$x(t) = \delta(t) = \lim_{t_0 \to 0} \frac{1}{t_0} [1(t) - 1(t - t_0)]$$

有

$$Z[x(t)] = Z[\delta(t)] = 1$$

(2) 阶跃函数。

$$x(t) = \begin{cases} 0, t < 0 \\ R, t \geq 0 \end{cases}$$

对其取 Z 变换，则

$$Z[x(t)] = \sum_{n=0}^{\infty}(R \cdot z^{-n}) = R(z^0 + z^{-1} + z^{-2} + \cdots) = R\frac{z}{z-1}$$

对于单位阶跃函数，即

$$x(t) = u(t) = \begin{cases} 0, t < 0 \\ 1, t \geq 0 \end{cases}$$

有

$$Z[x(t)] = Z[u(t)] = \frac{z}{z-1}$$

（3）斜坡函数。

$$x(t) = \begin{cases} 0, t < 0 \\ Rt, t \geq 0 \end{cases}$$

对其取 Z 变换，则

$$Z[x(t)] = \sum_{n=0}^{\infty}(RnT \cdot z^{-n}) = RT(z^{-1} + 2z^{-2} + \cdots) = R\frac{Tz}{(z-1)^2}$$

对于单位斜坡函数，即

$$x(t) = \begin{cases} 0, t < 0 \\ t, t \geq 0 \end{cases}$$

有

$$Z[x(t)] = \frac{Tz}{(z-1)^2}$$

（4）正弦函数。

$$x(t) = \begin{cases} 0, t < 0 \\ \sin\omega t, t \geq 0 \end{cases}$$

由欧拉公式

$$\sin\omega t = \frac{1}{2j}(e^{j\omega t} - e^{-j\omega t})$$

对函数 e^{-at} 取 Z 变换，有

$$Z[e^{-at}] = \sum_{n=0}^{\infty}(e^{-anT} \cdot z^{-n}) = (1 + e^{-aT}z^{-1} + e^{-2aT}z^{-2} + \cdots) = \frac{z}{z - e^{-aT}}$$

因此，据上述两式对 $\sin\omega t$ 取 Z 变换，则

$$\begin{aligned} Z[\sin\omega t] &= Z\left[\frac{1}{2j}(e^{j\omega t} - e^{-j\omega t})\right] \\ &= \frac{1}{2j}\left(\frac{z}{z - e^{j\omega t}} - \frac{z}{z - e^{-j\omega t}}\right) \\ &= \frac{z\sin\omega t}{z^2 - 2z\cos\omega T + 1} \end{aligned}$$

3. Z 变换的基本定理

(1) 线性定理。

设 $X_1(z) = Z[x_1(t)]$，$X_2(z) = Z[x_2(t)]$，a 和 b 为常数，则

$$Z[ax_1(t) + bx_2(t)] = aZ[x_1(t)] + bZ[x_2(t)]$$
$$= aX_1(z) + bX_2(z) \qquad (\text{II}-5)$$

该定理由式（II-4）不难证明。

(2) 平移定理。

①延迟平移定理。

设 $X(z) = Z[x(t)]$，当 $t<0$ 时，$x(t)=0$，则对任一正整数 m，有

$$Z[x(t-mT)] = z^{-m}X(z) \qquad (\text{II}-6)$$

证明 根据 Z 变换的定义，有

$$Z[x(t-mT)] = \sum_{n=0}^{\infty} x(nT-mT)z^{-n}$$
$$= z^{-m} \sum_{n=0}^{\infty} x(nT-mT)z^{-(n-m)} \qquad (\text{II}-7)$$

令 $n-m=k$，则

$$Z[x(t-mT)] = z^{-m} \sum_{k=-m}^{\infty} x(kT)z^{-k} \qquad (\text{II}-8)$$

由于 $t<0$，$x(t)=0$，上式等同于

$$Z[x(t-mT)] = z^{-m} \sum_{k=0}^{\infty} x(kT)z^{-k} = z^{-m}X(z) \qquad (\text{II}-9)$$

②超前平移定理。

设 $X(z) = Z[x(t)]$，当 $t<0$ 时，$x(t)=0$，则对任一正整数 m，有

$$Z[x(t+mT)] = z^{m}\left[X(z) - \sum_{k=0}^{m-1} x(kT)z^{-k}\right] \qquad (\text{II}-10)$$

证明 根据 Z 变换的定义，有

$$Z[x(t+mT)] = \sum_{n=0}^{\infty} x(nT+mT)z^{-n}$$
$$= z^{m} \sum_{n=0}^{\infty} x(nT+mT)z^{-(n+m)} \qquad (\text{II}-11)$$

令 $n+m=k$，则

$$Z[x(t+mT)] = z^{m} \sum_{k=m}^{\infty} x(kT)z^{-k}$$
$$= z^{m}\left[\sum_{k=0}^{\infty} x(kT)z^{-k} - \sum_{k=0}^{m-1} x(kT)z^{-k}\right]$$
$$= z^{m}\left[X(z) - \sum_{k=0}^{m-1} x(kT)z^{-k}\right] \qquad (\text{II}-12)$$

(3) 初值定理。

设 $X(z) = Z[x(t)]$，并存在极限 $\lim_{z \to \infty} X(z)$，则

$$x(0) = \lim_{z\to\infty} X(z) \quad (\text{II}-13)$$

证明 根据 Z 变换的定义，有

$$X(z) = \sum_{n=0}^{\infty} x(nT)z^{-n} = x(0) + x(T)z^{-1} + x(2T)z^{-2} + \cdots \quad (\text{II}-14)$$

显然，当 z 趋于无穷时，对上式的两端取极限，有

$$\lim_{z\to\infty} X(z) = x(0) \quad (\text{II}-15)$$

(4) 终值定理。

设 $X(z) = Z[x(t)]$，且 $(z-1)X(z)$ 的极点均位于单位圆内，则

$$x(\infty) = \lim_{z\to 1}(z-1)X(z) \quad (\text{II}-16)$$

证明 根据 Z 变换的定义，有

$$Z[x(kT)] = \sum_{k=0}^{\infty} x(kT)z^{-k}, Z[x((k+1)T)] = \sum_{k=0}^{\infty} x((k+1)T)z^{-k} \quad (\text{II}-17)$$

应用超前平移定理，以上两式作差，得

$$Z[x((k+1)T)] - Z[x(kT)] = \sum_{k=0}^{\infty} [x((k+1)T) - x(kT)]z^{-k}$$
$$= zX(z) - zx(0) - X(z) \quad (\text{II}-18)$$

又当 z→1 时，有

$$\lim_{z\to 1}\sum_{k=0}^{\infty}[x((k+1)T) - x(kT)]z^{-k} = x(\infty) - x(0) \quad (\text{II}-19)$$

根据上述两式，得

$$\lim_{z\to 1}(z-1)X(z) - zx(0) = x(\infty) - x(0) \quad (\text{II}-20)$$

即有

$$x(\infty) = \lim_{z\to 1}(z-1)X(z) \quad (\text{II}-21)$$

(5) 卷积定理。

设 $X_1(z) = Z[x_1(t)]$，$X_2(z) = Z[x_2(t)]$，$x_1(t) * x_2(t)$ 表示函数 $x_1(t)$ 和 $x_2(t)$ 的卷积，则

$$Z[x_1(t) * x_2(t)] = X_1(z) \cdot X_2(z) \quad (\text{II}-22)$$

证明略。

4. Z 变换表

为了求解方便，表 II-1 给出了一些常用函数的 Z 变换。

表 II-1 常用函数 Z 变换表

序号	$f(t)$	$F(s)$	$F(z)$
1	$\delta(t)$	1	1
2	$\delta_T(t) = \sum_{n=0}^{\infty}\delta(t-nT)$	$\dfrac{1}{1-e^{-Ts}}$	$\dfrac{z}{z-1}$
3	$1(t)$	$\dfrac{1}{s}$	$\dfrac{z}{z-1}$

续表

序号	$f(t)$	$F(s)$	$F(z)$
4	t	$\dfrac{1}{s^2}$	$\dfrac{Tz}{(z-1)^2}$
5	$\dfrac{t^2}{2}$	$\dfrac{1}{s^3}$	$\dfrac{T^2 z(z+1)}{2(z-1)^3}$
6	$\dfrac{t^n}{n!}$	$\dfrac{1}{s^{n+1}}$	$\lim\limits_{a \to 0} \dfrac{(-1)^n}{n!} \dfrac{\partial^n}{\partial a^n}\left(\dfrac{z}{z-e^{-aT}}\right)$
7	e^{-at}	$\dfrac{1}{s+a}$	$\dfrac{z}{z-e^{-aT}}$
8	te^{-at}	$\dfrac{1}{(s+a)^2}$	$\dfrac{Tze^{-aT}}{(z-e^{-aT})^2}$
9	$1-e^{-at}$	$\dfrac{a}{s(s+a)}$	$\dfrac{(1-e^{-aT})z}{(z-1)(z-e^{-aT})}$
10	$e^{-at}-e^{-bt}$	$\dfrac{b-a}{(s+a)(s+b)}$	$\dfrac{z}{z-e^{-aT}} - \dfrac{z}{z-e^{-bT}}$
11	$\sin\omega t$	$\dfrac{\omega}{s^2+\omega^2}$	$\dfrac{z\sin\omega T}{z^2-2z\cos\omega T+1}$
12	$\cos\omega t$	$\dfrac{s}{s^2+\omega^2}$	$\dfrac{z(z-\cos\omega T)}{z^2-2z\cos\omega T+1}$
13	$e^{-at}\sin\omega t$	$\dfrac{\omega}{(s+a)^2+\omega^2}$	$\dfrac{ze^{-aT}\sin\omega T}{z^2-2ze^{-aT}\cos\omega T+e^{-2aT}}$
14	$e^{-at}\cos\omega t$	$\dfrac{s+a}{(s+a)^2+\omega^2}$	$\dfrac{z^2-ze^{-aT}\cos\omega T}{z^2-2ze^{-aT}\cos\omega T+e^{-2aT}}$
15	$a^{1/T}$	$\dfrac{1}{s-(1/T)\ln a}$	$\dfrac{z}{z-a}$

二、Z 反变换

类似于拉普拉斯反变换，Z 反变换是根据函数的 Z 变换表达式 $X(z)$ 求原函数 $x^*(t)$ 的变换，记为

$$Z^{-1}[X(z)] = x^*(t) \qquad (\text{Ⅱ}-23)$$

需要注意的是，由 Z 反变换求得的原函数 $x^*(t)$ 为离散时间函数，即 Z 反变换只能获取连续时间函数各采样时刻的值 $x(nT)$，而不能得到连续时间函数。Z 反变换的常用方法有长除法和部分分式法。

（1）长除法。

根据 Z 变换的定义，可将 $X(z)$ 展开成 z^{-1} 的无穷级数，即

$$X(z) = \sum_{n=0}^{\infty} x(nT) z^{-n} = x(0) + x(T)z^{-1} + x(2T)z^{-2} + \cdots \qquad (\text{Ⅱ}-24)$$

利用长除法将 $X(z)$ 的表达式同样展开成 z^{-1} 的幂级数形式，并按 z^{-1} 的升幂进行排列，

将所得的多项式与式（Ⅱ-24）的各项系数进行对照，获得 $x(nT)$ 的值。

举例

例Ⅱ-1 已知

$$X(z) = \frac{10z}{z^2 - 3z + 2}$$

求时间函数 $x(t)$ 在采样时刻的序列值 $x(nT)$。

解：利用长除法，可将 $X(z)$ 展开成如下形式：

$$\begin{array}{r}
10z^{-1} + 30z^{-2} + 70z^{-3} + \cdots \\
z^2 - 3z + 2 \overline{\smash{\big)}\, 10z} \\
\underline{10z - 30 + 20z^{-1}} \\
30 - 20z^{-1} \\
\underline{30 - 90z^{-1} + 60z^{-2}} \\
70z^{-1} - 60z^{-2} \\
\underline{70z^{-1} - 210z^{-2} + 140z^{-3}} \\
150z^{-2} - 140z^{-3} \\
\vdots
\end{array}$$

即

$$X(z) = 10z^{-1} + 30z^{-2} + 70z^{-3} + \cdots$$

与式（Ⅱ-24）进行对比，得

$$x(0) = 0, \ x(T) = 10, \ x(2T) = 30, \ \cdots, \ x(kT) = 10 \cdot (2^k - 1), \ \cdots$$

（2）部分分式法。

根据 Z 变换的线性定理，可将一个复杂的 Z 变换函数 $X(z)$ 进行部分分式分解，然后查阅 Z 变换表，找到各分式的原函数，将获得的各原函数进行叠加，即可获得 $X(z)$ 的原函数。由于 $X(z)$ 的表达式的分子中通常包含因子 z，为了简化运算，通常是对 $X(z)/z$ 展开成部分分式之和的形式，再进行求解。

例Ⅱ-2 已知

$$X(z) = \frac{z}{(z-1)(z-3)}$$

求时间函数 $x(t)$ 在采样时刻的序列值 $x(nT)$。

解：将 $X(z)/z$ 进行部分分式分解

$$\frac{X(z)}{z} = \frac{1}{(z-1)(z-3)} = \frac{1}{2}\left(\frac{1}{z-3} - \frac{1}{z-1}\right)$$

因此 $X(z)$ 可分解为

$$X(z) = \frac{1}{2}\left(\frac{z}{z-3} - \frac{z}{z-1}\right)$$

查阅 Z 变换表 7.1，可得

$$x(nT) = \frac{1}{2}(3^n - 1)$$

附录 3
习题参考答案

第 1 章

1-1　略

1-2　略

1-3　略

1-4　要画出控制系统方块图，第一步（也是关键的一步）就是搞清楚系统的工作原理或工作过程。在题图 1.1 所示的电路中，被控量是负载电阻 R_L 上的电压 U_L。若不采用稳压电源，将负载直接接到整流电路（图中未画出）的输出电压 U 上，则当负载电流 I_L 增加（R_L 减小）时，整流电源的等效内阻上的电压降将增加，使整流输出电压 U（此时即为负载上的电压）降低。当然，若电网电压波动，也会使整流输出电压产生波动。设整流输出电压的波动为 ΔU，它是造成负载上电压不稳定的主要原因。

如今增设了稳压电路，此时负载上的电压不再是整流电压 U，而是整流电压再经调整管 V_2 的调节后输出电压 U_L。V_2 导通程度越大，则输出电压将越大，反之将变小。由附图 1.1 可见，调整管 V_2 的导通程度将取决于放大管 V_1 的导通程度。V_2 管发射极电位由电阻 R_2 和稳

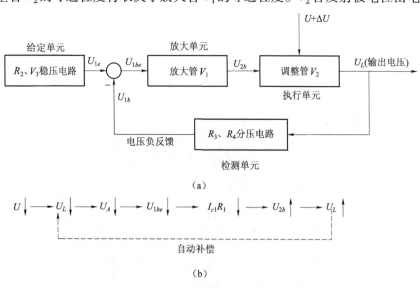

附图 1.1

压管 V_3 构成的稳压电路提供恒定的电位。V_1 管基极电位 U_A 取决于负载电压 U_L（由 R_3 和 R_4 构成的分压电路提供输出的负载电压 U_L 的采样信号 U_A）。

当负载电压 U_L 因负载电流增加（或电网电压下降）而下降时，则 U_A 下降；由于 V_1 发射极电位恒定，于是 U_{1be} 将减小；这将导致的集电极电流 I_{c1} 减小，此电流在电阻 R_1 上的压降（$I_{c1}R_1$）也将减小，这将使调整管 V_2 的基极电位升高，V_2 导通程度加大，使输出电压 U_L 增加，从而起到自动补偿的作用。其自动调节过程参见附图 1.1（b）。

由以上分析可知，此系统的输出量为 U_L，给定值取决于稳压管 V_3 的稳压值，检测元件为 R_3、R_4 构成的分压电路，反馈信号为电压负反馈，执行元件为调整管 V_2，放大元件为 V_1，扰动量为整流输出电压的波动 ΔU。由此可画出如附图 1.1（a）所示的框图。

1-5 在题图 1.2 所示的控制系统中，合上"开门"开关（"关门"开关联动断开），给定电位器便向放大器给出一个给定电压信号。此时反应大门位置的检测电位器向放大器送去一个反馈电压信号。这两个电压信号在放大器的输入端进行叠加比较，形成偏差电压。此电压经放大后驱动电动机带动卷筒使大门向上提升。这一过程要一直继续到大门的开启位置达到预期值，反馈电压与给定电压相等，偏差电压为零时才停止。若大门开启的程度不够大（门未全开），则可调节给定电位器，使与"开门"开关相连的触点上移即可。

由以上分析可知，此系统的控制对象是仓库大门，执行单元是直流电动机和卷筒，给定信号由"开门"（或"关门"）开关给出，调节给定电位器（的触点）即可改变大门的开启（或关闭）的程度。（当然，鉴定检测电位器触点与大门的对应位置，也可调整大门的开启程度）。通过与大门连接的连杆带动的检测电位提供位置反馈信号。由以上分析可画出如附图 1.2 所示的系统方块图。

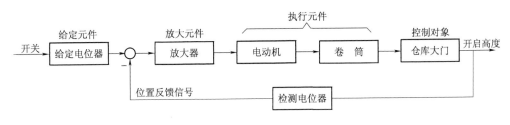

附图 1.2

第 2 章

2-1 (a) $\dfrac{k_1 + Bs}{k_1 + k_2 + Bs}$

(b) $\dfrac{k}{ms^2 + Bs + k}$

(c) $\dfrac{(k_1 + B_1 s)(k_2 + B_2 s)}{(k_2 + B_1 s + B_2 s)(k_1 + B_1 s) - B_1^2 s^2}$

(d) $\dfrac{k_1 Bs}{(k_1 + k_2)Bs + k_1 k_2}$

2-2 (a) $\dfrac{R_2Cs+1}{(R_1+R_2)Cs+1}$

(b) $\dfrac{(R_1C_1s+1)(R_2C_2s+1)}{(R_1C_2+R_2C_2+R_1C_1)s+R_2R_1C_1C_2s^2+1}$

(c) $\dfrac{1}{LCs^2+RCs+1}$

(d) $\dfrac{\dfrac{L_2}{L_1+L_2}\left(\dfrac{L_1}{R_2}s+1\right)}{\dfrac{L_1L_2}{L_1+L_2}C_2s^2+\dfrac{L_1L_2(R_1+R_2)}{(L_1+L_2)R_1R_2}s+1}$

2-3 (a) $-\dfrac{\dfrac{R_2}{R_1}}{R_2Cs+1}$ (b) $-\dfrac{\dfrac{R_4}{R_1}(R_2Cs+1)}{(R_2+R_4)Cs+1}$ (c) $-\dfrac{R_2+R_4}{R_1}\left(\dfrac{R_2R_4}{R_2+R_4}Cs+1\right)$

(d) $-\dfrac{\dfrac{1}{R_1C_1}[(R_2R_4+R_2R_5+R_4R_5)C_1C_2s^2+(R_2C_1+R_4C_2+R_5C_1+R_5C_2)s+1]}{s(R_2C_2s+1)}$

2-4 (a) $\dfrac{\dfrac{k}{J_1J_2}}{s\left[s^3+\dfrac{D}{J_2}s^2+\dfrac{k(J_1+J_2)}{J_1J_2}s+\dfrac{Dk}{J_1J_2}\right]}=\dfrac{k}{J_1J_2s^4+J_1Ds^3+k(J_1+J_2)s^2+Dks}$

(b) $\dfrac{1}{\dfrac{J_1J_2}{k_1k_2}s^4+\dfrac{J_1D_2+J_2D_1}{k_1k_2}s^3+\left(\dfrac{J_1}{k_1}+\dfrac{J_2}{k_2}+\dfrac{J_2}{k_1}+\dfrac{D_1D_2}{k_1k_2}\right)s^2+\left(\dfrac{D_1}{k_1}+\dfrac{D_2}{k_2}+\dfrac{D_2}{k_1}\right)s+1}$

2-5 证明过程如下：

(a) $\dfrac{R_1R_2C_1C_2s^2+(R_1C_1+R_2C_2)s+1}{R_1R_2C_1C_2s^2+(R_1C_1+R_2C_2+R_1C_2)s+1}$

(b) $\dfrac{\dfrac{D_1D_2}{k_1k_2}s^2+\left(\dfrac{D_1}{k_1}+\dfrac{D_2}{k_2}\right)s+1}{\dfrac{D_1D_2}{k_1k_2}s^2+\left(\dfrac{D_1}{k_1}+\dfrac{D_2}{k_2}+\dfrac{D_1}{k_2}\right)s+1}$

$u\Leftrightarrow x$；$R\Leftrightarrow D$；$C\Leftrightarrow\dfrac{1}{k}$

2-6 (a) $\dfrac{N_o(s)}{U_i(s)}=\dfrac{\dfrac{R_2K_T}{R_1LJ}}{s^2+\dfrac{R}{L}s+\dfrac{K_T(R_2R_4K_n+R_1R_3K_E+R_1R_4K_E)}{R_1(R_3+R_4)LJ}}$

(b) $\dfrac{N_o(s)}{M_c(s)}=\dfrac{\dfrac{1}{J}\left(s+\dfrac{R}{L}\right)}{s^2+\dfrac{R}{L}s+\dfrac{K_T(R_2R_4K_n+R_1R_3K_E+R_1R_4K_E)}{R_1(R_3+R_4)LJ}}$

2-7 系统传递函数为 $\dfrac{3}{s^2+4s+3}$；系统框图如附图2.1所示。

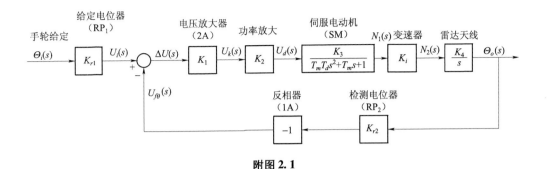

附图 2.1

2-8 $K=1$,$T_c=0.1\text{s}$;系统框图如附图 2.2 所示。

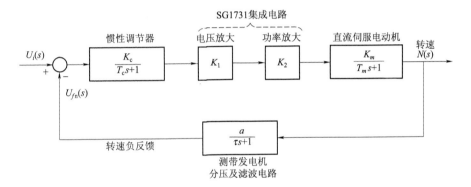

附图 2.2

2-9 (a) $\dfrac{G_1G_2G_3}{1+G_1G_2G_3H_1+G_2G_3H_2+G_3H_3}$

(b) $\dfrac{G_1G_2G_3}{1+G_2G_3H_2+G_2H_1(1-G_1)}-G_4$

(c) $\dfrac{G_1G_2}{(1+G_1H_1)(1+G_2H_2)+G_1G_2H_3}$

(d) $G(s)=\dfrac{(1+G_4H_2)G_1(G_2+G_3)}{1+G_1(G_2+G_3)H_1H_2}$

(e)
$$G(s)=\dfrac{G_1G_2(G_5+G_3G_4)}{1-H_4(G_3G_4+G_5)+H_3H_4G_2(G_3G_4+G_5)+H_1G_1G_2(G_5+G_3G_4)+G_1G_2G_3H_2}$$

(f) $G(s)=\dfrac{G_1G_2G_3}{(1+G_1H_1)(1+G_2H_2)+G_1G_2H_2+G_1G_2G_3H_3}$

2-10 略

2-11 $\dfrac{\varTheta(s)}{F(s)}=\dfrac{r}{Js^2+Bs+k}$

2-12 略

第 3 章

3-1 （1）劳斯表
$$\begin{array}{cccc} s^3 & 1 & 9 & 0 \\ s^2 & 20 & 100 & 0 \\ s^1 & 4 & 0 & \\ s^0 & 100 & & \end{array}$$

因为劳斯表中第一列数均大于 0，所以系统稳定。

（2）（3）略

3-2 系统稳定

3-3 系统不稳定，有两个右根

3-4 （1）$k > \dfrac{4}{3}$

（2）特征方程系数不同号，所以不论 k 为何值系数都不稳定

3-5 （1）$0 < K^* < 120$

（2）当 $K^* = 120$ 时系统振荡，振荡频率为 $\omega = 3.87$（rad/s）

3-6 （1）$0 < K < \dfrac{109}{121}$

（2）不稳定

（3）$K > \dfrac{-1 + \sqrt{201}}{4}$

（4）不稳定

3-7 开关 K 打开时，系统不稳定；开关闭合时，系统稳定；$u_o(\infty) = -\dfrac{10}{9}$（V）

3-8 $u_o(4) \approx 0.632$ V $u_o(30) \approx 1$ V

3-9 $\omega_n = 0.2$（rad/s） $\xi = 0.2$ $\sigma_p \approx 52.7\%$ $t_p = 16.3$（s） $t_s = 75$（s）

3-10 单位阶跃响应：$x_0 = [1 + (te^{-t} - e^{-t})] \cdot 1(t)$

单位脉冲响应：$x_0 = (2e^{-t} - te^{-t}) \cdot 1(t)$

3-11 $1 + (e^{-\frac{1}{20}t} - 2) \cdot 1(t)$（V）

3-12 $t_r \approx 2.418$s $t_p \approx 3.628$s $\sigma_p \approx 16.3\%$ $t_s \approx 6$s

3-13 $\xi \approx 0.69$ $\omega_n = 2.9$（rad/s）

3-14 0.707

3-15 $K = 200$（N/m）
$m = 0.672$（kg）
$B = 9.56$（N·s/m）

3-16 略

3-17 略

3-18 略

3-19 $k_1 = 9.9$

3-20 略

3-21 略

3-22 略

第4章

4-1 (1) $c(t) = 0.905\sin(t + 24.8°)$

(2) $c(t) = 1.788\cos(2t - 55.3°)$

(3) 略

4-2 略

4-3 略（见习题疑难解答）

4-4 略

4-5 略

4-6 (a) $G(s) = \dfrac{0.8(5s+1)}{s(0.25s+1)^2}$

(b) $G(s) = \dfrac{1/3s}{\left(\dfrac{1}{30}s+1\right)\left(\dfrac{1}{221}s+1\right)^2}$

(c) $G(s) = \dfrac{1}{s\left(\dfrac{1}{0.8}s+1\right)}$

(d) 略

4-7 (a) 稳定；(b) 稳定

4-8 (1) $\gamma = -0.3°$，$K_g = 0.14$，不稳定。

(2) $\gamma = 57.3°$，$K_g = 25.3$，稳定。

4-9 $\begin{cases} 0 < T < \dfrac{1}{2a} \\ K > a - a^2 T \end{cases}$

4-10 $\begin{cases} \omega_1 = 16.6 \text{ rad/s} \\ K_1 = 1.22 \times 10^6 \end{cases}$ 和 $\begin{cases} \omega_2 = 3.82 \times 10^2 \text{ rad/s} \\ K_2 = 1.75 \times 10^8 \end{cases}$

时，闭环系统持续振荡；$1.22 \times 10^6 < K < 1.75 \times 10^8$ 时系统稳定。

4-11 $0 < k < \dfrac{1.01}{0.01 - 1.01T}$

4-12 $\begin{cases} T_b > 0 \\ T_m > 0 \\ \dfrac{1}{T_m} + \dfrac{1}{T_b} > K_1 K_2 K_3 K_4 > 0 \end{cases}$

4-13 $\begin{cases} T_b > 0 \\ T_m > 0 \\ \dfrac{1}{T_m} + \dfrac{1}{T_b} > K_1 K_2 K_3 K_4 > 0 \end{cases}$

4-14 稳定

4-15　略

第 5 章

5-1　略

5-2　在题图 5.1 所示的随动系统中，若串联校正装置的传递函数：

$$G_c(s) = \frac{T_1 s + 1}{T_2 s + 1} = \frac{0.02s + 1}{0.01s + 1}$$

与 T_1 对应的 $\omega_1 = 1/T_1 = 1/0.02 = 50$ rad/s，与 T_2 对应的 $\omega_2 = 1/T_2 = 1/0.01 = 100$ rad/s。此校正环节为相位超前校正，将改善系统的稳定性和快速性，使超调量减小，调整时间缩短。

5-3　$\omega_{c1} \approx 50$ rad/s，$\gamma_1 \approx 11.3°$，$\omega_{c2} \approx 125$ rad/s，$\gamma_2 \approx 55°$

5-4　$\omega_{c1} \approx 102$ rad/s，$\gamma_1 \approx -7.5°$，$\omega_{c2} \approx 16$ rad/s，$\gamma_2 \approx 53.4°$

5-5　两个方案的技术性能比较

1. 稳态性能　题图 5.2 方案 a 为 0 型系统（阶跃信号输入时就有稳态误差存在），方案 b 为 Ⅱ 型系统（对斜坡信号的稳态误差为零），显然，方案 b 优于方案 a。

2. 动态性能

（1）方案 a 为由两个惯性环节组成的系统，而方案 b 为由两个积分、一个惯性和一个比例微分环节构成的系统。显然，方案 a 的相位稳定裕量要较 b 大得多，因此方案 a 的最大超调量和振荡次数要较 b 小，即方案 a 动态性能优于方案 a。

（2）由图可见，$\omega_{cb}(54\text{ rad/s}) > \omega_{ca}(30\text{ rad/s})$，因此从系统快速性来看，方案 b 优于方案 a。

5-6　(1) 由题图 5.3 可知，电流环固有部分的传递函数为

$$G_1(s) = \frac{6}{(0.04s + 1)(0.005s + 1)}$$

1）系统的相位稳定裕量

电流环固有部分的对数幅频特性 $L_1(\omega)$ 如附图 5.1 曲线 Ⅰ 所示。由于含积分环节，所以低频渐近线为水平直线，其高度 $20\lg K = 20\lg 6 = 15.6$ dB，其转折频率 $\omega_1 = 1/T_1 = 1/0.04 = 25$ rad/s，$\omega_2 = 1/T_2 = 1/0.005 = 200$ rad/s，其穿越频率 ω_{c1} 可由几何图形求得，由 $\triangle ABC$ 有 $\frac{-20\lg K}{\lg\omega_{c1} - \lg\omega_1}$，由上式有 $\omega_{c1} = K\omega_1 = 6 \times 25 = 150$ rad/s，于是可求得相位裕量 γ

$$\gamma = 180° - \arctan(T_1\omega_{c1}) - \arctan(T_2\omega_{c2})$$
$$= 180° - \arctan(0.04 \times 150) - \arctan(0.005 \times 150)$$
$$= 180° - 80.5° - 36.9° = 62.6°$$

2）稳态误差 e_{ssr}

对单位阶跃响应，其跟随稳态误差 $e_{ssr} = \frac{1}{K} = \frac{1}{6} = 0.17$

(2) 采用 PI 校正后的电流环

校正后的电流环的传递函数

$$G'(s) = \frac{\frac{2}{3} \times (0.04s + 1)}{0.04s} \times \frac{6}{(0.04s + 1)(0.005s + 1)} = \frac{100}{s(0.005s + 1)}$$

由上式可见，校正后的电流环成为 I 型系统，其对数幅频特性 $L_{II}(\omega)$ 如附图 5.1 曲线 II 所示。此时的穿越频率 $\omega_{c2} = 100$ rad/s（因 $\omega_{c2} = K'$），于是可求得

1) 相位稳定裕量 γ'
$$\gamma' = 180° - 90° - \arctan(0.005 \times 100)$$
$$= 90° - 26.6° = 63.4°$$

2) 跟随稳态误差 e'_{ssr}

由于增设 PI 调节后，在前向通路中增加一积分环节，因此阶跃信号，$e_{ssr} = 0$。综上所述，采用 PI 调节器后，虽然它可能使相位稳定裕量减小，但如今适当减小了增益（$K = 2/3 < 1$），使相位裕量 γ 基本保持不变。而其稳态性能却有了明显的改善，当然 ω_c 有所下降，这意味着快速兴有些下降，但下降不多。因此，综合看来，这是一个较好的校正方案配置。

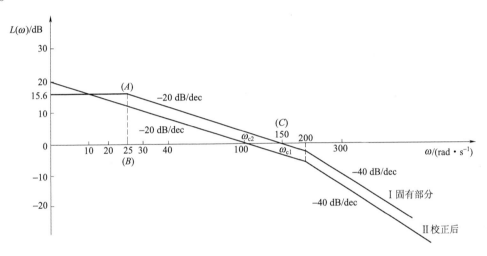

附图 5.1

5 – 7

(1) 由题图 5.4 可知，速度环固有部分的传递函数为：
$$G_r(s) = \frac{0.15}{0.02s + 1} \times \frac{20}{s} = \frac{3}{s(0.02s + 1)}$$

1) 系统的相位稳定裕量

速度环固有部分的对数幅频特性 $L_I(\omega)$ 如附图 5.2 曲线 I 所示。由于含一个积分环节，所以低频渐近线为 -20 dB/dec 斜直线，其转折频率 $\omega_1 = 1/T_1 = 1/0.02 = 50$ rad/s。此为 I 型系统，且 $K < 1/T_1$，所以其穿越频率 $\omega_c = K = 3$ rad/s。于是可求得相位稳定裕量
$$\gamma = 180° - 90° - \arctan(T_1\omega_c) = 90° - \arctan(0.02 \times 3) = 90° - 3.14° = 86.6°$$

2) 扰动稳态误差

对调速系统，主要是负载扰动稳态误差，在题图 5.3 中，负载扰动在 I_a 处，因此在扰动作用点前不含积分环节，其稳态误差 $e_{ssd} \neq 0$

(2) 采用 PI 校正后的速度环。

校正后的速度环的传递函数：

$$G'(s) = G_c(s)G(s) = \frac{8.4(0.08s+1)}{0.08s} \times \frac{3}{s(0.02s+1)} = \frac{315(0.08s+1)}{s^2(0.02s+1)}$$

由上式可见，校正后的速度环成为Ⅱ型系统，其对数幅频特性 $L_{\mathrm{II}}(\omega)$ 如附图 5.2 曲线 Ⅱ 所示。由于 $G'(s)$ 中含有两个积分环节，所以其低频渐近线为 $-40\ \mathrm{dB/dec}$ 的斜直线，其转折频率 $\omega_1 = 1/T_1 = 1/0.08 = 12.5\ \mathrm{rad/s}$，$\omega_2 = 1/T_2 = 1/0.02 = 50\ \mathrm{rad/s}$。此时的穿越频率 ω_c 算式求得，$\omega' = K/\omega_1 = KT_1 = 315 \times 0.08 = 25.2\ \mathrm{rad/s}$。于是可求得：

1）校正后的相位稳定裕量
$$\begin{aligned}\gamma' &= 180° - 2 \times 90° + \arctan(T_1\omega_c') - \arctan(T_2\omega_c')\\&= \arctan(0.08° \times 25.2) - \arctan(0.02° \times 25.2)\\&= 63.6° - 26.7° = 36.9°\end{aligned}$$

2）扰动稳态误差

此系统对扰动量为 Ⅰ 型系统，对阶跃扰动信号 $e_{ssd} = 0$。

综上所述，采用 PI 校正后，系统的相位裕量，有 63.4° 变为 36.9°，这意味着系统的相对稳定性明显变差，超调量与振荡次数将增加。但从稳态性能看，则由 Ⅰ 型系统（对阶跃信号的稳态误差为零）变为 Ⅱ 型系统（对斜坡信号的稳态误差为零），稳态性能明显改善。此外，从穿越频率看，ω_c 由 3 rad/s 变为 25 rad/s，这意味着系统的快速性明显改善，调整时间将减少。

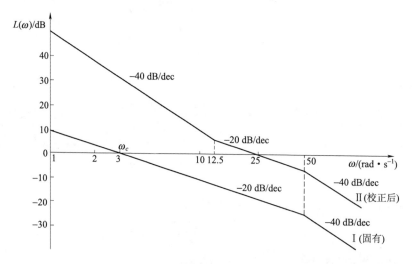

附图 5.2

5-8

如题图 5.5 所示随动系统的固有部分的传递函数 $G_1(s)$
$$G_1(s) = \frac{20}{s(0.2s+1)(0.005s+1)} = \frac{K_1}{s(T_1s+1)(T_2s+1)}$$

式中 $K_1 = 20$，$T_1 = 0.2s$，$T_2 = 0.005s$。

由 $T_1 = 0.2s$，有 $\omega_1 = 5\ \mathrm{rad/s}$。

由 $T_2 = 0.005s$，有 $\omega_2 = 200\ \mathrm{rad/s}$。

（1）与 $G_1(s)$ 对应的对数幅频特性 $L_I(\omega)$ 如附图 5.3 中曲线 Ⅰ 所示。其低频段斜率为

-20 dB/dec,其延长线在 $\omega = K_1 = 20$ rad/s 处过零分贝线。$L_I(\omega)$ 经 $\omega_1 = 5$ rad/s 处,转 -40 dB/dec,在 $\omega_2 = 200$ rad/s 处转折为 -60 dB/dec。

由图可见,$L_I(\omega)$ 的穿越频率 $\omega_c = \sqrt{K_1\omega_1} = \sqrt{20 \times 5} = 10$ rad/s。

于是可求得其相位裕量 γ_1

$$\begin{aligned}\gamma_1 &= 180° - 90° + \arctan T_1\omega_c - \arctan T_2\omega_c \\ &= 90° - \arctan(0.02° \times 10) - \arctan(0.005° \times 10) \\ &= 90° - 63.4° - 2.9° = 23.7°\end{aligned}$$

(2) 如今要求此系统对等速输入信号的稳态误差为零,因此该系统应校正成 Ⅱ 型系统(即开环传递函数中应含有二个积分环节)。但由上面的计算已知,该系统仅含一个积分环节时,相位裕量 γ_1 仅有 23.7°,若再增加一个比例积分调节器(相位还有滞后),则系统稳定性将更受影响,因此校正装置不能采用比例积分调节器。唯一的办法就是采用比例积分微分(PID)调节器。由于要求再增设一个积分环节,所以应采用如表 5.1 中所示的调节器,其传递函数 $G_c(s)$ 为

$$G_c(s) = \frac{K_c(T_1's + 1)(T_2's + 1)}{T_1's}$$

为保证系统有足够的稳定裕量,因此两个微分时间常数应取得适当大一些。如今区 $T_1' = T_1 = 0.2$ s [以使 $(T_1's + 1)$ 与系统固有部分的大惯性环节 $1/(T_1s + 1)$ 相消],取 $T_2' = 0.1$ s(对应的 $\omega_2' = 10$ rad/s),$G_c(s)$ 的伯德图形状如附图 5.3 所示。

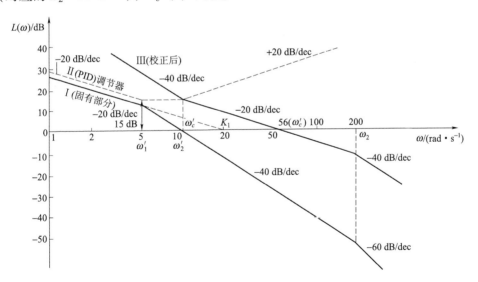

附图 5.3

由于校正后的系统为 Ⅱ 型系统,系统的增益应恰当配置,以使 $L(\omega)$ 过零分贝线时的斜率为 -20 dB/dec(增益过大或过小,都可能使过零分贝线时的斜率为 -40 dB/dec),如今取 $20\lg K_c = 15$ dB,对应的 $K_c = 5.6$。至此,校正装置的形式和参数选取完毕。

$$G_c(s) = \frac{K_c(T_1's + 1)(T_2's + 1)}{T_1's} = \frac{5.6(0.2s + 1)(0.1s + 1)}{0.2s}$$

(3) 与 $G_c(s)$ 对应的对数幅频特性 $L_{II}(\omega)$ 见附图5.3曲线 II。其低频段斜率为 -20 dB/dec，水平部分的高度为 15 dB($20\lg K_c$)，其转角频率分别为 5 rad/s($1/T_1'$) 和 10 rad/s($1/T_2'$)，其高频段斜率为 $+20$ dB/dec。

(4) 校正后的系统的开环传递函数 $G(s)$ 为

$$G(s) = \frac{K_c(T_1's+1)(T_2's+1)}{T_1's} \cdot \frac{K_1}{s(T_1s+1)(T_2s+1)}$$

$$= \frac{5.6(0.2s+1)(0.1s+1)}{0.2s} \times \frac{20}{s(0.2s+1)(0.005s+1)}$$

$$= \frac{560(0.1s+1)}{s^2(0.005s+1)}$$

与 $G(s)$ 对应的对数幅频特性 $L_{III}(\omega)$ 如附图5.3曲线 III 所示。

$L_{III}(\omega)$ 在低频段为 -40 dB/dec，满足了成为 II 型系统的要求。在 $\omega_1' = 10$ rad/s 处转角变为 -20 dB/dec，再在 $\omega = 200$ rad/s 处转角变为 -40 dB/dec，其穿越频率 $\omega_c = K'/\omega_1' = 560/10 = 56$ rad/s。

由上数据，可以求得校正后系统的相位裕量 γ'

$$\gamma' = 180° - 2 \times 90° + \arctan(T_2\omega_c) - \arctan(T_2\omega_c)$$
$$= \arctan(0.1 \times 56) - \arctan(0.005 \times 56)$$
$$= 79.9° - 15.6° = 64.3°$$

校正后，系统由 I 型系统变为 II 型系统，即有对等速输入信号由稳态误差不为零变为稳态误差为零，显著地提高了稳态跟随精度；系统的稳定相位裕量 γ 由 23.7° 变为 64.3°，系统的稳定性也明显改善，最大超调量及振荡次数将减少；穿越频率 ω_c 由 10 rad/s 变为 56 rad/s。这表明系统的快速性也将改善；系统开环对数幅频特性 $L(\omega)$ 高频段的增益和斜率都明显增加，这表明系统对高频干扰信号的抑制能力大大下降（这是由于校正装置引入两个比例微分环节造成的）。

5-9

由题图 5.6 可知：

(1) 系统固有部分的开环传递函数 $G_1(s)$

由 $20\lg K_1 = L(\omega)|_{\omega=1} = 40$ dB 有 $K_1 = 100$。

由转角频率 $\omega_1 = 2$ rad/s 有 $T_1 = 1/\omega_1 = 0.5$ s。

由转角频率 $\omega_2 = 40$ rad/s 有 $T_2 = 1/\omega_2 = 0.025$ s。

于是由 $L_I(\omega)$ 可推得

$$G_1(s) = \frac{100}{s(0.5s+1)(0.025s+1)}$$

(2) 校正环节的传递函数 $G_c(s)$（参见附图 5.5 曲线 II）。

$$G_c(s) = \frac{K_c(T_2's+1)(T_3's+1)}{(T_1's+1)(T_4's+1)}$$

由图可知 $20\lg K_c = 0$，所以有 $K_c = 1$。

由 $\omega_1' = 0.2$ rad/s，有 $T_1' = 1/\omega_1' = 5$ s。

由 $\omega_2' = 1$ rad/s，有 $T_2' = 1$ s。

由 $\omega_3 = 2$ rad/s，有 $T_3 = 0.5$ s。

由 $\omega_4 = 40$ rad/s，有 $T_4 = 0.025$ s。

于是有
$$G_c(s) = \frac{K_c(T_2's+1)(T_3's+1)}{(T_1s+1)(T_4s+1)} = \frac{(s+1)(0.5s+1)}{(5s+1)(0.025s+1)}$$

(3) 系统未校正时的相位稳定裕量 γ

由 $L_I(\omega)$ 可见，$\omega_c = \sqrt{K_1\omega_1} = \sqrt{100 \times 2} = 14$ rad/s
$$\gamma = 180° - 90° - \arctan(0.5 \times 14) - \arctan(0.025 \times 14)$$
$$= 90° - 81.9° - 19.2° = -11.1° < 0$$

由 $\gamma < 0$ 可见，该系统为不稳定。

(4) 校正后的开环传递函数
$$G(s) = G_c(s)G_1(s)$$
$$= \frac{(s+1)(0.5s+1)}{(5s+1)(0.025s+1)} \times \frac{100}{s(0.5s+1)(0.025s+1)}$$

由上式有
$$G(s) = \frac{100(s+1)}{(5s+1)(0.025s+1)^2}$$

与 $G(s)$ 对应的对数幅频特性 $L_\mathrm{III}(\omega)$ 如附图 5.4 曲线 III 所示。由图解可得校正后的穿越频率 $\omega_2 = 20$ rad/s，于是求得校正后的相位裕量 γ_2
$$\gamma_2 = 180° - 90° + \arctan(1 \times 20) - \arctan(5 \times 20) - 2 \times \arctan(0.025 \times 20)$$
$$= 90° + 87.1° - 89.4° - 2 \times 26.6° = 34.5°$$

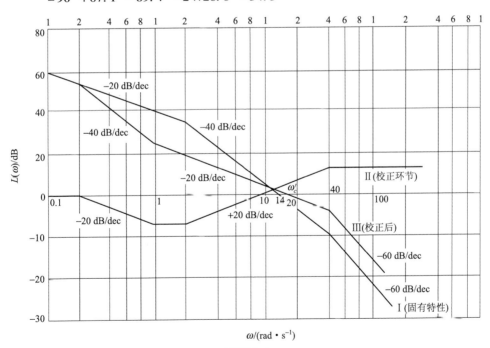

附图 5.4

(5) 系统校正后的最大变化是系统由不稳定变为稳定，相位裕量由 $-11.1°$ 变为 $34.5°$。至于其他方面，变化不大，低频段和高频段 $L(\omega)$ 的斜率未变，穿越频率 ω_c 变化不大，这表明系统的稳态性能、快速性和抗干扰能力变化不大。

5-10　$G(s)\dfrac{K(\tau s+1)}{s},(\tau>T,K>0)$

5-11　略

5-12　$G_c(s)=\dfrac{360\left(\dfrac{1}{9.9}s+1\right)}{\dfrac{1}{200}s+1}$

5-13　$G_c(s)=\dfrac{0.1s+1}{s}$

5-14　(1) $G_c(s)=\dfrac{0.086(0.2s+1)}{0.07s+1}$

　　　(2) $G_c(s)=\dfrac{0.076(6.7s+1)}{10s+1}$

5-15　$G_c(s)=\dfrac{0.2s+1}{0.046s+1}$

第6章

6-1

num = [1,1];
den1 = [1,2];
den2 = [1,2,2];
den = conv(den1,den2);
step(num,den);
grid;

见附图6.1。

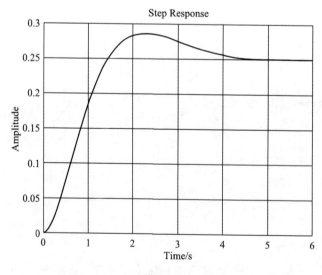

附图6.1

6-2
```
sys = tf([1,1],[1,2,2]);            %设置传递函数
[u,t] = gensig('squre',5,20,0.1);   %设置输入函数、方波、周期 5、时间 20、采样
```
周期 0.1
```
plot(t,u);
hold on;
lsim(sys,u,t);
hold off;
grid;
```
见附图 6.2。

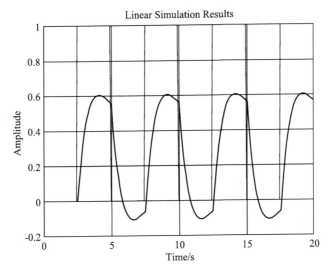

附图 6.2

6-3
```
sys = tf([10],[0.2,1]);
[u,t] = gensig('sin',3,10,0.1);
plot(t,u);
hold on;
lsim(sys,u,t);
hold off;
grid;
```
见附图 6.3。

6-4
```
sys = tf([10],[0.2,1]);
[u,t] = gensig('sin',3,10,0.1);
plot(t,u);
hold on;
lsim(sys,u,t);
```

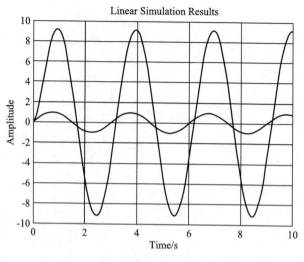

附图 6.3

```
hold off;
grid;
```
见附图 6.4。

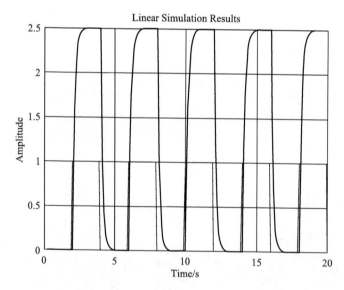

附图 6.4

6-5

程序代码如下：
```
sys = tf([1,4,3],[1,3,5]);
nyquist(sys);
ngrid;
```
见附图 6.5。

6-6

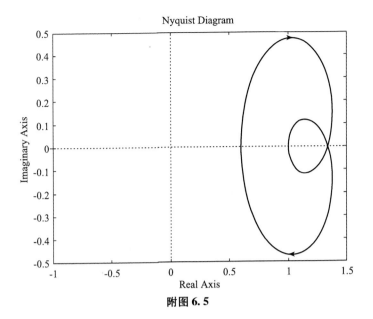

附图 6.5

程序代码:
```
sys = tf([1],[0.02,1]);
bode(sys);
grid;
```
见附图 6.6。

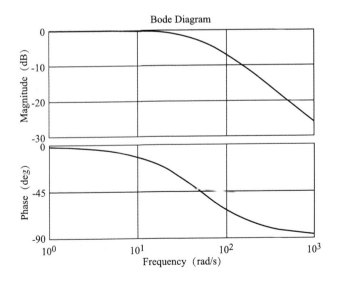

附图 6.6

6-7
程序代码如下:
```
den1 = conv([0.5,1],[1,1]);
den2 = conv([10,1],[1,-1]);
sys = tf(den1,den2);
```

```
nyquist(sys);
ngrid;
```
见附图6.7。

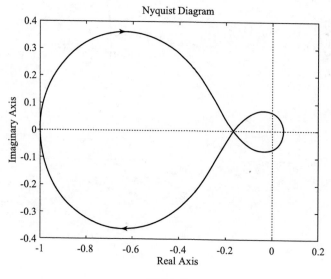

附图6.7

6-8

程序代码如下

```
sys = tf([11,33],[1,15,4]);
bode(sys);
grid;
margin(sys);
```
见附图6.8。

6-9

程序代码如下：

```
sys = tf([4],[15,4]);
nyquist(sys);
ngrid;
```
见附图6.9。

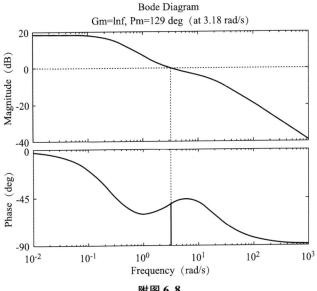

附图 6.8

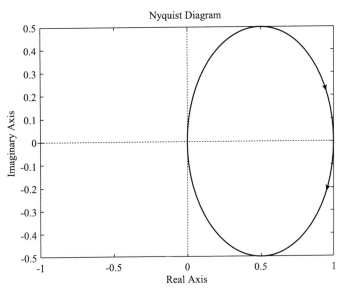

附图 6.9

6-10

将微分方程表示为一阶微分方程组：$y'_1 = y_2$，$y'_2 = (1 - y_1^2) y_2 - y_1$

```
function dy = vdp(t,y)
dy = [y(2);(1 - y(1)^2)* y(2) - y(1)];
end
[t,y] =ode45('vdp',[0 20],[0,1]);
plot(t,y(:,1),'r',t,y(:,2),'b');
title('Solution');
xlabel('Time');
```

```
ylabel('Position');
legend('y1','y2');
```
见附图6.10。

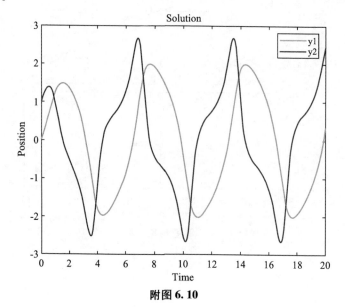

附图 6.10

6-11
```
syms x y;
s = dsolve('D2s + 2 * Ds + s = 0','s(0) = 4,Ds(0) = -2','t');
s = simplify(s)
s =

2 * exp(-t) * (t + 2)
```
6-12
```
sys = tf([1],[4 4]);
step(sys);
grid;
```
见附图6.11。

6-13

(1) 单位斜坡函数 $X_i(s) = \dfrac{1}{s^2}$，则将单位斜坡响应改为单位阶跃响应，传递函数变为 $\dfrac{1}{(4s+4)\,s^2}$。

```
sys = tf([1],[4 4 0 0]);
step(sys);
grid;
```
见附图6.12。

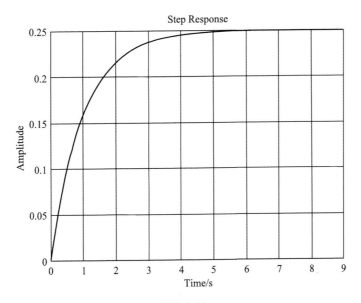

附图 6.11

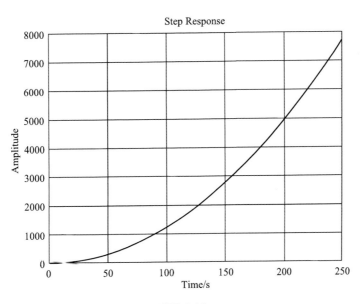

附图 6.12

（2）使用任意函数输入

```
sys = tf([1],[4 4]);
u = t;
plot(t,u);
hold on;
lsim(sys,u);
hold off;
grid;
```

见附图 6.13。

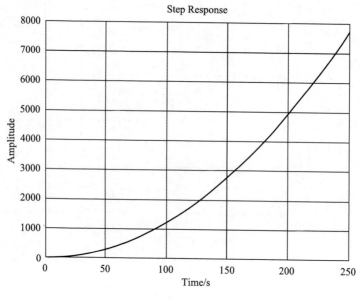

附图 6.13

6-14

程序代码如下：

```
sys = tf([1],[1 0.3 4]);
step(sys);
grid;
```

见附图 6.14。

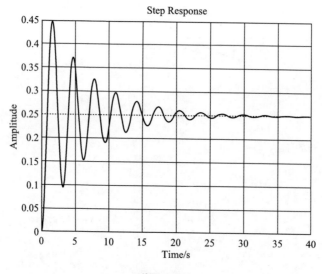

附图 6.14

6-15
```
sys1 = tf([10],[1 4 5]);           % 开环传递函数
sys2 = feedback(sys1,1, -1);       % 闭环传递函数
sys3 = 1 - sys2;                   % 误差传递函数
sys4 = tf([1 0],[1]);              % sys4 = s
sys5 = sys4* sys3;       0.3333

r = tf([1],[1 0]);                 % 输入信号
dcg = dcgain(sys5* r);

dcg =
```

第7章

7-1 (1) $X(z) = \dfrac{e^{-aT}T^2 z(z + e^{-aT})}{(z - e^{-aT})^2}$

(2) $X(z) = \dfrac{Tz}{(z-1)^2} - \dfrac{(1 - e^{-aT})z}{a(z-1)(z - e^{-aT})}$

(3) $X(z) = \dfrac{z}{z-1} + \dfrac{bz}{(a-b)(z - e^{-aT})} + \dfrac{az}{(b-a)(z - e^{-aT})}$

7-2 (1) $x(nT) = -3 + 3^{n+1}$

(2) $x(nT) = 1 - e^{-anT}$

(3) $x(nT) = \begin{cases} 1 & n = 0 \\ 3.5 & n = 1 \\ 8 - 13 \times (0.5)^n & n \geqslant 2 \end{cases}$

7-3 (1) $x(0) = 1, x(\infty) = 0$

(2) $x(0) = 3, x(\infty) = 3$

(3) $x(0) = 2, x(\infty)$ 不存在

7-4 (1) $x(nT) = -2^{n-1} + 3^{n-1}$

(2) $x(nT) = \dfrac{1}{3}(-1)^{n-1} - \dfrac{1}{3}(-4)^{n-1}$

7-5 $\Phi(z) = \dfrac{C(z)}{R(z)} = \dfrac{G(z)}{1 + GH_1(z) + G(z)H_2(z)}$

7-6 (1) $G(z) = \dfrac{10(1 - e^{-T})z}{z^2 - (1 + e^{-T})}$

(2) 当 $T = 0.01\text{s}$ 时，系统稳定；当 $T = 1\text{s}$ 时，系统不稳定。

7-7 $D(z) = \dfrac{0.317(1 - 0.368z^{-1})(1 - 0.5z^{-1})}{(1 - z^{-1})^2}$

参 考 文 献

[1] 冯淑华，林国重，唐承统．机械控制工程基础［M］．北京：北京理工大学出版社，1991．
[2] 张旺，王世鎏．自动控制原理［M］．北京：北京理工大学出版社，1994．
[3] 孔凡才．自动控制系统及应用［M］．北京：机械工业出版社，2000．
[4] 董景新，赵长德，熊沈蜀，郭美凤．控制工程基础［M］．北京：清华大学出版社，2007．
[5] 杨叔子，杨克冲．机械工程控制基础［M］．武汉：华中工学院出版社，1984．
[6] 陈康宁．机械工程控制基础［M］．西安：西安交通大学出版社，1999．
[7] 张伯鹏．控制工程基础［M］．北京：机械工业出版社，1982．
[8] Morris Driels. Linear Control Systems Engineering［M］．北京：清华大学出版社，2000．
[9] 平井一正，羽根田伯正，北村新三．システム制御工学［M］．［出版地不详］：森北出版株式会社，1981．
[10] https://baike.baidu.com/item/MATLAB/263035？fr = aladdin．
[11] 唐穗欣．Matlab 控制系统仿真教程［M］．武汉：华中科技大学出版社，2016．